多智能体技术及应用

赵春晓　魏楚元　著

机械工业出版社

多智能体系统是分布式人工智能的一个重要分支。本书介绍了多智能体建模的基本理论与技术,将基于多智能体的模型应用于自然与环境、智能城市、交通、地理信息与空间智能、社会与民生、复杂网络等,涵盖了智能交通、智能城市、地理空间智能和人工智能社会等方面的系统智能建模与问题优化求解。

本书主要面向各高等院校本科人工智能专业、计算机等专业开设多智能体系统课程或相关专业开设人工智能的通识核心课程需求,也可以作为研究生、科研院所科技工作者及相关企业的工程技术人员阅读参考。

图书在版编目(CIP)数据

多智能体技术及应用/赵春晓,魏楚元著.—北京:机械工业出版社,2021.7(2022.9重印)

ISBN 978-7-111-68537-1

Ⅰ.①多… Ⅱ.①赵…②魏… Ⅲ.①人工智能-研究 Ⅳ.①TP18

中国版本图书馆CIP数据核字(2021)第121201号

机械工业出版社(北京市百万庄大街22号 邮政编码100037)

策划编辑:林春泉 责任编辑:林春泉 赵玲丽

责任校对:朱继文 封面设计:马若濛

责任印制:李 昂

北京中科印刷有限公司印刷

2022年9月第1版第3次印刷

184mm×260mm·18印张·441千字

标准书号:ISBN 978-7-111-68537-1

定价:79.00元

电话服务 网络服务

客服电话:010-88361066 机 工 官 网:www.cmpbook.com

010-88379833 机 工 官 博:weibo.com/cmp1952

010-68326294 金 书 网:www.golden-book.com

封底无防伪标均为盗版 机工教育服务网:www.cmpedu.com

前言
Preface

　　多智能体一般专指多智能体系统（Multi – Agent System，MAS）或多智能体技术（Multi – Agent Technology，MAT）。多智能体系统是分布式人工智能（Distributed Artificial Intelligence，DAI）的一个重要分支。智能体和多智能体技术起源于分布式人工智能研究。自 20 世纪 80 年代末以来，该方向成为人工智能领域活跃的研究分支，与数学、控制、经济学、社会学等多个领域相互借鉴和融合，逐渐成为国际上备受重视的研究领域之一。20 世纪 90 年代，由于网络技术的发展，人工智能出现了新的研究高潮，开始由单智能体研究转向基于网络环境下的分布式人工智能研究，不仅研究基于同一目标的分布式问题，而且研究多个智能体的多目标问题，并将人工智能推向社会生活的各个应用领域。多智能体系统等相关技术已日益应用于交通控制、智能机器人、车联网、无人飞行器编队、多传感器协同信息处理、计算机网络、电子商务、Softbot（软机器人）、虚拟现实、健康、娱乐等领域。目前，多智能体技术已经成为一种进行复杂自组织系统分析与模拟的思想方法与工具。未来发展要实现通用人工智能，多智能体系统是必须突破的研究方向，因此，这必然会成为一个研究重点。可能的研究方向有多智能体间的协商、交互机制、集成等。

　　人工智能（Artificial Intelligence，AI）技术，除了模拟人类智能之外，还需要模拟自然界、智能城市、智能交通、地理空间智能、人工智能社会、多智能体网络等系统智能，这些研究对象都属于复杂自组织系统，在多智能体技术的实践上，复杂自组织系统模型与建模扮演着相当重要的角色，模型的形态或结构可以减少其所呈现现象的复杂性，让抽象理论更加容易被理解，并可用来进行预测和推论，当然更是科学教学与学习历程中相当重要的呈现方式与不可或缺的能力。

　　本书基于 Netlogo 平台讲授多智能体技术。关于如何学好多智能体技术，进行人工智能系统的设计、开发，我们不得不提及麻省理工学院（MIT）人工智能实验室创办人之一的西摩尔·帕普特（Seymour Papert）。帕普特就是我们要介绍的与智能体技术和学习相关的心理学家、人工智能先驱者之一。

　　帕普特一生最大的贡献是发明 LOGO 编程语言和创建教育建构主义。

　　首先，LOGO 源自希腊文，原意即为思想。LOGO 的原型来自人工智能语言 LISP，帕普特修改了 LISP 的语法，使得它更易于阅读。LOGO 通常被称作没有括号的 LISP。

帕普特在 30 多岁的时候，创建了麻省理工学院赫赫有名的两大实验室：多媒体实验室以及人工智能实验室。1963 年，帕普特加入麻省理工学院，与著名人工智能科学家马文·明斯基共同研究人工智能。同时，帕普特还在研究如何借助计算机辅助儿童学习。在帕普特的带领下，LOGO 语言和绘图小海龟机器人先后诞生。通过向海龟发送命令，用户可以直观地学习程序的运行过程，对初学者施行寓教于乐的教学方式。LOGO 语言里实现了可以直接在显示器上绘制数字图形的数字小海龟。随着计算机行业的蓬勃发展，小海龟已经不仅存在于 LOGO 语言和海龟机器人，小海龟的绘图方式已经成为一种设计思想，"海龟图形学"在多种编程语言和科学研究中都得以应用。基于 L 系统的分形图形的绘制就使用了小海龟绘图法，通过更高级的编程语言，能够绘制出三维的植物生长模拟图。

另一方面，帕普特发明的"建构主义"教育理论，用来与"教学主义"对比，学生可以通过具体的材料而不是抽象的命题来建立知识。帕普特曾经出版过一本书，书名为《头脑风暴：孩子、计算机与充满活力的概念》。他在书中系统阐述了自己的教育哲学——"做中学"。他创造的 LOGO 作为一个工具，以改善儿童思考和解决问题的方式。在他看来，好的教育不是想办法让老师教得更好，而是应该提供充分的环境和工具让学习者构建自己的知识结构。建构主义理论能较好地阐释知识的本质及知识的获得。在基于建构主义的教学过程中，是以学生为中心的，教师起着组织者、指导者、帮助者和促进者的作用，以充分发挥学生的主动性、积极性和创造性，使学生有效地实现对知识的意义建构。

Netlogo 是继承了 LOGO 语言的一款编程开发平台，它改进了 LOGO 语言只能控制单一主体的不足，它可以在建模中控制成千上万的智能体，是一个多智能体编程环境，用来研究分散系统的运行机制，可以对许多现实世界中的现象进行建模并且观察研究，例如鸟群、交通、蚂蚁以及市场经济。它被广大的学生、教师以及全世界的研究者运用。如果说 LOGO 继承于人工智能语言 LISP，那么 LOGO 就是代表了人工智能思想，而 Netlogo 则是模拟分布式人工智能思想平台。

综上所述，Netlogo 将帕普特的 LOGO 编程语言和教育建构主义两大贡献统一起来，实现了一种基于建构主义思想的多智能体教学科研的系统平台。建模和模拟复杂系统，离不开实验，我们没有人工智能实验室，怎么办？我们可以 DIY 一个人工智能虚拟仿真实验室，这就是 Netlogo 平台。通过人工智能虚拟仿真实验室的 2D/3D 虚拟技术对智能体应用的各个环节（如场景的建立、智能体的构建以及运行仿真）进行高度的 2D/3D 虚拟模拟，这种通过场景模拟、智能体搭建运行及可视化编程的方式能够为构建多智能体技术学习环境提供一个充满乐趣的有效的教学及科技创新应用平台。

本书特别关注多智能体系统建模及应用，讨论了自然界和人类社会大量案例。将问题驱动教学模式和计算思维进行整合，以问题为导向规划单元内容，按案例组织方式编写。学生可以通过具体的材料而不是抽象的命题来建立知识，以改善学生们的思考和解决问题的方式。通过本书的案例，借助 Netlogo 这个人工智能虚拟仿真实验室，能够增加学习者解决问题的间接经验，支撑学习者的记忆，为学习者遇到的问题提供参照，提高学生的认知弹性，同时为学习者解决问题的学习提供了重要的支撑和示范。通过人工智能虚拟仿真实验室，我们可以为许多自然和社会现象建立模型，可基于三维仿真技术快速搭建行业人工智能应用场景，实现完整的人工智能应用虚拟仿真实验。在学完本书之后，您将对复杂的自组织系统的概念有一个基本理解，获得基本的多智能体建模经验。

　　由于时间仓促，书中难免存在不妥之处，请读者原谅，并提出宝贵意见。

作者

2021 年 3 月

目 录 Contents

前言

第1章　人工智能概述

1.1　人工智能发展的三次浪潮 ·· 1

1.2　人工智能的三大主流学派 ·· 8

1.3　人工智能的研究领域 ·· 14

1.4　自然智能 ·· 19

1.5　人工智能 ·· 31

1.6　人工智能编程语言 ··· 33

1.7　习题 ·· 38

参考文献 ·· 39

第2章　多智能体建模基础

2.1　基于智能体建模（ABM） ·· 40

2.2　Netlogo多智能体编程（建模） ·· 47

2.3　开始一个模型探索 ··· 52

2.4　基于智能体建模的基本概念 ··· 54

2.5　习题 ·· 61

参考文献 ·· 61

第3章　创建自己的模型

3.1　如何创建一个模型 ··· 63

3.2　Netlogo语言基础 ·· 67

3.3　设计车辆跟驰模型 ··· 74

3.4　创建兔子吃草模型 ··· 80

3.5　基于智能体建模步骤 ·· 84

3.6　习题 ·· 88

参考文献 ·· 90

第4章　自然智能与分形模拟

4.1　分形与粒子系统 ·· 91

4.2 分形树 ·· 97

4.3 粒子瀑布 ·· 99

4.4 扩散凝聚 ·· 104

4.5 森林火灾 ·· 105

4.6 习题 ·· 108

参考文献 ·· 110

第5章 智能城市

5.1 智慧城市与智能城市 ·· 112

5.2 城市污染 ·· 117

5.3 城市蔓延 ·· 122

5.4 气候变化 ·· 126

5.5 习题 ·· 133

参考文献 ·· 134

第6章 智能交通

6.1 智能交通模型 ·· 135

6.2 智能停车管理 ·· 138

6.3 出租车智能调度 ·· 143

6.4 垃圾收运 ·· 153

6.5 习题 ·· 163

参考文献 ·· 163

第7章 地理信息与空间智能

7.1 地理空间智能 ·· 165

7.2 GIS 扩展 ·· 171

7.3 暴雨洪灾 ·· 178

7.4 人口统计 ·· 181

7.5 人员疏散 ·· 185

7.6 习题 ·· 188

参考文献 ·· 189

第8章 智能社会

8.1 人工智能社会 ·· 190

8.2 居住隔离 ·· 194

8.3 人工智能农场 ·· 198

8.4 谣言模型 ·· 203

8.5 习题 ·· 207

参考文献 ·· 209

第9章 多智能体网络

9.1 复杂多智能体网络模型 …………………………………………………………… 211

9.2 SIR 模型 ……………………………………………………………………………… 215

9.3 小世界模型 ………………………………………………………………………… 219

9.4 无尺度网络 ………………………………………………………………………… 227

9.5 习题 ………………………………………………………………………………… 230

参考文献 ………………………………………………………………………………… 231

第10章 智能算法与问题求解

10.1 智能算法 ………………………………………………………………………… 233

10.2 鸟群觅食算法 ……………………………………………………………………… 236

10.3 蚁群算法求解旅行商问题 ………………………………………………………… 242

10.4 遗传算法进化机器人 ……………………………………………………………… 249

10.5 神经网络图像识别 ………………………………………………………………… 259

10.6 强化学习走迷宫 …………………………………………………………………… 267

10.7 习题 ………………………………………………………………………………… 275

参考文献 ………………………………………………………………………………… 276

第 1 章

人工智能概述

人工智能是研究开发能够模拟、延伸和扩展人的智能的理论、方法、技术及应用系统的一门新的技术科学，研究目的是促使智能机器会听（语音识别、机器翻译等）、会看（图像识别、文字识别等）、会说（语音合成、人机对话等）、会思考（人机对弈、定理证明等）、会学习（机器学习、知识表示等）、会行动（机器人、自动驾驶汽车等）。主要目标是使机器能够胜任一些通常需要人类智能才能完成的复杂工作。

本章将介绍人工智能发展的历史，智能的概念及分类，当前人工智能的主要思想流派和解决方案，自然智能、人工智能当前的发展等，结合以上论点，可以较为清楚地知晓当今人工智能的整体水平以及未来发展方向。

1.1 人工智能发展的三次浪潮

人工智能（Artificial Intelligence，AI）充满着未知的探索，道路曲折起伏。如何描述人工智能自 1956 年以来 60 余年的发展历程，学术界可谓仁者见仁、智者见智。我们将人工智能的发展历程划分为三次浪潮。

1. 人工智能的第一次浪潮（1950 ~ 1980）

在人类几千年文明史中，人们发明了各种各样的机器设备来模拟和延伸人的体力活动。在计算机出现之前，人们就幻想着一种机器可以实现人类的思维，可以帮助人们解决问题，甚至比人类有更高的智力。随着计算机技术的迅猛发展和日益广泛的应用，自然地提出人类智力活动能不能由计算机来实现的问题。像语言的理解和翻译、图形和声音的识别、决策管理等都属于非数值计算，特别像医疗诊断要有专门的特有的经验和知识的医师才能做出正确的诊断。这就要求计算机能从"数据处理"扩展到能"知识处理"的范畴。计算机能力范畴的转化是导致"人工智能"快速发展的重要因素。

人工智能的第一次浪潮始于 20 世纪 50 年代。

（1）计算机与智能

冯·诺依曼被称为现代计算机之父，解决了计算机存储程序和程序控制问题，也就是说，通常我们使用计算机，不仅要告诉计算机要做什么，还必须详细地、正确地告诉计算机怎么做。也就是说，人们要根据任务的要求，以适当的计算机语言，编制针对该任务的应用程序，才能应用计算机完成此项任务。

但是这样的计算机或程序有智能吗？

实际上，这是由人完全控制计算机完成的，根本谈不上计算机有"智能"。

如果一台计算机或者程序有智能，怎样测试这个智能呢？为此，图灵提出了如何评估一个机器是否有智能的方法。

1950 年英国数学家图灵（A. M. Turing，1912~1954）发表了"计算机与智能"的论文，提出了著名的"图灵测试"，形象地提出人工智能应该达到的智能标准。图灵在这篇论文中认为"不要问一个机器是否能思维，而是要看它能否通过以下的测试：让人和机器分别位于两个房间，他们只可通话，不能互相看见。通过对话，如果人的一方不能区分对方是人还是机器，那么就可以认为那台机器达到了人类智能的水平。

案例 1-1："图灵梦想"对话

图灵设计的被称为"图灵梦想"对话。在这段对话中，"询问者"代表人，"智者"代表机器，并且假定他们都读过狄更斯（C. Dickens）的著名小说《匹克威克外传》，对话内容如下：

询问者：在 14 行诗的首行是"你如同夏日"，你不觉得"春日"更好吗？

智者：它不合韵。

询问者："冬日"如何？它可完全合韵的。

智者：它确是合韵，但没有人愿意被比作"冬日"。

询问者：你不是说过匹克威克先生让你想起圣诞节吗？

智者：是的。

询问者：圣诞节是冬天的一个日子，我想匹克威克先生对这个比喻不会介意吧。

智者：我认为您不够严谨，"冬日"指的是一般冬天的日子，而不是某个特别的日子，如圣诞节。

从上面的对话可以看出，能满足这样的要求，要求计算机不仅能模拟而且可以延伸、扩展人的智能，达到甚至超过人类智能的水平，在目前是难以达到的，它是人工智能研究的根本目标。

（2）达特茅斯会议——人工智能学科的诞生

如果说人工智能诞生需要三个条件：一是计算机，二是图灵测试，那么第三就是达特茅斯会议。

1956 年夏，约翰·麦卡锡（John McCarthy）、马文·明斯基（Marvin Lee Minsky）等科学家在美国达特茅斯学院开会研讨"如何用机器模拟人的智能"，首次提出"人工智能（Artificial Intelligence，AI）"这一概念，标志着人工智能学科的诞生。麦卡锡（John McCarthy）指出：人工智能就是制造智能的机器，更特指制作人工智能的程序，也就是说，可以是一个物理的机器人，也可以是一个虚拟的人工智能。人工智能模仿人类的思考方式使计算机能智能地思考问题，人工智能通过研究人类大脑的思考、学习和工作方式，然后将研究结果作为开发智能软件和系统的基础。

简单说就是人工智能是让机器实现原来只有人类才能完成的任务，其核心是算法。时至今日，人工智能的内涵已经大大扩展，涉及计算机科学、心理学、哲学和语言学等学科。可以说几乎是自然科学和社会科学的所有学科，是一门交叉学科。

（3）AI的黄金时代（1956~1976）

第一波浪潮实际上是从1956年至1976年，达特茅斯会议之后，人工智能研究进入了20年的黄金时代。

在美国，成立于1958年的国防高级研究计划署对人工智能领域进行了数百万的投资，让计算机科学家们自由地探索人工智能技术新领域。

案例1-2：第一个聊天程序ELIZA——对话就是模式匹配

这个阶段诞生了世界上第一个聊天程序ELIZA，它是由麻省理工学院的人工智能学院在1964~1966年期间编写的，能够根据设定的规则，根据用户的提问进行模式匹配，然后从预先编写好的答案库中选择合适的回答。这也是第一个尝试通过图灵测试的软件程序，ELIZA曾模拟心理治疗医生和患者交谈，在首次使用的时候就骗过了很多人。那个年代的人对他评价很高，有些病人甚至喜欢跟机器人聊天。但是他的实现逻辑非常简单，就是一个有限的对话库，当病人说出某个关键词时，机器人就回复特定的话。"对话就是模式匹配"，这是计算机自然语言对话技术的开端。

案例1-3：西洋跳棋程序——推理就是搜索

1959年，计算机游戏先驱亚瑟·塞缪尔在IBM的首台商用计算机IBM 701上编写了西洋跳棋程序，这个程序顺利战胜了当时的西洋棋大师罗伯特尼赖。

西洋跳棋是个简单的游戏，棋子每次只能向斜对角方向移动，但如果斜对角有敌方棋子并且可以跳过去，那么就把敌方这个棋子吃掉。塞缪尔的跳棋程序会对所有可能跳法进行搜索，并找到最佳方法。"推理就是搜索"，是这个时期主要研究方向之一。

案例1-4：第一代机器人产品WABOT-1

在日本，早稻田大学1967年启动了WABOT项目，至1972年完成了第一代机器人产品WABOT-1，有双手双脚，有摄像头视觉和听觉装置。虽然这个机器人能够搬东西也能移动双脚，但每走一步要45s，而且只能走10cm，相当地笨重缓慢。

案例1-5：约翰·麦卡锡——人工智能语言LISP

在这个黄金时代里，约翰·麦卡锡开发了LISP语言，成为以后几十年来人工智能领域最主要的编程语言。

案例1-6：米切尔·费根鲍姆的Dendral和知识工程

专家系统的起源可以追溯到黄金时代，1965年，在斯坦福大学，美国著名计算机学家费根鲍姆带领学生开发了第一个专家系统Dendral，这个系统可以根据化学仪器的读数自动鉴定化学成分。费根鲍姆还是斯坦福大学认知实验室的创始人，20世纪70年代在这里还开发了另外一个用于血液病诊断的专家程序MYCIN（霉素），这可能是最早的医疗辅助系统软件。

专家系统是一个具有大量专门知识与经验的程序系统。它应用人工智能技术，根据某个领域一个或多个人类专家提供的知识和经验进行推理和判断，模拟人类专家的决策过程，以解决那些需要专家决定的复杂问题。

他的重大贡献在于通过实验和研究，证明了实现智能行为的主要手段在于知识，在多数实际情况下是特定领域的知识。

案例1-7：XCON

1978年，卡耐基梅隆大学开始开发一款能够帮助顾客自动选配计算机配件的软件程序XCON，并且在1980年真实投入工厂使用，这是个完善的专家系统，包含了设定好的超过2500条规则，在后续几年处理了超过80000条订单，准确度超过95%，每年节省超过2500万美元。XCON取得的巨大商业成功，20世纪80年代2/3的世界500强公司开始开发和部署各自领域的专家系统，据统计，在1980~1985这5年间，就有超过10亿美元投入到人工智能领域，大部分用于企业内的人工智能部门，也涌现出很多人工智能软硬件公司。

案例1-8：日本五代机的研制

1982年，日本政府发起了第五代计算机系统研究计划，预计投入8.5亿美元，目的是抢占未来信息技术的先机，创造具有划时代意义的超级人工智能计算机。

日本尝试使用大规模多核CPU并行计算来解决人工智能计算力问题，专家系统是其核心部分，希望打造面向更大的人类知识库的专家系统来实现更强的人工智能。这个项目在10年后基本以失败结束，主要是当时低估了PC发展的速度，尤其是Intel的x86芯片架构在很快的几年内就发展到足以应付各个领域专家系统的需要。

然而，第五代计算机计划极大地推进了日本工业信息化进程，加速了日本工业的快速崛起；另一方面，这开创了并行计算的先河，至今我们使用的多核处理器和神经网络芯片，都受到了20多年前这个计划的启发。

当各个垂直领域的专家系统纷纷取得成功之后，尤其是日本试图抢占先机的第五代计算机计划的刺激，美国和很多欧洲国家也加入到这个赛道中来。

案例1-9：超级人工智能计划Cyc

1982年美国数十家大公司联合成立微电子与计算机技术公司（MCC），该公司1984发起了人工智能历史上最大也是最有争议性的项目——Cyc，该项目最开始的目标是将上百万条知识编码成机器可用的形式，用以表示人类常识。目前Cyc项目大部分的工作仍然是以知识工程为基础的。大部分的事实是通过手工添加到知识库中，并在这些知识基础上进行高效推理的。Cyc项目的目的是建造一个包含全人类全部知识的专家系统。根据维基百科，Cyc系统已经包含了320万条人类定义的断言，涉及30万个概念，并且建造还在持续，曾经在各个领域产生超过100个实际应用，它也被认为是当今最强人工智能IBM Woston的前身。

但随着科技的发展，21世纪到来之后，Cyc这种传统依赖人类专家手工整理知识和规则的技术，受到了网络搜索引擎技术、自然语言处理技术以及神经网络等新技术的挑战，未来发展并不明朗。

从 20 世纪 70 年代开始，由于计算能力有限，而科学家一开始的预测又过于乐观，导致研究和期望产生了巨大的落差，公众热情和投资削减，20 世纪 70 年代中期，第一次人工智能的研究进入低谷。

第一次人工智能浪潮起于 1950 年，止于 1980 年。第一次浪潮并没有使用什么全新的技术，主要代表就是专家系统和非智能对话机器人。

2. 人工智能的第二次浪潮（1980～2006）

人工智能的第二次浪潮始于 20 世纪 80 年代。此时的主流理论流派被称为联结主义。我们现在讲的神经网络、机器学习等概念，在这一阶段都已提出。

曾经一度被非常看好的神经网络技术，过分依赖于计算力和经验数据量，因此长时期没有取得实质性的进展。沉寂 10 年之后，神经网络又有了新的研究进展，尤其是 1982 年英国科学家霍普菲尔德几乎同时与杰弗里·辛顿发现了具有学习能力的神经网络算法，这使得神经网络一路发展，在后面的 20 世纪 90 年代开始商业化，被用于文字图像识别和语音识别。BP（Back Propagation）算法被提出，用于多层神经网络的参数计算，以解决非线性分类和学习的问题。

在第二次浪潮中，语音识别是最具代表性的几项突破之一。核心突破原因就是放弃了符号学派的思路，改为了统计思路解决实际问题。这个时期也称为统计学建模的春天。

1988 年，美国科学家朱迪亚·皮尔将概率统计方法引入人工智能的推理过程中，这对后来人工智能的发展起到了重大影响。IBM 的沃森研究中心把概率统计方法引入到人工智能的语言处理中，Candide 项目基于 200 多万条语句实现了英语和法语之间的自动翻译。同年，英国人工智能科学家卡朋特开发了 Jabberwacky 聊天程序，尝试更好地通过图灵测试，至今这个程序的后续版 cleverbot 仍然很多人在使用。

在 1986 年，决策树方法被提出，很快 ID3、ID4、CART 等改进的决策树方法相继出现。

1995 年，线性 SVM 被统计学家 Vapnik 提出。1997 年，AdaBoost 被提出，该方法通过一系列的弱分类器集成，达到强分类器的效果。

2000 年，KernelSVM 被提出，核化的 SVM 通过一种巧妙的方式将原空间线性不可分的问题，通过 Kernel 映射成高维空间的线性可分问题，成功解决了非线性分类的问题，且分类效果非常好。至此也更加终结了神经网络时代。

2001 年，随机森林被提出，这是集成方法的另一代表，该方法的理论扎实，能比 AdaBoost 更好地抑制过拟合问题，实际效果也非常不错。

2001 年，一种新的统一框架图模型被提出，该方法试图统一机器学习混乱的方法，如朴素贝叶斯、SVM、隐马尔可夫模型等，为各种学习方法提供一个统一的描述框架。

案例 1-10：第一辆自动驾驶汽车 VaMoRs

1986 年，慕尼黑的联邦国防军大学把一辆梅赛德斯–奔驰面包车安装上了计算机和各种传感器，实现了自动控制方向盘、油门和刹车。这是真正意义上的第一辆自动驾驶汽车，称为 VaMoRs，开起来时速超过 80km。这辆车看起来很笨重，这是由于当时硬件发展限制，整个车的后半部分都是用来安装计算机设备的，摄像头在前玻璃后视镜位置附近。

案例 **1-11**：聊天机器人程序 Alice

1995 年，理查德华莱士受到 20 世纪 60 年代聊天程序 ELIZA 的启发，开发了新的聊天机器人程序 Alice，它能够利用互联网不断增加自身的数据集，优化内容。虽然 Alice 也并不能真的通过图灵测试，但它的设计思想影响深远，2013 年奥斯卡获奖影片《her（她）》就是以 Alice 为原型创作的。

案例 **1-12**：IBM 的计算机深蓝（Deep blue）

1997 年，IBM 的计算机深蓝 Deep blue 战胜了人类世界象棋冠军卡斯帕罗夫。实际上，在 1996 年，深蓝就曾经与卡斯帕罗夫对战，但并没有取胜，还受到卡斯帕罗夫的嘲笑，它认为计算机下棋缺乏悟性，永远不会战胜人类。1996 年失败之后，IBM 对深蓝进行了升级，它拥有 480 块专用的 CPU，运算速度翻倍，每秒可以预测 2 亿次，可以预测未来 8 步或更多的棋局。这种情况下人类冠军只能惜败。战后，卡斯帕罗夫表示深蓝有时可以"像上帝一样思考"。虽然这次世纪之战只是计算机依赖速度和蛮力，在规则明确、条件透明的游戏中才能取得的胜利。

案例 **1-13**：递归神经网络

1997 年，两位德国科学霍克赖特和施米德赫伯提出了长期短期记忆（LSTM），这是一种今天仍用于手写识别和语音识别的递归神经网络，对后来人工智能的研究有着深远影响。

案例 **1-14**：扫地机器人 Roomba

1998 年，美国公司创造了第一个宠物机器人 Furby。而热衷于机器人技术的日本，2000 年，本田公司发布了机器人产品 ASIMO，经过十多年的升级改进，目前已经是全世界最先进的机器人之一。家用机器人一直是人们关注的重点，1996 年美国公司伊莱克斯推出了第一款吸尘器机器人，也就是现在大家在使用的扫地机器人，但由于产品缺陷，很快以失败告终。2002 年，美国先进的机器人技术公司 iRobot 面向市场推出了 Roomba 扫地机器人，大获成功。iRobot 至今仍然是扫地机器人最好的品牌之一。

案例 **1-15**：语音识别助理——Casper

1992 年，当时在苹果公司任职的华人李开复，使用统计学的方法，设计开发了具有连续语音识别能力的助理程序——Casper，这也是 20 年后 Siri 最早的原型。Casper 可以实时识别语音命令并执行计算机办公操作，类似于语音控制作 word 文档。

这一时期，虽然取得了一些成就，但也出现过低潮。

20 世纪 80 年代末，包括日本第五代计算机计划在内的很多超前概念都注定失败，专家系统最初取得的成功是有限的，它无法自我学习并更新知识库和算法，维护起来越来越麻烦，成本越来越高。以至于很多企业后来都放弃陈旧的专家系统或者升级到新的信息处理方式。

3. 人工智能的第三次浪潮（2006 ~ ）

人工智能的第三次浪潮始于 2006 年。深度学习的出现引起了广泛的关注，2006 年，杰弗里辛顿出版了《Learning Multiple Layers of Representation》，奠定了后来神经网络的全新的架构，至今仍然是人工智能深度学习的核心技术。多层神经网络学习过程中的梯度消失问题被有效地抑制，网络的深层结构也能够自动提取并表征复杂的特征，避免传统方法中通过人工提取特征的问题。深度学习被应用到语音识别以及图像识别中，取得了非常好的效果。人工智能在大数据时代进入了第三次发展高潮。

案例 1-16：ImageNet 项目

2007 年，在斯坦福任教的华裔科学家李飞飞，发起创建了 ImageNet 项目。为了向人工智能研究机构提供足够数量可靠的图像资料，ImageNet 号召民众上传图像并标注图像内容。ImageNet 目前已经包含了 1400 万张图片数据，超过 2 万个类别。自 2010 年开始，ImageNet 每年举行大规模视觉识别挑战赛，全球开发者和研究机构都会参与贡献最好的人工智能图像识别算法进行评比。尤其是 2012 年，由多伦多大学在挑战赛上设计的深度卷积神经网络算法，被业内认为是深度学习革命的开始。

案例 1-17：吴恩达的图像识别

华裔科学家吴恩达及其团队在 2009 年开始研究使用图形处理器（GPU 而不是 CPU）进行大规模无监督式机器学习工作，尝试让人工智能程序完全自主地识别图形中的内容。2012年，吴恩达取得了惊人的成就，向世人展示了一个超强的神经网络，它能够在自主观看数千万张图片之后，识别那些包含有小猫的图像内容。这是历史上在没有人工干预下，机器自主强化学习的里程碑式事件。

案例 1-18：谷歌的无人驾驶

2009 年，谷歌开始秘密测试无人驾驶汽车技术；至 2014 年，谷歌成为第一个在通过美国自驾车测试的公司。

案例 1-19：IBM 的沃森——真人抢答竞猜

2011 年，在综艺竞答类节目《危险边缘》中，IBM 的沃森系统与真人一起抢答竞猜，这次是人类的常识智力问答，虽然沃森的语言理解能力也闹出了一些小笑话，但凭借其强大的知识库仍然最后战胜了两位人类冠军而获胜。

世纪之交的 20 年中，人工智能技术与计算机软件技术深度整合，也渗透到几乎所有的产业中去发挥作用。同时，人工智能技术也越来越注重数学，注重科学，逐步走向成熟。

在 21 世纪第一个十年之前，对于简单的人类感知和本能，人工智能技术一直处于落后或追赶，而到 2011 年，在图像识别领域或常识问答比赛上，人工智能都开始表现出超过人类的水平，新的十年将会是人工智能在各个专业领域取得突破的时代。

2008 以后，随着移动互联网技术、云计算技术的爆发，积累了历史上超乎想象的数据量，这为人工智能的后续发展提供了足够的素材和动力。

AI（人工智能）、Big data（大数据）、Cloud（云计算）（简称为 ABC）以及正在深入展开的 IoT 物联网技术，共同构成了 21 世纪第二个十年的技术主旋律。

案例 1-20：生成对抗网络（Generative Adversarial Netork，GANs）

2014 年，伊恩·古德费罗提出 GANs 生成对抗网络算法，这是一种用于无监督学习的人工智能算法，这种算法由生成网络和评估网络构成，以左右互搏的方式提升最终效果，这种方法很快被人工智能很多技术领域采用。

案例 1-21：AlphaGo

2016 年和 2017 年，谷歌发起了两场轰动世界的围棋人机之战，其人工智能程序 Alpha-Go 连续战胜曾经的围棋世界冠军韩国李世石，以及现任的围棋世界冠军中国的柯洁。曾经的宿敌，人类顶级围棋智慧的代表，如今已纷纷败在计算机高速的计算能力和优秀的人工智能算法之下。"AlphaGo 对我来说，是上帝般的存在。"柯洁赛后如此评价，"对于 AlphaGo 的自我进步速度来说，人类的存在很多余。"

AlphaGo 背后是谷歌收购不久的英国公司 Deep Mind，专注于人工智能和深度学习技术，目前该公司的技术不仅用于围棋比赛，更主要用于谷歌的搜索引擎、广告算法以及视频、邮箱等产品。人工智能技术已经成为谷歌的重要支撑技术之一。

案例 1-22：双足机器人和四足机器狗

谷歌 2013 年还曾收购了世界顶级机器人技术公司，波士顿动力学公司，2017 年又出售给日本软银公司。波士顿动力学崛起于美国国防部的 DARPA 大赛，其生产的双足机器人和四足机器狗具有超强的环境适应能力和未知情况下的行动能力。

案例 1-23：机器视觉和语音助手

图像识别技术正逐渐从成熟走向深入。从日常的人脸识别到照片中的各种对象识别，从手机的人脸解锁到 AR 空间成像技术，以及图片、视频的语义提取等等，机器视觉还有很长的路要走，也还有巨大的潜力等待挖掘。

2010 年亚马逊公司就开始研发语音控制的智能音箱，2014 年正式发布了产品 Echo，这是一款可以通过语音控制家庭电器和提供资讯信息的音箱产品。后谷歌、苹果都推出类似产品，国内厂商如阿里、小米、百度、腾讯等也都纷纷效仿，一时间智能音箱产品遍地开花，都试图抢占用户家庭客厅的入口。

2018 年，谷歌发布了语音助手的升级版演示，展示了语音助手自动电话呼叫并完成主人任务的场景。其中包含了多轮对话、语音全双工等新技术，这可能预示着新一轮自然语言处理和语义理解技术的到来。

1.2 人工智能的三大主流学派

通过机器模仿实现人的行为，让机器具有人类的智能，是人类长期以来追求的目标。如果从 1956 年正式提出人工智能学科算起，人工智能的研究发展已有 60 多年的历史。这期间，不同学科或学科背景的学者对人工智能做出了各自的解释，提出了不同观点，由此产生了不同的学术流派。期间对人工智能研究影响较大的有符号主义、联结主义和行为主义三大学派。

1. 符号主义：基于逻辑推理的智能模拟方法

符号主义（Symbolism），又称为逻辑主义（Logicism）、心理学派（Psychlogism）或计算机学派（Computerism），其原理主要为物理符号假设和有限合理性原理。主张从功能方面模拟、延伸、扩展人的智能。核心是符号推理与机器推理，用符号表达的方式来研究智能、研究推理。奠基人是西蒙（CMU）。

发展途径：启发程序→专家系统。

案例 1-24：动物识别专家系统

专家系统一般由两部分组成：知识库与推理引擎。人类专家提供知识，再将这种显式的知识存储到知识库中用来推理。它一方面需要人类专家整理和录入庞大的知识库（专家规则），另一方面需要计算机科学家编写程序，设定如何根据提问进行推理找到答案，也就是推理引擎。

设计一个简单的动物识别的专家系统，简单判断蛇、蜥蜴、鸡、猫 4 种动物。知识库的规则如下：

冷血 and 没有腿→蛇

冷血 and 有腿→蜥蜴

非冷血 and 有羽毛 and 不会飞→鸡

非冷血 and 没有羽毛→猫

你可以录入上述规则到知识库。推理过程如图 1-1 所示。

例如：当你问这个专家系统，如果一个非冷血、有羽毛、不会飞的动物是什么时，它会经过推理告诉你结论。

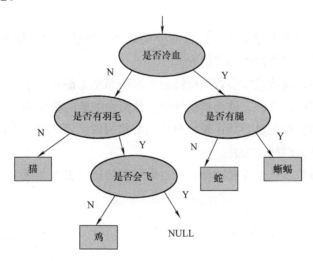

图 1-1　动物识别的推理过程

然后设计一个算法，即推理引擎，其实就是一个 if－else 结构的多分支推理引擎。

代表性成果：1956 年问世的第一个启发程序 LT 逻辑理论机，它证明了 38 条数学定理，表明了可以应用计算机研究人的思维过程，模拟人类智能活动；1968 年发表的第一个专家系统 DENTRAL 化学分析专家系统。

符号主义曾长期一枝独秀，为人工智能的发展做出重要贡献，为人工智能走向工程应用具有特别重要的意义。在人工智能的其他学派出现之后，符号主义仍然是人工智能的主流派别。

2. 联结主义：受脑科学的启发

联结主义（Connectionism），又称为仿生学派（Bionicsism）或生理学派（Physiologism），联结主义主张从结构方面模拟、延伸、扩展人的智能，要用电脑模拟人脑的神经系统联合机制，其原理主要为神经网络及神经网络之间的联结机制与学习算法。联结主义核心是神经元网络与深度学习，目前人工智能的热潮实际上是联结主义的胜利。奠基人是明斯基（MIT）。

代表性成果：它的代表性成果是1943年由生理学家麦卡洛克和数理逻辑学家皮茨创立的脑模型，即MP模型，开创了用电子装置模仿人脑结构和功能的新途径。它从神经元开始进而研究神经网络模型和脑模型，开辟了人工智能的又一发展道路。1960年研制的感知机；1982年和1984年，美国物理学家霍普菲尔提出了离散的神经网络模拟和连续的神经网络模拟，开拓了神经网络用于计算机的新途径；1986年，鲁梅尔哈特等人提出了多层网络中的反向传播（BP）算法，使多层感知机的理论模型有所突破。

发展途径：人工神经细胞→人工神经网络。

案例1-25：感知器的例子

（1）神经元的结构

神经元（Neuron）是神经系统的基本结构和机能单位。一般包含胞体、树突、轴突三部分。

树突是胞体发出的短突起，树突形状似分叉众多的树枝，上面散布许多枝状突起，因此，有可能接受来自许多其他细胞的输入。

胞体内有细胞核，而且绝大多数维持细胞生命的细胞器都在其中。

轴突是胞体发出的长突起，称为神经纤维。轴突为细胞的输出端，从胞体延伸出来，一般很长。许多轴突由髓鞘包裹，其作用是与其他细胞的信息流绝缘。沿鞘壁有许多豁口，称为郎飞氏结。轴突到突触接端为止。

神经元受到刺激后，产生神经冲动，并且沿轴突传送出去（见图1-2）。

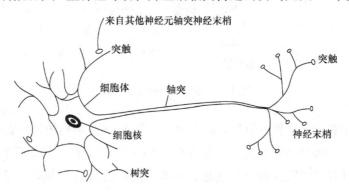

图1-2 神经元的组成

既然思考的基础是神经元，如果能够"人造神经元"（Artificial Neuron），就能组成人工神经网络，模拟思考。20世纪60年代，提出了最早的"人造神经元"模型，称为"感知器"（Perceptron），直到今天还在用（见图1-3）。

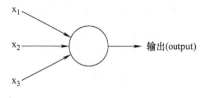

图1-3 感知器

上图的圆圈就代表一个感知器。它接收多个输入（x_1，x_2，x_3…），产生一个输出（output），好比神经末梢感受各种外部环境的变化，最后产生电信号。

为了简化模型，我们约定每种输入只有两种可能：1 或 0。如果所有输入都是 1，表示各种条件都成立，输出就是 1；如果所有输入都是 0，表示条件都不成立，输出就是 0。

（2）感知器模型

下面通过一个例子来解释什么是感知器模型。城里正在举办一年一度的游戏动漫展览，小明拿不定主意，周末要不要去参观。

他决定考虑三个因素。

天气：周末是否晴天？

同伴：能否找到人一起去？

价格：门票是否可承受？

这就构成一个感知器。上面三个因素就是外部输入，最后的决定就是感知器的输出。如果三个因素都是 Yes（使用 1 表示），输出就是 1（去参观）；如果都是 No（使用 0 表示），输出就是 0（不去参观）。

如果某些因素成立，另一些因素不成立，输出是什么？比如，周末是好天气，门票也不贵，但是小明找不到同伴，他还要不要去参观呢？

现实中，各种因素很少具有同等重要性：某些因素是决定性因素，另一些因素是次要因素。因此，可以给这些因素指定权重（weight），代表它们不同的重要性。

天气：权重 w_1 为 8

同伴：权重 w_2 为 4

价格：权重 w_3 为 4

上面的权重表示，天气是决定性因素，同伴和价格都是次要因素。

如果三个因素都为 1，它们乘以权重的总和就是 8 + 4 + 4 = 16。如果天气和价格因素为 1，同伴因素为 0，总和就变为 8 + 0 + 4 = 12。

这时，还需要指定一个阈值（threshold）。如果总和大于阈值，感知器输出 1，否则输出 0。假定阈值 b 为 8，那么 12 > 8，小明决定去参观。阈值的高低代表了意愿的强烈，阈值越低就表示越想去，越高就越不想去。

上面的决策过程，使用数学表达如下。

$$
输出 = \begin{cases} 0 & 如果 \sum_j w_j x_j \leq 阈值 \\ 1 & 如果 \sum_j w_j x_j > 阈值 \end{cases} \tag{1-1}
$$

为了方便后面的讨论，需要对上面的模型进行一些数学处理。

外部因素 x_1、x_2、x_3 写成矢量 $<x_1，x_2，x_3>$，简写为 x；

权重 w_1、w_2、w_3 也写成矢量（w_1，w_2，w_3），简写为 w；

定义运算 $w \cdot x = \sum wx$，即 w 和 x 的点运算，等于因素与权重的乘积之和；

定义 b 等于负的阈值 b = − threshold。

感知器模型就变成了下面这样。

$$输出 = \begin{cases} 0 & 如果\ w \cdot x + b \leqslant 0 \\ 1 & 如果\ w \cdot x + b > 0 \end{cases} \qquad (1\text{-}2)$$

（3）感知器的训练

现在，你可能困惑前面的权重项和偏置项的值是如何获得的呢？这就要用到感知器训练算法：将权重项和偏置项初始化为 0，然后，利用下面的感知器规则迭代的修改 w_i 和 b，直到训练完成。

$$w_i \leftarrow w_i + \Delta w_i$$
$$b \leftarrow b + \Delta b \qquad (1\text{-}3)$$

这种方法就是试错法。其他参数都不变，w（或 b）的微小变动，记作 Δw（或 Δb），然后观察输出有什么变化。不断重复这个过程，直至得到对应最精确输出的那组 w 和 b，就是我们要的值。这个过程称为模型的训练。经过多轮迭代后（即全部的训练数据被反复处理多轮），就可以训练出感知器的权重，使之实现目标函数。

20 世纪 60~70 年代，联结主义，尤其是对以感知器为代表的脑模型的研究出现过热潮，由于受到当时的理论模型、生物原型和技术条件的限制，脑模型研究在 20 世纪 70 年代后期至 80 年代初期落入低潮。直到 20 世纪 80 年代提出用硬件模拟神经网络以后，联结主义才又重新抬头。我们现在所说的深度的神经网络，就是一类典型的联结主义的算法，或者说是工具。

3. 行为主义：基于"感知—行动"

行为主义（Actionism），又称进化主义（Evolutionism）或控制论学派（Cyberneticsism），主张从行为方面模拟、延伸、扩展人的智能，认为智能可以不需要知识。其原理为控制论及感知—动作型控制系统，是一种基于"感知—行动"的行为智能模拟方法。行为主义推崇控制、自适应与进化计算，奠基人是维纳（MIT）。

行为主义学派认为人工智能源于控制论。早期的研究工作重点是模拟人在控制过程中的智能行为和作用，并进行"控制论动物"的研制。到 20 世纪 60~70 年代，播下智能控制和智能机器人的种子，并在 20 世纪 80 年代诞生了智能控制和智能机器人系统。行为主义是 20 世纪末才以人工智能新学派的面孔出现的，引起了许多人的兴趣。这一学派的代表作首推布鲁克斯的六足行走机器人，它被看作是新一代的"控制论动物"，是一个基于感知—动作模式模拟昆虫行为的控制系统。

代表性成果：1952 年研制成功的第一个"控制论动物"——香农老鼠。1991 年布鲁克斯演示的新型智能机器人。

发展途径：控制论动物→智能机器人。

代表性成果有 MIT 的 Brooks 研制的智能机器人。举个例子，比如条件反射，给狗一个条件，让它最后能流口水强化学习，便是行为主义非常经典的例子。强化学习，终身学习，从人的行为学习、受启发而总结出来的学习机制，均属于这一派。

4. 三大学派研究方法的比较

首先，符号学派的思想和观点直接继承于图灵，他们是直接从功能的角度来理解智能的。他们把智能理解为一个黑箱，只关心这个黑箱的输入和输出，而不关心黑箱的内部构造。因此，符号学派利用知识表示和搜索来替代真实人脑的神经网络结构。符号学派假设知识是先验地存储于黑箱之中的，因此，它很擅长解决利用现有的知识做比较复杂的推理、规划、逻辑运算和判断等问题。

联结学派则显然要把智能系统的黑箱打开，从结构的角度来模拟智能系统的运作，而不单单重现功能。这样，联结学派看待智能会比符号学派更加底层。这样做的好处是可以很好地解决机器学习的问题，并自动获取知识；但是弱点是对于知识的表述是隐含而晦涩的，因为所有学习到的知识都变成了联结权重的数值。我们若要读出神经网络中存储的知识，就必须要让这个网络运作起来，而无法直接从模型中读出。联结学派擅长解决模式识别、聚类、联想等非结构化的问题，但却很难解决高层次的智能问题（如机器定理证明）。

行为学派则研究更低级的智能行为，它更擅长模拟身体的运作机制，而不是大脑。同时，行为学派非常强调进化的作用，他们认为，人类的智慧也理应是从漫长的进化过程中逐渐演变而来的。行为学派擅长解决适应性、学习、快速行为反应等问题，也可以解决一定的识别、聚类、联想等问题，但在高级智能行为（如问题求解、逻辑演算）上则相形见绌。

人工智能的三个学派、三个途径，在学术观点与科学方法上，有严重的分歧和差异，联结主义学派反对符号主义学派关于物理符号系统的假设，认为人脑神经网络的联结机制与计算机的符号运算模式有原则性差别；行为主义学派批评符号主义学派、联结主义学派对真实世界做了虚假的、过分简化的抽象，认为存在"不需要知识""不需要推理"的智能。

联结学派和行为学派似乎更加接近，因为他们都相信智能是自下而上涌现出来的，而非自上而下的设计。但麻烦在于，怎么涌现？涌现的机制是什么？这些深层次问题无法在两大学派内部解决，而必须求助于复杂系统科学。

5. 未来达到强人工智能，需要三大学派互相融合

三大学派、三条途径各有所长，各有所短，应相互结合、取长补短，综合集成。

人工智能三大学派在不同阶段独立发展，分别交替占据主流。每一个学派都有自己的优势。以联结主义为例，联结主义对于感知非常有效，如用作视觉语音识别和分类等效果显著，但做推理效果则不尽人意，符号主义则特别适合做推理。

三大学派是相对独立的，现在人工智能的发展有融合的趋势。无论是国内还是国外人工智能的研究发展，都需要把这三个学派统一起来，而要做到需要对这个领域非常了解，才能把它融合起来。因为未来要达到强人工智能，每个方面的感知、认知、推理、技艺的功能都需要。

1.3 人工智能的研究领域

1. 人工智能的主要研究领域

（1）智能感知——机器会听、会看、会说

模拟感知行为的人工智能研究的一些例子包括语音识别、话者识别等与人类的听觉功能有关的"计算机听觉"，物体三维表现的形状、距离、速度感知等与人类视觉有关的"计算机视觉"等等。

计算机视觉（Computer Vision，CV）是用计算机模拟人的视觉机理来获取和处理信息的能力。就是指用摄影机和电脑代替人眼对目标进行识别、跟踪和测量等机器视觉，并进一步做图形处理，用电脑处理成为更适合人眼观察或传送给仪器检测的图像。计算机视觉研究相关的理论和技术，试图建立能够从图像或者多维数据中获取"信息"的人工智能系统。计算机视觉的挑战是要为计算机和机器人开发具有与人类水平相当的视觉能力。

现在机器的感知能力已经越来越接近人类了，语音识别的准确率达到97%甚至更高，图像识别的某些领域，例如，人脸识别，比人类个体更加准确和迅速。

模式识别（Pattern Recognition）研究的是计算机的模式识别系统，即用计算机代替人类或帮助人类感知模式。模式通常具有实体的形式，如声音、图片、图像、语言、文字、符号、物体和景象等，可以用物理、化学及生物传感器进行具体采集和测量。但模式所指的不是事物本身，而是从事物获得的信息，因此，模式往往表现为具有时间和空间分布的信息。人们在观察、认识事物和现象时，常常寻找它与其他事物和现象的相同与不同之处，根据使用目的进行分类、聚类和判断，人脑的这种思维能力就构成了模式识别的能力。

例如：间谍飞机拍摄照片，用于计算空间信息或区域地图；医疗成像分析被用来提高疾病的预测、诊断和治疗；警方使用的计算机软件可以识别数据库里面存储的肖像，从而识别犯罪者的脸部；在购物方面，消费者现在可以用智能手机拍摄下产品以获得更多信息；我们最常用的车牌识别等。

计算机视觉有望在未来进入自主理解、分析决策的高级阶段，真正赋予机器"看"的能力，在无人车、智能家居等场景发挥更大的价值。

（2）计算机思维——机器会思考

模拟思维活动的人工智能研究的例子包括符号推理、模糊推理、定理证明等与人类思维有关的"计算机思维"等。

自动推理是基于知识的。有了知识，通过简单推理如"规则演绎"，复杂推理如基于概率的不确定性推理（如"主观贝叶斯"），可以得到新知识，或者直接利用旧知识解决问题。

自动定理证明，又叫机器定理证明，它是数学和计算机科学相结合的研究课题。数学定理的证明是人类思维中演绎推理能力的重要体现。演绎推理实质上是符号运算，因此原则上可以用机械化的方法来进行。我国数学家吴文俊在微型机上成功地设计了初等几何与初等微分几何中一大类问题的判定算法及相应的程序，其研究处于国际领先地位。

自动定理证明的理论价值和应用范围并不局限于数学领域，许多非数值领域的任务，如医疗诊断、信息检索、规划制定和难题求解等，都可以转化成相应的定理证明问题，或者与定理证明有关的问题，所以自动定理证明的研究具有普遍意义。

（3）知识图谱——机器会记忆

知识图谱（Knowledge Graph，KG）实体指的是具有可区别性且独立存在的某种事物。如某一个人、某一个城市、某一种植物等、某一种商品等等。世界万物有具体事物组成，此指实体。如"中国"、"美国"、"日本"等。实体是知识图谱中的最基本元素，不同的实体间存在不同的关系。

知识图谱的早期发展是专家系统。知识图谱的概念是由 Google 公司在 2012 年提出的，指代其用于提升搜索引擎性能的知识库。本文借用此概念泛指早期至今的知识库项目，而非特指 Google 的知识图谱项目。知识图谱的出现是人工智能对知识需求所导致的必然结果，但其发展又得益于很多其他的研究领域，涉及专家系统、语言学、语义网、数据库，以及信息抽取等众多领域，是交叉融合的产物而非一脉相承。

（4）机器学习——机器会学习

机器学习（Machine Learning，ML）是人工智能的一个核心研究领域，它是计算机具有智能的根本途径。学习是人类智能的主要标志和获取知识的基本手段。Simon 认为："如果一个系统能够通过执行某种过程而改进它的性能，这就是学习"。它主要使用归纳、综合，而不是演绎。

作为联结主义智能实现的典范，神经网络采用广泛互联的结构与有效的学习机制来模拟人脑信息处理的过程，是人工智能发展中的重要方法，也是当前"类脑"智能研究中的有效工具。目前，模拟人脑复杂的层次化认知特点的深度学习已经成为类脑智能中的一个热点研究方向。通过增加网络的层数和节点数、采用全新的网络结构、设计高效的学习优化策略，所构造的"深层神经网络"能够使机器获得从海量数据中学习"抽象概念"和"复杂规律"的能力，在诸多领域都取得了巨大的成功，又一次掀起了神经网络研究的一个新高潮。

（5）智能机器——机器会行动

机器人（Robot System，RS）能够执行人类给出的任务。它们具有传感器，检测到来自现实世界的光、热、温度、运动、声音、碰撞和压力等数据。它拥有高效的处理器，多个传感器和巨大的内存，以展示它的智能，并且能够从错误中吸取教训来适应新的环境。

（6）自然语言处理——机器会语言

语言能力对应的研究领域是自然语言处理（Natural Language Processing，NLP）。可以与理解人类自然语言的计算机进行交互。比如常见机器翻译、人机对话、自动文摘、全文检索。除此之外，还有语音转文字、文字转语音、文本语义抽取、文本情感分析、文本分类、语法分析等，都是自然语言处理的基本研究范围，也是人工智能的基本语言能力。

自然语言处理的几个核心环节：知识的获取与表达、自然语言理解、自然语言生成等，也相应出现了知识图谱、对话管理、机器翻译等研究方向。

知识图谱：基于语义层面对知识进行组织后得到的结构化结果。

对话管理：包含闲聊、问答、任务驱动型对话。

机器翻译：由传统的 PBMT 方法到 Google 的 GNMT，流畅度与正确率大幅提升。

应用包括搜索引擎、对话机器人、机器翻译、甚至高考机器人、办公智能秘书。

（7）智能规划——机器会决策

智能规划（Intelligent Planning）是人工智能的一个重要研究领域，起源于状态空间搜索、定理证明和控制理论的研究，以及机器人技术、调度和其他领域的实际需要，已广泛应用于航空航天、机器人控制、工业化生产调度中。智能规划的主要思想是：对周围环境进行认识与分析，根据自己要实现的目标，对若干可供选择的动作及所提供的资源限制施行推理，综合制定出实现目标的规划。该系统的主要功能可以描述为：给定问题的状态描述、对状态描述进行变换的一组操作、初始状态和目标状态。

例如：机器人在某一时刻，借助感知信息等多维度信息，通过规划算法来决定自己下一步该如何行动就是一种规划。至于决定下一步的行动之后，比如决定下一步迈左脚，则该规划结果传达给控制系统，使其完成操作。机器人只是规划的一种应用场景，像自动驾驶技术也离不开高性能高准确度的规划算法。博弈等人工智能高级能力也是基于此能力实现的。

（8）分布式人工智能——机器会合作

分布式人工智能是分布式计算与人工智能结合的结果。主要研究内容有分布式问题求解（Distribution Problem Solving，DPS）和多智能体系统（Multi-Agent System，MAS）。

多智能体系统是由多个智能体（Agent）组成的集合，通过 Agent 的交互来实现系统的表现。多智能体系统主要研究多个 Agent 为了联合采取行动或求解问题，如何协调各自的知识、目标、策略和规划。在表达实际系统时，多智能体系统通过各 Agent 间的通信、合作、互解、协调、调度、管理及控制来表达系统的结构、功能及行为特性。由于在同一个多智能体系统中各 Agent 可以异构，因此 Multi-Agent 技术对于复杂系统具有无可比拟的表达力。它为各种实际系统提供了一种统一的模型，能够体现人类的社会智能，具有更大的灵活性和适应性，更适合开放和动态的世界环境，因而备受重视，相关研究已成为人工智能以至计算机科学和控制科学与工程的研究热点。

2. 人工智能的相关术语

（1）人工智能三要素

算法、数据和硬件计算力组成了人工智能高速发展的三要素。人工智能实现所需要具备的基础。三要素缺一不可。为什么人工智能到近两年才开始呈现爆发？主要是因为直到今日，人工智能的算法、数据和硬件才满足了人工智能的基本需求。

1）算法。首先是优秀的人工智能算法，比如现在最流行的深度学习算法，就是近期人工智能领域中最大的突破之一，为人工智能的商业化带来了希望。以人脸识别为例，在 2013 年深度学习应用到人脸识别之前，各种方法的识别成功率只有不到 93%，低于人眼的识别率 95%，因此不具备商业价值。而随着算法的更新，深度学习使得人脸识别的成功率提升到了 97%。这才为人脸识别的应用奠定了商业化基础。

2）数据。第二个是被收集的大量数据，数据是驱动人工智能取得更好的识别率和精准度的核心因素。在数据方面，进入互联网时代后，才出现了大数据的高速发展与积累，这为人工智能的训练学习过程奠定了良好的基础。比如，在 AlphaGo 的学习过程中，核心数据是来自互联网的 3000 万例棋谱，而这些数据的积累是历经了十多年互联网行业的发展。所以直到 2017 年，基于深度学习算法的 AlphaGo 才取得突破性进展。离开了这些棋谱数据的积累，机器战胜人是无法实现的。

3）计算力。第三个是大量高性能硬件组成的计算能力，以前的硬件计算力并不能满足人工智能的需求，当 GPU 和人工智能结合后，人工智能才迎来了真正的高速发展。

在 20 年前，一个机器人，当时是用 32 个 CPU，达到 120MHz 的速度。现在的人工智能系统使用的是成百上千个 GPU 来提升计算能力。这使得处理学习或者智能的能力得到比较大的增强。之前用 CPU 一个月才能出结果，然后再去调整参数，一年只能调整 12 次，也就是有 12 次迭代。GPU 产生后大幅提升了计算量，现在用 GPU 可以一天就出结果，这样可以迭代得更快，这是技术大幅发展的条件。

（2）自动化、智能化、人工智能

从智能手机开始，智能这个词已经泛化了。智能手机出现，智能生产、智能制造、智能产品、智能手表等等都涌现出来。今天我们需要重新理解"智能"的相关概念，与智能相关的概念可分成三部分：自动化、智能化、人工智能。

1）自动化（Automation）。意指用机器代替人工完成工作任务。近十年来，过去由人工执行的大量常规任务容易被计算机和算法、软件模仿和替代。特别是计算机算法，或者说是计算（computing），大多可以由机器来实施完成。西方国家认为，今日之经济时代正在从后工业时代逐渐转移到自动工业时代。这个观点带来了新的发展方向，即知识工作自动化（Knowledge Work Automation），使用计算机来完成复杂的分析、精细的判断和创新问题的解决。机器人则是我们理解的自动化、有制造自动化能力的装置，其使用环境是容易标准化的、可以重复的常规工作（routine work）。自动化以人工智能、机器人为特征，体现在提高生产率、降低人工成本、提高质量、更便宜、更快捷、更柔性化、可定制等方面，发展前景广阔。近十年来，随着计算机性能的提升、价格的下降，大数据、云计算、移动终端、网络化技术、互联网、物联网、智能化技术、人工智能技术等兴起，自动化的需求逐渐达到相当高的程度。

2）智能化（Smartness）（智能＋）。智能化产品情境下的"智能化"原属于西方的名词，该词其实很有意思，"智能化"诠释为 Smart。为什么称之为 Smart？因为 Smart 是副词，可以加后缀 ness 成为名词。亦因为 Smart 可以加 ness 而成为一个名词，这样便可构建以 Smart 为核心的"智能化"概念框架。智能化产品，比较明确，就是 Smartness of Product。而在我国当今引用的"智能"产品，在西方可理解为 Smart，并非 Intelligent 涵盖的意义。在一定程度上拥有较多或者较少的以下功能维度，可以称之为"智能化产品"（Smartness of Product），如自治、自适应、自反应、多功能、自监控、自修复、自维修、自操作，以及拟人交互功能、有能力与其他装置合作等一系列功能。不是所有的功能都需要，其中有一定功能因素在里面的，我们都把它叫作智能产品。

在英文里面，Artificial 和 Smart 是两个不同的词。但都被中文翻译成"智能"，这导致了很多沟通理解的错位。

很多我们平常一直说到的智能，都是 Smart 而不是 Intelligence。比如智能手机 Smart phone，智能电视 Smart TV，智能音箱 Smart Speaker，智能手表 Smart watch，智能手环 Smart band，还有更多的比如智能路由器、智能空调、智能冰箱、智能摄像头等等。它们都是 Smart 而不是 Intelligence 的。

一般的，Intelligence 一词只在学院或科研机构中使用，其他情况都倾向于使用 Smart。

智能制造是实现整个制造业价值链的智能化和创新，是信息化与工业化深度融合的进一步提升。目前智能制造的"智能"还处于 Smart 的层次，而智能制造的趋势是实现真正地"Intelligent"。

3）人工智能（Artificial Intelligence）。指让机器能像人那样认知、思考和学习，即用计算机模拟人的智能。今天人工智能的典型应用领域主要包括：机器定理证明、机器翻译（自然语言理解）、专家系统（问题求解和知识表达）、博弈（树搜索）、模式识别（多媒体认知）、机器人和智能控制（感知和协同）、深度学习和神经网络、优化的知识管理、不同过程需求的自适应环境变化、有人介入的拟人智能等。在此，"优化的知识管理"与 Smart 相区别的点在于它具有优化的功能，有人介入的拟人智能则指跟人能对话，执行人的命令，与人有思想互通与对话。

（3）智慧城市与智能城市

2010 年，IBM 正式提出了"智慧的城市"愿景，希望为世界和中国的城市发展贡献自己的力量。IBM 经过研究认为，城市由关系到城市主要功能的不同类型的网络、基础设施和环境 6 个核心系统组成：组织（人）、业务/政务、交通、通信、水和能源。这些系统不是零散的，而是以一种协作的方式相互衔接。而城市本身，则是由这些系统所组成的宏观系统。

智慧城市（英语：Smart City）是指利用各种信息技术或创新意念，集成城市的组成系统和服务，以提升资源运用的效率，优化城市管理和服务，以及改善市民生活质量。从技术发展的视角，智慧城市建设要求通过以移动技术为代表的物联网、云计算等新一代信息技术应用实现全面感知、泛在互联、普适计算与融合应用。

在中国，城市智能化不是一个 smart 的问题，而是一个 Intelligent 的问题，因此我们用"智能城市"的概念来取代"智慧城市"，用 Intelligent（简称为 ICity）来取代 Smart City。

中国智能城市的发展和中国的信息化发展的步骤和模型是一样的，第一阶段是数字化，第二阶段是网络化，第三阶段是大数据化，第四阶段是智能化。目前，中国绝大部分的城市的智能化停留在第一阶段和第二阶段上，已经有部分城市进入到了第二阶段和第三阶段。

（4）智能的分类——自然智能和人工智能

和 Artificial（人工）相对的是 Natural（自然）。自然分为广义自然和狭义自然。广义自然指整个存在的世界，它既包括自然科学所研究的无机界和有机界，也包括社会科学所研究的人类社会。人和人的意识是自然发展的最高产物。狭义的自然又称大自然，是指自然科学所研究的无机界和有机界，不包括人类社会在内。

依赖于表现智能的主体不同，我们可以简单地把智能分为人工智能和自然智能（非人工智能）。我们现实中最普遍存在的就是大自然创造的各种智能体，也就是各种动物以及我们人类自己。自然智能特指大自然创造的智能现象。人工智能是由机器、设备或软件等人造对象所表现出的智能。

如果我们进一步对表现智能的主体进行区别，则可以分为5种：

1) 人工智能，由机器、设备或软件等人造对象所表现出的智能。

2) 生物个体智能，由有机的生命形态个体所表现出的智能。

3) 人类个体智能，由人类个体所表现出的智能。

4) 群体智能，由众多智能个体的集合所表现出的智能。

5) 系统智能，由多种有机或无机元素组成的复杂系统所表现出的智能。

下一节我们也将在这个分类的基础上进行深入剖析。

1.4 自然智能

1. 生物个体智能

生物体都能适应一定的环境，也能影响环境。

什么是生物智能？答案虽然多样，但到目前为止都没有一个被广泛接受的统一理论。

定义1.1 生物智能（Biological Intelligence，BI）就是指各种生物个体所表现出来的，能够自主地对环境做出适应的反应行为。

（1）自然界生物个体的智能模型

如果我们给自然界的生物建立一个模型，这个模型是在繁殖过程中继承而来的智能模型。这个继承而来的智能模型，也就是遗传基因。大自然迄今取得的唯一最伟大的成就，当然要数DNA分子的发现。我们现在的计算机能做各种各样的事情，各种智能是由软件决定的。

正像一串二进制数据用"0"和"1"编码一样，一串DNA用4个用字母A、T、C和G代表的脱氧核糖核酸碱基编码。例如：GCTACG、CTAGTA、TCGTAC、CTACGG、ATGCCG。可认为DNA是一种独特的数据结构。

智能模型不仅包含了"软件部分"——DNA，也包含了"硬件部分"——定义生物机体构造和生化运作方式。

（2）自然选择学说

"物竞天择，适者生存。"这是进化论最为核心的一句话。

进化论者认为，现在地球上的各种生物不是神创造的，而是由共同祖先经过漫长的时间演变而来的，因此各种生物之间有着或远或近的亲缘关系。

自然选择学说包括：过度繁殖、生存斗争、遗传和变异、适者生存。

凡是生存下来的生物都是对环境能适应的，而被淘汰的生物都是对环境不适应的。这就是适者生存，不适者被淘汰，称为自然选择。

自然界是我们理解人工智能的最优导师！

（3）简单生物个体的智能实例

案例 1-26：细菌游泳

细菌是最早诞生的单细胞生物，也是当今世界上数量最多的生物。糖类是细胞的主要能源物质，是生物体进行生命活动的主要能源物质。

很多细菌都生活在液态环境里，它们依赖于从周边环境中吸取糖分作为营养物质才能存活，它们能够感觉周边的糖分浓度，如果它们发现周边的糖分浓度比几秒钟之前少了，就会摇动尾部的鞭毛，像鱼一样游到糖分比较高的地方去。于是，我们就会看到细菌缓慢的游来游去，看上去像是具有某种智能。

细菌的这种机制是记录在细胞核内的，也就是记录在与生俱来的 DNA 里，本质是复杂化学反应决定的，经过无数代的进化，不符合这个机制的细菌都由于找不到糖被饿死了，这就是达尔文的自然选择理论。

我们从细菌个体生命行为上看到的这种智能表现，实际就是复杂的化学反应加上物种进化的自然选择结果。

简单总结一下，细菌智能个体的生存环境为液态环境和糖分，其简单硬件是细胞，软件是遗传 DNA，行为规则是一种适应性反应，其行为是鞭毛的独立运动类生命行为（翻滚或游泳运动）。

我们可以在计算机中用很简单的逻辑编程来模拟细菌，在屏幕上建立一个网格，每个格子有不同的深色或浅色，代表糖分的高低，然后把我们的电子细菌放在任意一个格子里面，开始先记录下所在格子的糖分值，然后每隔 1s 随机移动到身边的任意一个格子，如果检测到新格子的糖分比刚才的高就休息 1s，比刚才的低就继续移动。

如果整个格子世界的糖分分布是静态不变的，那么我们的细菌移动几步就会停下来。但如果我们每隔 1s 随机改变格子的深浅，那么就会看到细菌不停地游来游去。

细菌趋药性算法就是从以上过程获得灵感并研究提炼出来的优化方法，最早由 Bremermann 及其同事进行，旨在利用细菌在化学引诱剂环境中的运动行为来进行函数优化，他们的研究表明了细菌在引诱剂环境下的应激机制和梯度下降相类似。这种算法分析了三维环境中的趋药性，并被用于神经网络的训练。另一种与之相类似的方法是引导加速随机搜索技术，这种方法被运用于飞行控制系统的优化和感知器优化。

案例 1-27：兰顿的蚂蚁

蚂蚁出行不遵循任何计划或任务清单。1986 年，美国计算机科学家，人工生命（Artificial Life）领域创始人之一，克里斯托弗·兰顿提出了一个蚂蚁模拟游戏，在二维黑白格世界中只遵循三个原则就创造了极为复杂的图形。

蚂蚁个体的行为规则如下：

1）红色蚂蚁不停地向前爬行，每次一格。

2）如果爬到白色格子，那么就向右转身90°，同时把脚下的格子变成黑色。

3）如果爬到黑色格子，那么就向左转身90°，同时把脚下的格子变成白色。

神奇的是，当蚂蚁爬行步数足够多，往往是上万步以后，蚂蚁就会自发地找到一条高速路（Hightway），停止盲目乱爬，而是沿着高速公路向固定方向爬过去。

兰顿的蚂蚁游戏是一种二维的通用图灵机，试图模拟简单生物的行为，也是细胞自动机（Cellular Automaton）的一种，简称CA。

爱因斯坦曾经把蚂蚁比喻成二维世界的生物，它们永远无法知道球面不是平的，也无法理解三维世界的情况。但实际上我们仍然可以看到生存在二维世界的生物所表现出的智能，不管是真实蚂蚁或者是上面我们介绍的电子蚂蚁。智能在于表现而不在于肢体。我们谈论的智能并不是生物的手或者脚，而是它的行为表现出来的一种特征。

案例1-28：捕蝇草

植物也是一种生命形式，和动物或者人类没有什么本质上的区别。植物的智能表现在个体生命过程中适应性变异的生长与发育。

植物能记住自己之前所受的刺激，甚至还能"读秒"。捕蝇草叶子上有许许多多的触发毛。它的触发毛中如果有两根在大约20s内被物体触动，叶片就会闭合，也就是说它要记住此前有一根被触动过，并开始记秒数。

并不只有能快速反应的植物才能做出聪明的决策，其实所有植物都会对周围的环境变化做出回应。它们无时无刻地在生理和分子水平上做出决策。在烈日炎炎的缺水环境下，植物几乎会立即关闭气孔，阻止叶面上这些微小的气孔使水分流失。

捕蝇草可能并不是足够好的例子，但至少可以证明植物可以具有某种我们普通意义上所说的智能行为。植物毫无疑问是具备智能的。植物对于环境的反应，以及采取的行动，都不是被动、机械的，而是经过权衡判断后服务于其价值取向的。作为生物而言，植物生命体也同样由细胞构成，依靠基因的转录和复制来繁殖和扩张种族群体，同样遵循物竞天择的进化原理。

案例1-29：高智能动物

人类在抽象逻辑和推理方面要远胜过其他动物，但动物们的很多方面智能也远超人类，海豚可以利用回声定位了解周边情况，狗能在数百米外通过气味识别主人，大象超强记忆能力让它们从不迷路。

很多动物都具有学习和使用简单工具的能力，比如猕猴会用石头砸开坚果，大猩猩会用木棍伸进蚂蚁洞捞出蚂蚁吃。值得一提的是懂得向瓶内扔石子让水升高进而喝到水的乌鸦。日本研究人员曾经跟踪拍摄到一只聪明的乌鸦，它已经学会把嘴里的坚果扔到马路中间等待经过的汽车压碎，然后它还学会看红绿灯，懂得遇到绿灯的时候飞到路上把果仁叼走。

2. 人类个体智能

人类智能（human intelligence）是人类个体所表现出的智能。人类智能是生物智能的最高表现，它具有更加复杂的特征，有史以来也有着更加复杂的研究方法。

（1）智能的特征

进化理论认为人的本质能力是在动态环境中的行走能力、对外界事物的感知能力、维持生命和繁衍生息的能力。该智能一般是后天形成的，其原因为对外界刺激做出反应。这种能力是在自然界生物进化的漫长岁月中逐步产生的，是生物进化到人类，人类通过在自然界中不断进行的对主客体关系的调节活动，即实践活动，并依赖于人脑这一特殊物质而产生的。人的智能今天仍在发展，甚至其发展的速度远远超出了人类自身其他能力的进化速度。人的智能在当今的社会实践中起着绝对的主导作用。

智能的特征是什么？

特征1：具有感知能力，即具有能够感知外部世界、获取外部信息的能力，感知是人类最基本的生理、心理现象，是获取外界信息的基本途径，这是产生智能活动的前提条件和必要条件。

特征2：二是具有记忆和思维能力，即能够存储感知到的外部信息及由思维产生的知识，同时能够利用已有的知识对信息进行分析、计算、比较、判断、联想、决策；思维可分为逻辑思维、形象思维和顿悟思维。

特征3：具有学习能力和自适应能力，即通过与环境的相互作用，不断学习积累知识，使自己能够适应环境变化。

特征4：具有行为决策能力，即对外界的刺激做出反应，形成决策并传达相应的信息。

（2）什么是人类智能？

心理学给出了智能术语：

定义1.2 从感觉到记忆到思维这一过程，称为"智慧"，智慧的结果就产生了行为和语言，将行为和语言的表达过程称为"能力"，两者合称"智能"。

将感觉、记忆、回忆、思维、语言、行为的整个过程称为智能过程，它是智力和能力的表现。感觉、记忆、思维是其内部智力，行为和语言是其外部表现的能力。它们分别又可以用"智商"和"能商"来描述其在个体中发挥智能的程度。"情商"可以调整智商和能商的正确发挥，或控制二者恰到好处地发挥它们的作用。

（3）多元智能理论——"多元智能理论"之父——霍华德·加德纳

1983年，美国心理学家Howard Earl Gardner提出多元智能理论。霍华德·加德纳博士指出，人类的智能是多元化而非单一的，主要是由语言智能、数学逻辑智能、空间智能、身体运动智能、音乐智能、人际智能、自我认知智能、自然认知智能8项组成，每个人都拥有不同的智能优势组合。

1）肢体运动智能（Bodily - Kinesthetic intelligence）。肢体运动智能是指善于运用整个身体来表达思想和情感，灵巧地运用双手制作或操作物体的能力。这项智能包括特殊的身体技巧，例如：平衡、协调、敏捷、力量、弹性和速度以及由触觉所引起的能力。

2）语言智能（Linguistic intelligence）。语言智能是指有效的运用口头语言或文字表达自己的思想并理解他人，灵活掌握语音、语义、语法，具备用言语思维、用言语表达和欣赏语言深层内涵的能力，并将这些能力结合在一起运用自如的能力。

3）数学逻辑智能（Logical - Mathematical intelligence）。数学逻辑智能是指有效地计算、

测量、推理、归纳、分类，并进行复杂数学运算的能力。

4）视觉空间智能（Spatial intelligence）。视觉空间智能是指准确感知视觉空间及周围一切事物，并且能把所感觉到的形象以图画的形式表现出来的能力。包括对色彩、线条、形状、形式、空间及它们之间关系的敏感性，也包括将视觉和空间的想法具体地在脑中呈现出来，以及在一个空间的矩阵中很快找出方向的能力。

5）音乐智能（Musical intelligence）。是指人能够敏锐地感知音调、旋律、节奏、音色等能力。这项智能对节奏、音调、旋律或音色的敏感性强，与生俱来就拥有音乐的天赋，具有较高的表演、创作及思考音乐的能力。

6）人际智能（Interpersonal intelligence）。人际智能是指能很好地理解别人和与人交往的能力。这项智能善于察觉他人的情绪、情感，体会他人的感觉感受，包括对脸部表情、声音和动作的敏感性，辨别不同人际关系的暗示以及对这些暗示做出适当反应的能力。

7）自我认知智能（Intrapersonal intelligence）。自我认知智能是指有自知之明并据此做出适当行为的能力，包括对自己有相当的了解。这项智能能够认识自己的长处和短处，意识到自己的内在爱好、情绪、意向、脾气和自尊，喜欢独立思考的能力。

8）自然认知智能（Naturalist intelligence）。是指善于观察自然界中的各种事物，对物体进行辩论和分类的能力。对自然的景物，如植物、动物、矿物、天文等有浓厚的兴趣、高度的关注及敏锐的观察与辨认能力。

人具有智能的一部分，而不是全部。

（4）智能和意识

1）简单智能。可以说，本能是一种简单的智能行为，只需要生成相应的器官，匹配相应的化学反应就可以进行。婴儿出生后会哭，会吃奶，这是孩子的本能，我们并不认为他具有智能，只有经过不断教育，才能最终具备智能。本能是无须学习的能力。人类的本能行为是可以编入 DNA 的。

2）低级智能。婴儿从爬行到走路是一种无意识反应。神经系统记住了脚底传来的信号，并且知道应该如何反馈。学会走路并不是一件容易的事，大部分人都要花费几个月的时间，它是我们的第一种智能行为。直立行走显然没有上升到意识层面，还属于低级智能。

巴普洛夫的条件反射实验也是神经系统如何学习低级智能的很好说明。这个实验说的是在给狗喂食之前打铃，久而久之，即便不喂食，狗一旦听到铃声也会流口水。这是狗的进食回路和听觉回路在外界的不断刺激下发生了关联，是一种低级智能的表现。

低级智能是对当前的、即时的刺激产生的神经反应。

3）高级智能。从低级智能到高级智能，关键的一个步骤是记忆。高级智能却是对当前和历史的共同刺激产生反应。所谓历史刺激，就是记忆。

记忆是神经体系的印痕。看到的东西传入脑部，形成刺激，这种刺激会在大脑中留下痕迹。就像存储在电脑中的比特并不是真正的图像，但是借助一定的算法和硬件可以还原成图像，大脑中的印痕本身也不是图景，而是图景的某种映像，借助人脑固有的翻译系统，可以形成场景。

思考的本质，就是尽量关联记忆。思考的时刻，并不一定需要外界的输入，因为输入已经在头脑中，某些突如其来的触发，比如砸到了牛顿的苹果，梦见头尾相咬的蛇，是在这样的关联之间助推了一把。

高级智能和低级智能的分界，在于是否将历史刺激加入关联。需要补充说明的是，从低级到高级，并无绝对的界限，生物智能的发展总是循序渐进，哪怕在同一个生物身上，低级和高级智能的表现也是并存。是否关联历史刺激，这个判断在某些情况下也比较困难，对同一种智能行为，在不同动物身上可能是低级智能，也可能是高级智能，甚至可能是本能，要依具体的情况进行分析。

而高级智能之间的比较，或者说谁更聪明这个问题，就依赖于大脑能够储存多少记忆，以及这些记忆之间能产生多少关联。

4）自我意识。关于高级智能还有一个重要问题，就是自我意识。智能高到什么程度才会有自我意识？自我意识到底是一种什么东西？

一种普遍的认证方法是镜子实验，通过动物是否能辨认出镜子中的动物就是自己来确认动物是否有自我意识。

（5）神经系统的结构和功能

1）神经系统的组成。神经系统（nervous system）是机体内起主导作用的系统。分为中枢神经系统和周围神经系统两大部分。中枢神经通过周围神经与人体其他各个器官、系统发生极其广泛复杂的联系。

神经系统是由神经细胞（神经元）和神经胶质所组成。

2）神经系统活动的基本形式——反射。神经系统的一切活动都是以反射方式来实现的，也就是机体对内、外环境的刺激及时给以适当的反应。反射分为非条件反射和条件反射两种。

执行反射的全部结构称为反射弧。反射弧包括感受器、感觉神经元（传入神经元）、神经中枢（中间神经元）、传出神经元（运动神经元）和效应器5个部分。构成反射弧的神经元数目越多，通过的突触及经其调整的信息也就越趋复杂和完善，这里的中间神经元（为在传入神经元和传出神经元之间的一个或多个神经元）是十分重要的，它可把各种信息储存起来，经过多次分析、综合后再做出反应。

人类大脑皮质的思维活动，可能是通过大量中间神经元的极为复杂的反射活动。

感受器→传入神经→反射中枢→传出神经→效应器。

各种刺激作用在不同的受体（感觉器），转变成动作电位，经传入纤维传至中枢神经系统，形成不同的感觉。

感受器和效应器分别是反射弧的两端。感受器是感受刺激的部位，是反射弧的开始。感受器是感觉神经元周围突起的末梢。它能接受刺激，并把刺激转化为神经冲动，由感觉纤维传入中枢引起感觉。而效应器是做出反应的部位，是反射弧的结束，它由传出神经末梢和它所支配的肌肉或腺体组成。

传入神经元（afferent neuron），是直接把信息从感受器传递到中枢的神经元。

运动神经元与效应器相连，执行把中枢神经系统的指令传送到肌肉的功能，使机体产生行动。

3）动作电位的产生。动作电位：神经冲动就是动作电位，神经冲动的传导就是动作电位的传播。

4）神经系统的三大主要功能

① 感觉功能：身体内在感受器探测如血的酸度、血压等内在刺激，在外感受器传送由皮肤等身体末端所接受到的外来刺激情报。这些情报经由感觉神经传递至中枢神经。

② 综合及指令功能：对于感受器所送来的情报进行分析、整理、判断，并做出适当的决定。

③ 运动功能：将整理之后的情报，经由运动神经传递至末梢，并执行决定。

在上述功能当中，中枢神经负责综合及指令功能，周围神经则负责感觉功能和运动功能。

3. 群体智能

这一节我们来一起看一下神奇的群体智能。

生物圈包括地球上的所有生物及其无机环境。

种群是指在一定空间和时间内的同种生物个体的总和。种群的特征包括：种群密度、年龄组成、性别比例、出生率和死亡率。

生物群落是指生活在一定的自然区域内，相互之间具有直接或间接关系的各种生物种群的总和。

（1）什么是群体智能

群体智能是由众多智能个体的集合所表现出的智能。

定义 1.3 群体智能（Swarm Intelligence，SI）是指在集体层面表现的分散的、去中心化的自组织行为。

比如蚁群、蜂群构成的复杂类社会系统，鸟群、鱼群为适应空气或海水而构成的群体迁移，以及微生物、植物在适应生存环境时候所表现的集体智能。

群体智能 SI 一词最早在 1989 年由 Gerardo 和 Jing Wang 提出，当时是针对电脑屏幕上细胞机器人的自组织现象而提出的，而最知名的细胞机器人系统，如兰顿的蚂蚁和康韦的生命游戏，我们在生物智能小节中已经详细谈论过。

依赖于每个格子单元（细胞）的几条简单运动规则，就可以使细胞集合的运动表现出超常的智能行为。群体智能不是简单的多个个体的集合，而是超越个体行为的一种更高级表现，这种从个体行为到群体行为的演变过程往往极其复杂，以至于无法预测。

（2）群体智能特性

实现群体智能的智能主体必须能够在环境中表现出自主性、反应性、学习性和自适应性等智能特性，但这并不意味着群体中的个体都很复杂。群体智能的核心是由众多简单个体组成的群体能够通过相互之间的简单合作来实现某一功能，完成某一任务。

其中，"简单个体"是指单个个体只具有简单的能力或智能，而"简单合作"是指个体与其邻近的个体进行某种简单的直接通信或通过改变环境间接与其他个体通信，从而可以相互影响、协同动作。

（3）群体智能的实例

案例1-30：协同工作的蚁群

不同的蚂蚁在蚁群中有不同的任务，我们跟踪的蚂蚁负责每天离开巢穴寻找食物。蚁群的惊人之处在于，如此复杂的组织结构并不受蚁后或一小群官僚蚂蚁的控制。蚂蚁们也没有遵循任何计划或任务清单。蚁群的复杂性来自于蚂蚁之间的局部互动。我们观察到的蚂蚁沿着信息素的踪迹前进，这表明该蚁群的其他蚂蚁在附近找到了食物，并在返回巢穴的途中将信息素扔下。因此，信息素的使用是蚂蚁与其他人交流的一种方式。信息素的踪迹会以一定的速度蒸发，因此用处有限。如果其他蚂蚁不沿着这条路走，带回食物，并在这条路上添加自己的信息素，这条路就会消失。但是当其他人成功地利用这条路时，一条蚂蚁的高速公路就会出现。在这样的高速公路上，我们看到一条车道上的蚂蚁空手跟随信息素信号，另一条车道上的蚂蚁把食物带回巢穴。

尽管缺乏集中决策，但蚁群仍能表现出很高的智能水平，这种智能也称之为分布式智能（Distributed Intelligence），蚁群看上去就像一个具有集体智慧的"超级心灵（Super mind）"。

蚁群往往在地面形成非常复杂的寻找食物和搬运食物的路线，似乎整个集体总是能够找到最好的食物和最短的路线，然而每只蚂蚁并不知道这种智能是如何形成的，每只蚂蚁只遵循两条基本的规则：

1）寻找到食物的蚂蚁会在更高品质的路线上留下更强的生物信息素。

2）蚂蚁总是倾向加入信息素更强的路线，并在不断的往返过程中与其他蚂蚁进行反馈，从而让更短的路线被不断加强。

科学家们从蚁群依赖信息获取最优路径的方法上获得启发，创建了多智能体系统算法（Ant colony optimization），即蚁群优化算法，广泛应用于车辆、店铺、人员等各种资源的调度和分配中。

案例1-31：墨西哥人浪

1986年的墨西哥世界杯，我们见证了20世纪最伟大的球星马拉多纳的绝世风采，也见识了世界上最热情的墨西哥球迷创造的"墨西哥人浪"。"墨西哥人浪"因此而得名。在体育场，墨西哥人纷纷站起来，从座位上坐下，形成了一个人的波浪。那么，它们是如何出现的呢？当少数人开始时，其他人可能也会效仿。有多少人需要开始触发波浪，他们坐在哪里有关系吗？

研究发现，在一个能够容纳5万人的球场之中，想要制造人浪，只需要25～35人即可成功。科学家们希望他们的研究能有助于政府控制现场的球迷动向，防止暴力事件的发生。通过分析人浪，可以了解看台上的带头者对其他球迷的影响。人浪的行进速度以及通过何种形式传播开来，这些都是掌握球迷动态的宝贵资料。

案例1-32：编队迁徙的鸟群

鸟类在群体飞行中往往能表现出一种智能的簇拥协同行为，尤其是在长途迁徙过程中，以特定的形状组队飞行可以充分利用互相产生的气流，从而减少体力消耗。

常见的簇拥鸟群是迁徙的大雁，它们数量不多，往往排成一字形或者人字形，据科学估计，这种队形可以让大雁减少15%～20%的体力消耗。体型较小的欧椋鸟组成的鸟群的飞行则更富于变化，它们往往成千上万只一起在空中飞行，呈现出非常柔美的群体造型。

鸟群可以基于三个简单规则就能创建出极复杂的交互和运动方式，形成奇特的整体形状，绕过障碍和躲避猎食者。

1）分离，和临近单位保持距离，避免拥挤碰撞。

2）对齐，调整飞行方向，顺着周边单位的平均方向飞行。

3）凝聚，调整飞行速度，保持在周边单位的中间位置。

鸟群没有中央控制，每只鸟都是独立自主的，实际上每只鸟只考虑周边球形空间内的5～10只鸟的情况。

案例1-33：结队巡游的鱼群

鱼群的群体行为和鸟群非常相似。金枪鱼、鲱鱼、沙丁鱼等很多鱼类都成群游行，如果我们把其中一只鱼分离出来，就会观察到这条鱼变得情绪紧张、脉搏加快。

这些鱼总是倾向于加入数量大的、体型大小与自身更相似的鱼群，所以有的鱼群并不是完全由同一种鱼组成。

群体游行不仅可以更有效地利用水动力减少成员个体消耗，而且更有利于觅食和生殖，以及躲避捕食者的猎杀。

鱼群中的绝大多数成员都不知道自己正在游向哪里。一群鱼似乎在统一地移动，但是没有一条鱼控制或指挥这个群体。什么样的个体行为可以导致这种群体行为？

这些涌现现象可以用自组织系统来研究。对于复杂的自组织系统，我们指的是一组（局部）相互作用的代理，它们不断地对其他代理的动作进行操作和反应。系统中可能发生的一致的紧急行为源于代理之间的局部交互。以鱼群为例，我们可以通过避免局部拥挤、转向本地鱼的平均航向、转向本地鱼的平均位置等简单规则来解释群体行为。鱼群使用共识决策机制，个体的决策会不断地参照周边个体的行为进行调整，从而形成集体方向。

案例1-34：羊群效应

在哺乳动物中也常见群体行为，尤其是陆上的牛、羊、鹿，或者南极的企鹅。迁徙和逃脱猎杀时候，它们能表现出很强的集体意志。

研究表明，畜群的整体行为很大程度上取决于个体的模仿和跟风行为，而遇到危险的时候，则是个体的自私动机决定了整体的行为方向。

英国进化生物学家汉密尔顿 WD Hamilton 在1971年提出了自私群体理论，另外一个知名的理论是羊群效应，或者叫从众效应。

羊群是一种很散乱的组织，平时在一起也是盲目地左冲右撞，但一旦有一只头羊动起来，其他的羊也会不假思索地一哄而上，全然不顾前面可能有狼或者不远处有更好的草。因此，"羊群效应"就是比喻人都有一种从众心理，从众心理很容易导致盲从，而盲从往往会陷入骗局或遭到失败。

案例 1-35：集群行为

集群行为是一种在人们激烈互动中自发的、无指导的、无明确目的、不受正常社会规范约束的众多人的短暂性狂热行为，也称为群集行为、群众行为或集体行为。

集群行为是一种特殊的社会互动。在现代社会中，在某种特殊场合下会发生一种无规则的、以当时的场景为基础的互动现象，如时尚、赶时髦、骚动等。人群的行为很多时候看上去和羊群相似，绝大部分人的行为是盲目跟风的，他们只是根据周边人的行为来行动，如果人群中5%改变了方向，其他人就都会跟随，进而让整个群体改变方向。

当人群中突然出现危险因素的时候，整个人群就会像鱼群遇到鲨鱼一样躲避，但由于个体年龄体质问题导致行为能力相差很大，互相之间更缺乏鸟类之间的气流或者鱼类之间的水流动力，因此，很容易在紧急情况下造成混乱，甚至踩踏伤亡。

人类的群体行为更多地表现在交通、股票、营销和传媒领域，越来越多的企业和机构，正在利用大量的用户数据信息和优秀的算法，对人群行为进行模拟，从而实现更好的经济目标或社会目的。

案例 1-36：细菌和植物

细菌和植物也能够以特殊的方式表现出群体智能行为。

培养皿中的枯草芽孢杆菌根据营养组合物和培养基的黏度，整个群体从中间向四周有规律地扩散迁移，形成随机但非常有规律的树枝形状。

而植物的根系作为一个集体，各个根尖之间存在某种通信，遵循范围最大化且互相保持间隔的规律生长，进而能够最有效地利用空间吸收土壤中的养分。

植物中没有神经与神经网络，但植物细胞间有信号传递，这种传递信号的分子组，与神经细胞间传递信号的分子组非常类似。毫无疑问，植物的生长发育过程涉及植物各部分之间的信号交流，分生组织接收信号。一般认为植物的反射弧在所有条件下都是不变的。

4. 系统智能

群体智能 SI 可以视为系统智能（System Intelligence，SI）的一个特殊情况。系统智能可以视为所有智能的根本模式，我们将从系统智能中揭示智能的真正来源。

（1）什么是系统智能

系统（System）泛指由一群有关联的个体组成，根据某种规则运作，能完成个别元件不能单独完成的工作的群体。所有智能的表现都依赖于某个系统才能实现。

系统智能是由多种有机或无机元素组成的复杂系统所表现出的智能。

诸如自然界的石、木、山、水等生态系统，乃至一个星球，它们都可以在科学现象的支配下，遵循自然规律，感应外界信息，交换物质能量，有序耗散运行。因此，物理实体系统也可以定义为是一种原始智能系统。而且，不管是在人类尚未诞生的宇宙洪荒年代，还是地球消亡，太阳系（或宇宙）中的基本自然规律，都不会有任何改变，都会继续按照其生命周期的节奏，继续以上述原始智能永久地运行下去。

定义 1.4 如果一个系统能够独立而有效地解决某种问题，那么这个系统就是智能的。

（2）系统智能实例

案例 1-37：羚羊峡谷（Antelope Canyon）

位于美国亚利桑那州的羚羊峡谷（Antelope Canyon），是世界上著名的裂缝峡谷之一，也是摄影圣地，因为这里的岩石有着神奇的造型和优美的流线纹理。

砂岩的质地相对比较软，数百万年来，地壳的裂缝变化，加之暴雨洪水的不断冲刷，以及经久的风力侵蚀，各种综合自然力量形成了如此神奇的地貌。

羚羊峡谷并非唯一，在我国陕西延安市也有类似地貌的雨岔峡谷。

案例 1-38：巨人堤道（Giant's Causeway）

大自然之力建造的奇迹很多，其中另一个就是北爱尔兰大西洋沿岸的巨人堤道（Giant's Causeway）。总计约 4 万根六角形玄武岩石柱组成 8km 的海岸，有的石柱高出海面 6m 以上，最高者达 12m 左右，石柱连绵有序，呈阶梯状延伸入海，非常壮观。

巨人堤道的成因可以追溯到 1 亿多年前的白垩纪，地壳运动引起的火山喷发，火山熔岩不断冷却结晶后形成规则的六边形状态。

类似的天然石柱群在美国加州魔鬼柱公园、中国江苏六合县、苏格兰斯塔法岛等多处都有存在。

案例 1-39：珊瑚王国

生命是大自然创造的最伟大奇迹。生物群及其生活环境在陆地和海洋中构成了各种不同类型的生态系统。

在阴暗冰冷的海底世界，珊瑚礁无疑更像一片仙境：五颜六色的海洋动物游弋在奇形怪状的珊瑚丛中，形成海洋中最复杂的生态系统之一。一丛珊瑚是由许多珊瑚虫聚集一起形成的（有时候，人们把那些作为装饰品的珊瑚虫的骨骼也称为珊瑚）。作为腔肠动物的珊瑚虫种类多达数千种，主要分布在热带地区的海洋中。以其顽强的生命力。珊瑚虫经受了地球 20 多亿年各种生态变化的考验，无论是火山爆发还是大陆漂移。

然而，最近人类百年的活动，已经让珊瑚虫这个物种面临了灭顶之灾。

案例 1-40：城市生命体

物竞天择，达尔文的进化论指导着大千万物生生不息的发展。城市也是生命体，承载着人类社会的进步。从人类文明进程来看，有一个明显的发展轨迹。原野随着人类活动的增加，进化成为乡村；运输能力的提升，进化成为城市。道路就像城市的血管，承载着各种客流、车流、物流。为信息传输单独修建了光纤城域网，让信息数据流也有了自己的、独特的道路，这是智慧城市的血管，血管里流淌的是各种网络数据包。

（3）系统智能的进化

自然进化中产生的有效解决问题的方法。

风、雨、潮汐以及地壳运动，整个气候系统的协同运作，创造了各种富有智能表现力的"神迹"，可以是异常规则的地貌特征，也可以是诡谲难测的飓风、地震、火山爆发。

生物依赖于细胞内的各种物质共同的化学反应，使其能够适应环境获得生存机会。完全由生物体组成的蚁群、蜂群，通过个体之间的协作完成更为复杂的高智能行为。各种生物以及人类加之其赖以生存的周围环境，则形成了更为复杂的生态系统，丛林的繁茂，城市的兴盛，以至于国家民族之间的战争，都展示了更大系统才能表现的智能行为。

智能的发生有两种复杂行为：自组织和涌现。

1）自组织，一种进化的力量。自组织（Self – organizing）现象无论在自然界还是在人类社会中都普遍存在。

有机系统和一些社会系统具有的最神奇的功能，是它们能够通过创造全新的结构和行为，彻底改变自身，在生物系统中，被称为"进化"；在人类社会、经济领域，则被称为技术进步或社会革命。用系统的语言讲，这就是被称为"自组织"。

自组织是系统具有最高适应力的表现形式，一个能够自我进化的系统，可以通过改变自身，来适应各种变化，以维持生存。

从进化论的观点来说，"自组织"是指一个系统在"遗传"、"变异"和"优胜劣汰"机制的作用下，其组织结构和运行模式不断地自我完善，从而不断提高其对于环境的适应能力的过程。达尔文的生物进化论的最大功绩就是排除了外因的主宰作用，首次从内在遗传突变的自然选择机制的过程中来解释物种的起源和生物的进化；DNA 携带的遗传代码是所有生物进化的基础，由 4 种不同的字母组成，每 3 个字母组合成不同的单词，数十亿年来，进化了各种各样的生物，其中最有代表意义的就是恐龙和人类，分别统治了地球。

从简单到复杂，进化本身是建立在简单规则和反馈的基础上的，简单规则无意中创造出了复杂的系统。这一过程体现出自组织的能量。进化是盲目而有创意的，其开发形成复杂系统的能力不可思议。组织现象在整个自然界随处可见。自组织系统和自组织过程其实不仅非常普遍，而且与人类社会的关系极为密切。

根据耗散结构理论，德国生物学家哈肯认为："进化原理可理解为分子水平上的自组织，以最终从物质的已知性质来导出达尔文的原理"。这为生物的进化提供了初步的解释。

从组织的进化形式来看，可以把系统分为两类：他组织和自组织。如果一个系统靠外部指令而形成组织，就是他组织；如果不存在外部指令，系统按照相互默契的某种规则，各尽其责而又协调地自动地形成有序结构，就是自组织。

2）智能涌现。第二个概念是涌现（Emergence），它描述的是一种现象，即整体总是具有一些特别的属性，而这些属性并不存在于构成整体的子单元中，而这些整体的特殊属性又是依赖于子单元的相互作用而产生的。

比如温度，一杯水有温度属性，但杯中的每个水分子都没有温度这个属性，这个整体的温度属性，是由全部水分子的热运动而共同形成的。这里，我们把每个水分子的状态称之为微观态（Microstate），把整杯水称之为宏观态（Macrostate），那么我开可以说，宏观态上可以涌现出微观态不具有的新属性，而这种新属性正是微观态综合作用的结果。

另外一个直观的例子是球队，每个人都不具有"阵型"这个属性，但是当 11 个人组成足球队上场之后，就有了"阵型"这个属性。类似的还有很多，比如公司、社区、国家、民族等。

只用一个数字，你可以显示 0~9 共 10 种可能，但使用两个数字，我们就可以显示 100 种可能。

在信息概念中，1 + 1 大于 2，或者 1 × N > N 的情况非常普遍，自然界中微观态之间相互作用，往往并不是我们可以用加减乘除数学符号所能完全表达的。

正如蜘蛛侠电影中的沙人角色一样，每个沙粒都如此简单，但由沙粒组成的人却能跑能跳，能说会道。这虽然是个科幻角色，但我们的人体又何尝不是众多普通细胞构成的？

智能是一种涌现现象，正如人体每个细胞都不会跑步、不会唱歌、不会吃东西一样，每个细胞也无法思考。对于智能现象，我们既要从微观细胞的新陈代谢和生物化学反应中对智能现象追根溯源，更要关注细胞的分化、器官的功能以及如何影响整个物体宏观智能水平的提升。

1.5　人工智能

1. 人工智能的定义

人工智能（Artificial Intelligence，AI），亦称"机器智能"，与人和其他动物表现出的"天然智能"相反，是指由人工制造出来的系统所表现出来的智能。通常人工智能是指通过普通电脑实现的智能。

历史上，人工智能的定义历经多次转变，一些肤浅的、未能揭示内在的规律的定义很早就被研究者抛弃，但是直到今天，被广泛接受的定义仍有很多种，具体使用哪一种定义，通常取决于我们讨论问题的语境和关注的焦点。

很多知名人士或组织都曾对人工智能给出定义，下面我们就再简要列举几种历史上有影响的，或目前还流行的人工智能的定义。

形式 1：人工智能就是让人觉得不可思议的计算机程序。

形式 2：人工智能就是与人类思考方式相似的计算机程序。

形式 3：人工智能就是与人类行为相似的计算机程序。

形式 4：人工智能就是会学习的计算机程序。

维基百科有关人工智能定义认为，人工智能是有关"智能主体（Intelligent Agent）的研究与设计"的学问，而"智能主体是指一个可以感知周围环境并作出行动以最大可能性达到某个目标的系统"（https：//zh. wikipedia. org/wiki/人工智能）。用通俗的话说，就是让机器像人一样认识环境并采取行动。本书采取了人工智能就是智能体这种观点来定义的。

定义 1.5　人工智能就是能够感知周围环境，同时根据环境的变化做出合理判断和行动，从而实现某些目标的智能体。

人工智能的定义中包含三个部分：环境感知、判断行动和实现目标。这个定义将上面几个实用主义的定义都涵盖了进去，既强调人工智能可以根据环境感知做出主动反应，又强调人工智能所做出的反应必须达致目标，同时，不再强调人工智能对人类思维方式，或人类总结的思维法则（逻辑学规律）的模仿。

2. 人工智能和普通程序的比较

人工智能虽然目前是通过计算机编程算法来实现，但人工智能与传统计算机编程相比是有本质上的区别和飞跃，这可以用一句话来概括，就是传统计算机技术是让人学习并使用机器的语言来处理问题，而人工智能则是让机器学习使用人类的语言和思维方式来处理问题。

下面就针对"环境感知""判断行动"和"实现目标"三个层面来详细对比一下普通的计算机程序和人工智能（见表1-1）。

表1-1　人工智能和普通程序对比

	普通程序	人工智能
环境 感知	普通程序只知道这是图片或者视频，但是并不知道里面的内容是什么	人工智能可以"理解"图片和视频内有什么内容，人工智能也可以"理解"听到的声音是什么意思
判断 行动	普通程序是很多既定规则的组合，在任何情况下都只能按照既定规则走	人工智能可以主动优化自己的规则，就是大家常说的"学习"，但和人类的学习有很大差异
实现 目标	普通程序是没有目标感，只会根据规则自动运行	人工智能是可以有"目标感"的，并通过反馈会不断优化自己的行为来更好地实现目标

3. 人工智能的发展阶段

人工智能的发展有三个阶段，分别是计算智能、感知智能、认知智能。现在的机器人已经进入到第二个阶段，但距离实现认知智能差距还比较远。

（1）计算智能

人工智能首先是计算行为，即涉及数据、计算力和算法。运算智能即快速计算和记忆存储能力。旨在协助存储和快速处理海量数据，是感知和认知的基础，以科学运算、逻辑处理、统计查询等形式化、规则化运算为核心。在此方面，计算机早已超过人类，但是，集合证明、数学符号证明一类的复杂逻辑推理，仍需要人类直觉的辅助。

1996年，IBM的深蓝计算机战胜了当时的国际象棋冠军卡斯帕罗夫，体现的就是计算机在计算智能方面的优势。

计算智能使得机器能够像人类一样进行计算，诸如神经网络和遗传算法的出现，使得机器能够更高效、快速处理海量的数据，即"能存会算"。计算智能是以生物进化的观点认识和模拟智能。按照这一观点，智能是在生物的遗传、变异、生长以及外部环境的自然选择中产生的。在用进废退、优胜劣汰的过程中，适应度高的（头脑）结构被保存下来，智能水平也随之提高。因此说计算智能就是基于结构演化的智能。

（2）感知智能

第二个是感知智能，涉及机器的视觉、听觉、触觉等感知能力，即机器可以通过各种类型的传感器对周围的环境信息进行捕捉和分析，并在处理后根据要求做出合乎理性的应答与反应。

感知智能，让机器能听懂我们的语言、看懂世界万物。目前热门的视觉识别、语音识别等正是感知智能，它起到的是替代人类的眼睛、耳朵等感官的作用。

人和动物都具备，能够通过各种智能感知能力与自然界进行交互。

自动驾驶汽车，就是通过激光雷达等感知设备和人工智能算法，实现这样的感知智能的。

机器在感知世界方面，比人类还有优势。人类都是被动感知的，但是机器可以主动感知，如：激光雷达、微波雷达和红外雷达。不管是 Big Dog 这样的感知机器人，还是自动驾驶汽车，因为充分利用了 DNN 和大数据的成果，机器在感知智能方面已越来越接近人类。旨在让机器"看"懂与"听"懂，并据此辅助人类高效地完成"看"与"听"的相关工作，以图像理解、语音识别、语言翻译为代表。由于深度学习方法的突破和重大进展，感知智能开始逐步趋于实用水平，目前已接近人类。

（3）认知智能

认知智能，机器将能够主动思考、理解并采取行动，实现全面辅助甚至替代人类工作。认知智能则是对人类深思熟虑行为的模拟，包括推理、规划、记忆、决策与知识学习等高级智能行为。

认知智能即"能理解、会思考"。人类有语言，才有概念，才有推理，所以概念、意识、观念等都是人类认知智能的表现。旨在让机器学会主动思考及行动，以实现全面辅助或替代人类工作，以理解、推理和决策为代表，强调会思考、能决策等。因其综合性更强，更接近人类智能，认知智能研究难度更大，长期以来进展一直比较缓慢。

4. 弱人工智能、强人工智能和超人工智能

弱人工智能是专用人工智能，很难直接用在别的场景中。

现在很多科学家的理想目标是强人工智能，这样的通用人工智能可以迁移到其他应用场景中。通用人工智能尚处于起步阶段。人的大脑是一个通用的智能系统，能举一反三、融会贯通，可处理视觉、听觉、判断、推理、学习、思考、规划、设计等各类问题，可谓"一脑万用"。真正意义上完备的人工智能系统应该是一个通用的智能系统。

目前，虽然专用人工智能领域已取得突破性进展，但是通用人工智能领域的研究与应用仍然任重而道远，人工智能总体发展水平仍处于起步阶段。当前的人工智能系统在信息感知、机器学习等"浅层智能"方面进步显著，但是在概念抽象和推理决策等"深层智能"方面的能力还很薄弱。总体上看，目前的人工智能系统可谓有智能没智慧、有智商没有情商、会计算不会"算计"、有专才而无通才。因此，人工智能依旧存在明显的局限性，依然还有很多"不能"，与人类智慧还相差甚远。

超人工智能则是指超过人类的智能，现在还不存在，美国科学家、发明家库兹韦尔认为，通用人工智能在 21 世纪的 30 年代或 40 年代有可能超过人类，并把这一个时间点看成"奇点"。

人工智能从诞生以来，理论和技术日益成熟，应用领域也不断扩大，可以设想，未来人工智能带来的科技产品，将会是人类智慧的"容器"。人工智能可以实现对人的意识、思维的信息过程的模拟。人工智能不是人的智能，但能像人那样思考，也可能超过人的智能。

1.6　人工智能编程语言

人工智能（AI）语言是一类适应于人工智能和知识工程领域的、具有符号处理和逻辑推理能力的计算机程序设计语言。能够用它来编写程序求解非数值计算、知识处理、推理、规划、决策等具有智能的各种复杂问题。

1. 几种人工智能编程语言

人工智能是一个很广阔的领域，很多编程语言都可以用于人工智能开发，所以很难说人工智能必须用哪一种语言来开发。选择多也意味着会有优劣之分，并不是每种编程语言都能够为开发人员节省时间及精力。在人工智能的研究发展过程中，从一开始就注意到了人工智能语言问题。实际上 60 年来有一百来种人工智能语言先后出现过，但很多都被淘汰了。现在典型的人工智能语言主要有 LISP、Prolog、Smalltalk、Java、Python，还有多智能体编程语言 Netlogo、Swarm、Repast、MASON、Any Logic 等。

（1）LISP

1958 年，John McCarthy 设计了 LISP 语言。语言格式只有一个形式：列表，所以也称为表处理语言，这不是一般的表，是可以包容任意结构的表，有了它，完全不用 C 语言来写链表，二叉树的程序，学习数据结构不妨使用 LISP，让你更加关心算法、而不是数据如何在计算机内部表达。列表是 LISP 的精华之一。LISP 语言是为处理人工智能中大量出现符号编程问题而设计的，它的理论基础是符号集上的递归函数论。已经证明，用 LISP 可以编出符号集上的任何可计算函数。

（2）Prolog

Prolog 语言是人工智能领域常用的语言，开发自然语言分析，专家系统，以及所有和智能有关的程序。Prolog 语言是为处理人工智能中也是大量出现的逻辑推理问题（首先是为解决自然语言理解问题）而设计的。它的理论基础是一阶谓词演算（首先是它子集 Horn 子句演算）的消解法定理证明，其计算能力等价于 LISP。

（3）Python

Python 是一种解释型、交互式、面向对象的语言，由于简单易用，是人工智能领域中使用最广泛的编程语言之一，它可以无缝地与数据结构和其他常用的人工智能算法一起使用。

Python 采用动态数据结构，也就是说变量没有数据类型，这一点和 LISP 十分相似，在 python 中所有事物都是对象（object），字符串、函数以至于类和模块。Python 之所以适合人工智能项目，也是基于 Python 的很多有用的模块库都可以在人工智能中使用，如 Numpy 提供科学的计算能力，Scypy 的高级计算和 Pybrain 的机器学习。另外，Python 有大量的在线资源，所以学习曲线也不会特别陡峭。

（4）Java

Java 也是人工智能项目的一个很好的选择。它是一种面向对象的编程语言，专注于提供人工智能项目上所需的所有高级功能，它是可移植的，并且提供了内置的垃圾回收。另外，完善丰富的 Java 社区生态可以帮助开发人员随时随地查询和解决遇到的问题。

对于人工智能项目来说，算法几乎是灵魂，无论是搜索算法、自然语言处理算法还是神经网络，Java 都可以提供一种简单的编码算法。另外，Java 的扩展性也是人工智能项目必备的功能之一。

（5）基于多智能体编程

近年来出现了具有人工智能特色基于多智能体的程序设计，基于多智能体（Multi - Agent System）程序设计。本书主要采用了这种方法。

基于智能体的模型通常用编程语言实现，并使用计算机模拟进行探索。目前应用得比较多的基于 Agent 的模拟平台有 Netlogo、Swarm、Repast、MASON、Any Logic 等，通过对各个软件进行比较，本书选择 Netlogo 软件作为模拟仿真平台。Netlogo 是一个多智能体可编程建模环境（更多信息和下载方法请参见 https：//ccl. northwestern. edu/Netlogo/）。Netlogo 被广泛用于向几乎没有编程经验的学生教授模拟和建模。目前的最新版本为 Netlogo 6. 1. 0。

2. Netlogo 介绍

Netlogo 编程特点：

1）软件环境兼容性好：Netlogo 运行在 Java 虚拟机上，所以它可以运行在所有主要平台上（Mac、Windows、Linux 等）。它作为桌面应用程序运行，还支持命令行操作。

2）编程语言结构简单：logo 语言非常接近自然语言（英语），学习起来最为简单，对于缺乏编程学习背景的研究者最为友好；Netlogo 也遵循 Logo 易用性的理念，为新用户提供"低门槛"的入口。Netlogo 允许用户打开模拟并与他们"交互"，探索他们在各种条件下的行为。Netlogo 也是一个非常简单的创作环境，学生和研究人员可以创建自己的模型，即使他们不是专业的程序员。

3）多智能个体和并发性：Netlogo 源于并行 LISP，是一种多智能体的编程语言和模拟自然和社会现象的建模环境。它特别适合于建模随时间发展的复杂系统。建模人员可以向数百或数千个独立的"智能体"发出指令，这些"智能体"都可以同时运行，因此，Netlogo 建模能很好地模拟微观个体的行为和宏观模式的涌现及其两者之间的联系。

4）Netlogo 可以与其他应用程序交换数据：该语言包含允许读写任何类型文本文件的命令。还有以标准格式导出和导入数据的功能。世界的完整状态可以以一种易于使用其他软件打开和分析的格式保存和恢复。图形化数据可以导出，以便使用其他工具进行呈现和分析。图形窗口或模型整个界面的内容可以保存为图像。可以使用标准实用程序将图像转换为电影。完成的模型可以作为 Java Applet 在 Web 上发布。

3. Netlogo 的主要功能

（1）建模

Netlogo 模型的基本假设是：将空间划分为网格，每个网格是一个静态的 Agent，多个移动 Agent 分布在二维空间中，每个 Agent 自主行动，所有主体并行异步更新，整个系统随着时间推进而动态变化。

（2）模拟运行控制

Netlogo 可以采用命令行方式或通过可视化控件进行模拟控制。在命令行窗口可以直接输入命令，另外还提供了可视化控件实现模拟运行控制，进行模拟初始化、启动、停止、调整模拟运行速度等。还提供了一组控件，如开关、滑动条、选择器等，用来修改模型中的全局变量，实现模拟参数的修改。

（3）可视化显示

软件提供了二维和三维的模拟视图，用户可以随时、多角度观看模拟过程。提供了多种手段实现模拟运行监视和结果输出。在主界面中有一个视图（View）区域显示整个空间上所有 Agent 的动态变化，可以进行 2D/3D 显示，在 3D 视图中可以进行平移、旋转、缩放等操作。另外可以对模型中的任何变量、表达式进行监视，可以实现曲线/直方图等图形输出或将变量写入数据文件。

（4）实验管理模拟

Netlogo 提供了一个实验管理工具 BahaviorSpace，通过设定模拟参数的变化范围、步长、设定输出数据等，实现对参数空间的抽样或穷举，自动管理模拟运行，并记录结果。

（5）系统动力学模拟

系统动力学是应用广泛的一类社会经济系统模拟方法，但与多主体模拟有不同的建模思想。Netlogo 可以直接进行系统动力学建模仿真。

（6）参与式模拟

Netlogo 提供了一个分布式模拟工具，称为 HubNet，实现模型服务器和客户端之间的通信。多个参与者可以通过计算机或计算器分别控制模拟系统的一部分，实现参与式模拟（participatory simulation）。

（7）模型库

Netlogo 收集了许多复杂系统经典模型，涵盖数学、物理、化学、生物、计算机、经济、社会等许多领域。这些模型可以直接运行，例子中的文档对模型进行了解释、为可能的扩展提供了建议。建模人员可以通过阅读经典实例的程序代码，学习建模技术，或在研究相关问题时以此为基础进行扩展或修改，大大减少了技术难度和工作量。

快速了解 Netlogo 到底建模是什么样的，你可以打开它自带的模型库，可以看到会有很多自带模型：样例模型（Sample Model）、课程模型（Curricular Model）、代码示例（Code Example）和参与者模拟（Hubnet Activities）。

开始使用 Netlogo 的用户通常首先要浏览 Netlogo 的模型库。这个集合有超过 140 个预构建的模拟，可以进行探索和修改。这些模拟涉及自然科学和社会科学的许多内容领域，包括生物和医学、物理和化学、数学和计算机科学以及经济学和社会心理学。Netlogo 正被用于构建各种各样的模拟。海龟可以代表分子、狼、买家、卖家、蜜蜂、部落成员、鸟类、蠕虫、选民、乘客、金属、细菌、汽车、机器人、中子、磁铁、行星、牧羊人、恋人、蚂蚁、肌肉、网络工作者等等。小块的土地被制成树木、墙壁、地形、水道、洞穴、植物细胞、癌细胞、农田、天空、课桌、毛皮、沙子，应有尽有。海龟和地块也可以用来形象化和研究数学抽象，或者用来制作艺术品和玩游戏。主题包括细胞自动机、遗传算法、正负反馈、进化和遗传漂变、种群动力学、寻路和优化、网络、市场、混沌、自组织、人工社会和人工生命。这些模型都分享了我们关于复杂系统和涌现的核心主题。

（8）Netlogo 最强大的一个方面是扩展功能

主要包括：

1）通过与其他语言（如 python 和 r）集成来扩展其功能的能力；

2）地理信息系统（GIS extension）的扩展，它允许矢量和栅格数据直接集成到 Netlogo 环境中；

3）位图扩展（Bitmap Extension）允许您操作并将图像导入到绘图和地块中。它提供了 Netlogo 核心原语没有提供的功能，例如：缩放、对不同颜色通道的操作、宽度和高度报告器；

4）水平空间扩展（LevelSpace），模型将能够使用 LevelSpace 原语加载其他模型，在其中运行命令和报告程序，并在不再需要它们时关闭它们；

5）矩阵扩展为 Netlogo 添加了一个新的矩阵数据结构。矩阵是一个只包含数字的可变二维数组；

6）CSV 扩展可以在 Netlogo 中使用 CSV 格式的数据；

7）table 扩展可以在 Netlogo 中使用表格中的数据。

（9）模型运行后可以导出数据，为难获取数据场景提供了可选择方案

例如：

1）导出世界——保存所有变量、所有海龟和地块的当前状态、绘图、输出区域和随机状态信息到一个文件；

2）导出绘图——将绘图中的数据保存到文件中；

3）导出视图——保存当前视图的图片（2D 或 3D）到一个文件中（PNG 格式）。

（10）可以导入数据，为 Netlogo 提供数据，例如：

1）导入世界——加载导出世界保存的文件；

2）导入地块颜色——将图像加载到地块中；

3）导入地块颜色 RGB——使用 RGB 颜色将图像加载到地块中；

4）导入绘图——将图像加载到绘图中。

4. 人工智能语言特点

由于人工智能研究的问题的特点和解决问题的方法的特殊性，为了能方便而有效地建立人工智能系统，需要发展专门的人工智能语言。人工智能语言的特点是什么，亦即人工智能语言应具备的特征是什么？

一般来说，人工智能语言应具备如下特点：

1）要有符号处理能力（即非数值处理能力）；

2）适合于结构化程序设计，编程容易（要把系统分解成若干易于理解和处理的小单位的能力，从而既能较为容易地改变系统的某一部分，而又不破坏整个系统）；

3）要有递归功能和回溯功能；

4）要有人机交互能力；

5）适合于推理；

6）要有把过程与说明式数据结构混合起来的能力，又要有辨别数据、确定控制的模式匹配机制。

1.7 习题

1. 人工智能发展的几次低潮的原因是什么？

2. 人工智能诞生需要三个条件？

3. 解释下列名词

1）自然智能；2）人工智能；3）生物智能；4）人类智能；

5）群体智能；6）系统智能；7）涌现；8）微观态；

9）宏观态；10）自组织；11）图灵测试。

4. 下载并安装 Netlogo 平台，了解平台的环境及使用（https：//ccl. northwestern. edu/Netlogo/）。

5. 人工神经网络（ANNs）是生物神经元的计算类比。"感知器"是第一次尝试这种特殊类型的机器学习。它试图对输入信号进行分类并输出结果。它通过给出大量的例子并试图对它们进行分类，然后让一个监督者告诉它分类是对的还是错的。基于这个信息感知器更新它的权重，直到它正确地分类所有的输入。

为了确定其值，输出节点计算其输入节点的加权和。每个输入节点的值乘以连接到输出节点的链接的权重，从而得到一个加权值。然后将加权值全部相加。如果结果高于阈值，则值为1，否则为 -1。该模型中输出节点的阈值为0。

当网络在训练时，输入被呈现给感知器。输出节点值与期望值进行比较，并更新链接的权重，以便尝试正确地对输入进行分类。

在 Netlogo 平台上学习感知器模型，按以下步骤运行该模型以便理解其工作原理。

1）SETUP 将初始化模型并将任何权重重置为一个小的随机数。

2）在这个视图中，链接的大小越大，它的权重就越大。如果链接是红色的，那么它就是一个正权值。如果链接是蓝色的，那么它的权重就是负的。

3）值为 -1 用黑颜色，值为 1 用白颜色表示。

4）按 TRAIN ONCE 一次运行一代 epoch 的训练。

5）按下 TRAIN 继续训练网络。

6）按 TEST 将 input -1 和 input -2 的值输入感知器并计算输出。

6. 路径涌现形成

从 A 点到 B 点铺设的道路并不总是最理想的路线，这可能会导致行人抄近路。最初，行人走过绿色的草地。之后的人往往会使用踩过的草地，而不是原始的草地，经过许多行人，形成了一条没有任何自上而下设计的未铺砌的道路。

环顾您的校园，找找从自底向上设计中出现的路径示例。

7. 说明下列涌现现象

股票市场，免疫系统，大脑，生态系统，人类社会

8. 运行模型库中的蜂拥模型 flocking，体会智能的涌现过程。

Sample Models→Biology→Flocking

9. 运行模型库中的蚁群模型，了解蚁群系统的自组织过程。

参 考 文 献

［1］NEWELL A，SIMON H A. Computer science as empirical inquiry：symbols and search ［J］. Communications of the ACM，1976，19（3）：114 – 121.

［2］MINSKI M. The society of mind ［J］. Journal of Japanese Society for Artificial Intelligence，1992，7（3）：543.

［3］LUGER G F. Artificial intelligence：structures and strategies for complex problem solving ［M］. 6th ed. Boston：Addison – Wesley，2008.

［4］RUSSEL S K，NORVIG P. Artificial Intelligence：A Modern Approach ［M］. 2nd ed. Upper Saddle River：Prentice Hall，2002.

［5］THEODORIDIS S，KOUTROUMBAS K. Pattern recognition ［M］. 2nd ed. New York：Academic Press，2008.

［6］HAYKIN S O. Neural networks and learning machines ［M］. 3rd ed. Upper Saddle River：Prentice Hall，2000.

［7］PEARL J. Causality：models，reasoning，and inference ［M］. Cambridge：Cambridge University Press，2000.

［8］HUTTER M. Universal Artificial Intelligence：Sequential Decisions based on Algorithmic Probability ［M］. Berlin：Springer，2005.

［9］MCCORDUCK P，MINSKY M，SELFRIDGE O G，et al. History of artificial intelligence ［M］. Berlin：Springer，2015.

［10］BADHAM J. Review of an introduction to agent – based modeling：modeling natural，social，and engineered complex systems with NETLogo ［J］. Spectroscopy Letters，1986，19（6）：595 – 602.

［11］KAHN KEN. An Introduction to Agent – Based Modeling：Modeling Natural，Social，and Engineered Complex Systems with NetLogo ［J］. Physics Today，2015，68（8）：55 – 55.

［12］WILENSKY U，RAND W. An introduction to agent ［M］. Cambridge：MIT Press，2015.

［13］JIANG Longbin，ZHAO Chunxiao. The Netlogo – Based Dynamic Model for the Teaching ［C］. 9th International Conference on Hybrid Intelligent Systems（HIS 2009），Shenyang：IEEE，2009.

［14］ANGELL C A. Artificial intelligence，design thinking and the future of designers as programmers ［J］. Innovation，2019，38（1）：37 – 40.

［15］MEZIANE F，VADERA S. Artificial Intelligence in Software Engineering：Current Developments and Future Prospects ［M］. Hershey：IGI Global，2010.

第 2 章
多智能体建模基础

第 1 章解释了人工智能就是智能体的基本概念。本章继续讨论多智能体建模问题。首先介绍了基于智能体建模（Agent-Based Models，ABM），然后结合 Netlogo 平台解释了基于智能体建模的基本概念；以模型库中的经典模型为例，从一个经典模型开始探索，详细介绍了 Netlogo 在模拟现实世界时有哪些最基本要素，然后，通过可视化控制部件控制模型模拟运行并输出，帮助读者掌握 Netlogo 模型的构成要素以及建模、模拟及输出三个环节。

2.1 基于智能体建模（ABM）

1. 智能体

智能体，顾名思义就是具有智能的实体，英文名是 Agent。

我们知道，智能分为自然智能和人工智能，相应地，智能体就分为自然智能体和人工智能体。一个自然智能体可以是人群中的个人、经济系统中的经营者、生态系统中的植物个体、动物个体等；人工智能体可以是交通流中的智能汽车，计算网络中的计算机、无人机等。

定义 2.1 任何可以被看作是通过传感器感知环境并且通过执行器作用于环境的实体都被称为智能体（Agent）。

以人类自然智能体为例，我们是通过人类自身的五个感官（传感器）来感知环境的，然后我们对其进行思考，继而使用我们的身体部位（执行器）去执行操作。类似地，机器智能个体通过传感器（相机、传声器、红外探测器）来感知环境，然后进行一些计算（思考），继而使用各种各样的电机/执行器来执行操作。现实生活中，在你周围的世界充满了各种智能体，如你的手机、真空清洁器、智能冰箱、恒温器、车辆、机器人和飞行器等。

定义中的"智能体（Agent）"是一个物理的或抽象的实体，它能作用于自身和环境，并能对环境做出反应。这里强调的是其代理能力，即指 Agent 能通过传感器感知其周围环境，并根据自己所具有的知识自动地做出反应，通过执行器对其进行操作。它将在感知、思考和行动的周期中往返运行。

为区别于上述的智能体概念，一般我们将 Intelligent Agent 称为智能主体（也称为理性智能体，Rational Agents）。

定义 2.2　智能主体（Intelligent Agent，IA）是这样一种智能个体，给定它所感知到的和它所拥有的先验知识，以一种被期望最大化其性能指标的方式运行。

这个概念是人工智能的核心。

智能主体（IA）这里既强调它的智能性（Intelligent），也表明其代理能力（Agent）。智能性是指应用系统使用推理、学习和其他技术来分析解释它接触过的或刚提供给它的各种信息和知识的能力，智能可以由一些方法、函数、过程、搜索算法或加强学习来实现。

性能指标定义了智能体成功的标准。智能体的合理性是通过其性能指标，其拥有的先验知识，它可以感知的环境及其可以执行的操作来衡量的。IA 的上述属性通常归结于术语 PEAS（Performance，Environment，Actuators and Sensors），代表了性能、环境、执行器和传感器。

案例 2-1：以自动驾驶汽车为例，它应该具有以下 PEAS：

1）性能：安全性、时间、速度、合法驾驶、舒适性。

2）环境：道路、其他汽车、行人、路标。

3）执行器：转向、加速器、制动器、信号、喇叭。

4）传感器：相机、声呐、GPS、速度计、里程计、加速度计、发动机传感器、键盘。

为了满足现实世界中的使用情况，人工智能本身需要有广泛的 IA。这就引入了我们所拥有的智能体类型及环境的多样性。接下来讨论智能体类型及环境类型。

关于智能体和智能主体概念，为了不引起混乱，本书后面都用 Agent 表示。

2. 智能体分类

因为人们需求众多，所以产生了各种各样的 Agent，从 Agent 能够处理的任务复杂度和智能程度来分类，智能体分为 5 种。

1）简单反射型智能体（Simple Reflex Agents）。基于"条件—行动规则"，对感知到的环境做出反应。对感知到的信息不进行处理，也不会考虑环境变化的历史因素。旧式的专家系统属于这一类。

简单反射型智能体的特点是基于当前的感知选择自己的行动，不具备学习能力和知识库。如自动驾驶智能体感知到前车尾灯亮，就条件反射立即刹车。

2）模型反射型智能体模型式反射体（Model-based Reflex Agents）。对感知到的环境数据进行分析，"世界是如何运作的"，并且建立和维护历史数据有关的预测模型，根据预测依赖"条件—动作规则"选择动作。人脸识别、智能推荐、语音交互等目前主流的人工智能技术都属于此类。

在不完全观察的条件下，为了让智能体对未观察到的世界进行判断，智能体就需要两方面的知识库，关于世界如何独立发展的知识（如正在超车的汽车一般在下一时刻会从后方赶上来，更靠近本车）和智能体自身的行动如何影响世界的知识（如方向盘顺时针转，车右转）。这种关于世界如何运转的知识也被称为世界的模型，所以使用这样的模型的智能体被称为模型反射型智能体。

3）目标型智能体（Goal – Based Agents）。这里的目标指的不是任何智能体都可以分解出的简单目标，而是间接的，需要多步骤完成的复杂目标。目标型智能体的特点是通过搜索和规划，寻找最佳的行动序列来达成目标。

这类智能体会考虑"如果我这么做结果会变成什么样"，然后搜索能够实现目标结果的行为模式。这种智能体所展现的最大优势就是只需要简单的目标设定，而不是复杂的"条件—动作规则"。

反射型智能体的内建规则直接把感知映射到行动，在感知到前车尾灯亮时就会刹车。而目标型智能体强调智能体能够推理，如果前面的车辆刹车灯亮起表明它将要减速。根据智能体对已知世界的理解，能够达到不碰撞其他车辆的目标的唯一行动就是刹车。

目前，丰田和波士顿动力学公司的机器人产品正在沿这个方向发展，它们不久的未来就能成为我们工作和生活的帮手，它们能在各种情况下将我们的命令作为目标来实现，比如开门、取来咖啡。

4）效用型智能体（Utility – Based Agents）。这类智能不仅思考"如果我这么做会变成什么样"，还会思考"变成那样我是否会开心"。效用型智能体将更抽象的效用设定为目标。因此，它能驱动自己向更有利的情况推进。

基于效用型智能体通过效用函数描述目标，当有多个互相冲突的目标，而只有部分目标可以实现时，智能体可以通过效用函数适当折中，如优先保证速度和安全，而非舒适。当智能体瞄准了几个目标，而没有一个有把握达到时，智能体效用函数能够根据目标的重要性对策略进行加权，得出效用最大的方案。

这种智能体可以表现出具有自我意识甚至是情感，实际上它们看上去更像是宠物或奴隶，而不仅仅是个机器。

5）自学习智能体（Learning Agents）。这种智能体可以在未知环境中运行，比使用知识进行初始化更有效。其内部具有负责改进行为的"学习元素"，负责反馈的"评论元素"，以及提出建议行动的"问题产生器"和负责整体行为选择的"执行元素"。

这种智能体可以具有类似人或超人的能力，它的可能性已经超出我们的预测能力范围。

以上5种智能体的发展递进不仅仅适用于人工智能（AI）领域，在生物历史进化中也遵循着类似的规律。

3. 环境类型

如果想要设计一个理性智能体，那么就必须牢记它将要使用的环境类型，即以下几种类型：

1）完全可观察和部分可观察：如果是完全可观察的，智能体的传感器可以在每个时间点访问环境的完整状态，否则不能。例如：国际象棋是一个完全可观察的环境，而扑克则不是。

2）确定性和随机性：环境的下一个状态完全由当前状态和由智能体接下来所执行的操作决定的（如果环境是确定性的，而其他智能体的行为不确定，那么环境是随机性的）。随机环境在本质上是随机的，不能完全确定。例如：8 数码难题（8 - puzzle）这个在线拼图游戏有一个确定性的环境，但无人驾驶的汽车没有。

3）静态和动态：当智能体在进行协商（deliberate）时，静态环境没有任何变化（环境是半动态的，环境本身并没有随着时间的流逝而变化，但智能体的性能得分则是会发生相应变化的）。另一方面，动态环境却改变了。西洋双陆棋具有静态环境，而扫地机器人具有动态环境。

4）离散和连续：有限数量的明确定义的感知和行为，构成了一个离散的环境。例如：跳棋就是离散环境的一个范例，而自动驾驶汽车则需要在连续环境下运行。

5）单一智能体和多智能体：仅有自身操作的智能体本身就有一个单一智能体环境。但是如果还有其他智能体包含在内，那么它就是一个多智能体环境。自动驾驶汽车就具有多智能体环境。

4. 多智能体系统

群体由个体构成，群体构成系统。多智能体系统（Multi - Agent System，MAS）是多智能个体组成的集合，它的目标是将大而复杂的系统建模成小的、彼此互相通信和协调的，易于管理的系统。同时，人们也意识到，人类智能的本质是一种群体智能或系统智能，人类绝大部分活动都涉及多个人构成的社会团体，大型复杂问题的求解需要多个专业人员或组织协调完成。

要对社会性的智能进行研究，构成社会的基本构件物——人的对应物——智能体，理所当然成为人工智能研究的基本对象，而社会的对应物——多智能体系统，也成为人工智能研究的基本对象，从而促进了对多智能体系统的行为理论、体系结构和通信语言的深入研究，这极大地繁荣了智能体技术的研究与开发。

定义 2.3　多智能体系统是由一定数量的智能个体通过相互合作和自组织，在集体层面上呈现出有序的协同运动和行为。

多智能体系统的这种行为可以使群体系统实现一定的复杂功能，表现出明确的集体"意向"或"目的"。

案例 2 - 2：京东分拣机器人

在京东物流配送部，超过百台的分拣机器人都是智能体，这些智能体在取货、扫码、运输、投递货物过程中，能够相互识别，自动排队，并根据任务优先级相互礼让，忙而不乱，并然有序。既能相互协作执行同一个订单分拣任务，也能独自执行不同的分拣任务。

案例 2 - 3：智能打车

一个很明显的例子是 Uber、滴滴等智能打车的应用。

这类例子中，每个用户手上的终端、每个司机手上的终端，你都可以把它们想象成智能体。它们可以做出决定：到底什么样的价钱我可以接受。系统层面甚至可以有一套机制合理地分配资源。比如，出行高峰出租车比较少，但是需求量又比较大。而在其他的一些时候，可能出租车很多，但是需求量不大。系统怎么调配，这其实需要一个非常大的人工智能协作系统来分析。

案例 2 - 4：共享单车

共享单车的情况更加明显。你可以想象，如果给每个自行车装了芯片或者计算机，它就成智能体，可以根据目前的情况，优化车辆的地理位置分布。

案例 2 - 5：无人蜂群 MAS 作战

无人蜂群作战是指一组具备部分自主能力的无人机在有/无人操作装置辅助下，实现无人机间的实时数据通信、多机编队、协同作战，并在操作员的指引下完成渗透侦查、诱骗干扰、集群攻击等一系列作战任务。无人蜂群作战技术来源于多智能体系统理论，一般将无人机蜂群作战技术中的无人机视为智能体（Agent），执行任务的无人机编队视为一个多智能体系统（MAS）。

5. 多智能体系统（MAS）理论的发展

群体行为（Swarming Behavior）是自然界中常见的现象，典型的例子如编队迁徙的鸟群、结队巡游的鱼群、协同工作的蚁群、聚集而生的细菌群落等。这些现象的共同特征是一定数量的自主个体通过相互合作和自组织，在集体层面上呈现出有序的协同运动和行为。

在该方面的研究早期，大量的工作集中在对自然界生物群体建模仿真上。学者们通过大量的实验数据探究个体行为以及个体与个体之间关系对群组整体行为表现的影响。1987 年，Reynolds 提出一种 Boid 模型，这种模型的特点为①聚集：使整个组群中的智能体紧密相邻；②距离保持：相邻智能体保持安全距离；③运动匹配：相邻智能体运动状态相同。这种模型大体概括描述了自然界中群体的运动特征。1995 年，Vicsek 等人提出一种粒子群模型，这种模型中每个粒子以相同的单位速度运动，方向则取其邻居粒子方向的平均值。该模型仅实现了粒子群整体的方向一致性，而忽略了每个粒子的碰撞避免，但是仍为群体智能体建模做出了重要贡献。

受到这一自然和社会现象的启发，20 世纪 80 年代，科学家认识到按照网络化和协作化的概念来规划和应用人工智能技术将会带来革命性的变化，使工业的发展产生巨大的飞跃。多智能体系统协同控制技术发展的一个重要里程碑是 1986 年麻省理工学院（MIT）的著名计算机科学家及人工智能学科的创始人之一马文·明斯基在"Society of mind"中提出了智能体的概念，并试图将社会协作行为的概念引入到计算机系统中。每个智能体具有和其他智能体并最终和人交互信息的能力。这样一群相互作用的理性个体就成为多智能体。在多智能体系统中，不同智能体之间既合作又竞争，构成了生物种群和人类社会的一个缩影。利用这一思想，科学家将集中式运算发展为分布式运算，把待解决的问题分解为一些子任务，每个智能体完成自己的特定任务。整个问题的求解或群体任务的完成被看作是不同智能体基于各自的利益要求相互通信，进行协作和竞争的结果。与集中式问题求解系统相比，多智能体系统具有更高的灵活性和适应性。这一技术的发展也为今天云计算的产生奠定了基础。

随后，对多智能体系统的研究进入"网络化系统与图论描述"阶段。具体是指群体系统是由许多个体通过某种特定的相互作用所形成的一类网络化系统。个体之间的相互作用关系在数学上可以利用图论方法进行描述和研究。在此阶段，学者们在对自然生物群落建模仿真的基础上，从对模拟推演层面跨越到从理论角度探寻个体与系统整体之间的关系层面。

最近，针对多智能体系统理论的研究进入实际应用阶段。大量的工作侧重于实际问题，尤其是工业、战争应用中出现的问题，无人蜂群作战技术就是诞生于该阶段。多智能体系统已被应用于多个领域，从工业领域到电子商务、健康乃至娱乐领域。基于智能体的建模是一种多智能体系统，是一种广泛应用于复杂系统研究的技术。自然或社会系统可以通过基于智能体和交互的模拟来表示、建模和解释。

多智能体系统的迅速发展，一方面为复杂系统的研究提供了建模及分析方法，另一方面也为广泛的实际应用提供了理论依据。特别是随着生物种群决策、计算机分布式应用、军事防卫、环境监测、工业制造、特殊地形救援等领域的实际需求日益提高，多智能体系统协同技术吸引了国内外学者越来越多的兴趣和关注。与传统的单一系统应用相比，多智能体系统的协同工作能力提高了任务的执行效率；多智能体系统的冗余特性提高了任务应用的鲁棒性；多智能体系统易于扩展和升级；多智能体系统能够完成单一系统无法完成的分布式任务。

6. 多智能体系统的特点

从个体与系统的角度分析，多智能体系统具有"智能个体 + 通信网络 = 整体运动行为"的特点。其中，"智能个体"是指组成群体系统的每个个体都具有一定的自主能力，包括一定程度的自我运动控制、局部范围内的信息传感、处理和通信能力等。例如：车流的形成和维持过程中，每个司机通常只能根据其前后左右的相邻车辆的运动状态（相对距离和速度）来调整自己的运动状态。基于共同的加速或减速规则，可以在整体上形成车流的有序运动。

与单个智能体相比，多智能体系统具有以下特点：

1）每个智能体仅拥有不完全的信息和问题求解能力；不存在全局控制，而采用分布式控制策略。整个群集系统中不存在中心控制器控制所有的智能体，每个智能体均具有一定的自主能力。该特点使得多智能体系统具有良好的鲁棒性。例如：执行任务的无人机蜂群中即使有若干架无人机因故障或者被攻击丧失功能，剩下的无人机可以在重新组网之后继续执行任务，提高了战场的生存能力。

2）系统中每个智能体都具有相对简单的功能及有限的信息采集、处理、通信能力，然而经过局部个体之间的信息传递和交互作用后，整个系统往往在群体层面上表现出高效的协同合作能力及高级智能水平，从而实现单个智能体所不能完成的各种艰巨、复杂、准确度要求高的任务。

3）智能体具备一定的位置共享，路径规划及障碍规避能力。例如：蜂群中的无人机可以根据一定的规则自主飞行，将指挥员从繁重的作战任务中解脱出来，必要时又可以进行人工干预。

7. 基于智能体的模型

系统智能可以视为所有智能的根本模式。而这里的系统像细胞、生物体、大脑、社会组织、生态系统等并非简单系统而是复杂系统。复杂系统中大量独立个体的相互作用产生了整个系统的行为模式，这些行为模式无法利用单个个体的知识加以理解或预测。更确切地讲，这些涌现的模式是个体及其相互作用（个体间的相互作用以及个体与周围环境的相互作用）

的联合特征。复杂系统本身具有非加和性特征，即整体不等于各部分的相加之和。因此，过去传统的机械还原论方法不再适合于复杂系统的研究。当系统的构成元素并非"独立"，也就是说一个元素的行为依赖于另一个元素的行为的前提下，这种困境尤为明显。在这种情况下由对局部的认识出发就难以推知对系统整体的理解，与此同时，对元素个体之间的动态交互过程的认识成为关键，正是这种过程构建了联系微观世界和宏观世界的桥梁。

群体智能以及系统智能不需要汪洋浩瀚的物理数据，也不需要艰深晦涩的数学算法——蚂蚁和大雁并不会计算微积分，大雁群在飞行时自发地排列成人字形，海洋鱼群通过几何构型充分利用水流的能量，这些自然界中的集群行为早早就吸引了人类的注意。在由大量数目的生物个体构成的群体中，不同个体之间的局部行为并非互不相关，而是互相作用互相影响，进而作为一个整体性的协调有序的行为产生对外界环境的响应。生物群体正是通过个体行为之间的互动获得更积极的响应方式，达到"整体大于部分之和"的有利效果——一百只行军蚁在一起只会横冲直撞，一百万只行军蚁在一起却整齐划一。

由此可见，以建模仿真取代抽象简化作为研究复杂系统的方法是一种自然而然的选择。建模仿真方法首先确定组成系统的个体的行为规则（包括个体之间以及个体和环境之间交互的规则），在此基础上通过计算机模拟过程的实现，让个体之间进行动态的交互作用，并观察、研究系统在大量这种动态交互过程推动下出现的复杂行为。

虽然自下而上的建模仿真还是一种科学研究的新方法，但有越来越多的各种科学领域的研究人员开始采用这种方法对具有复杂特征的系统进行研究。另外，由于对复杂系统的研究涉及巨量的计算，传统的方法难以处理，因此往往以计算机作为建模仿真的平台，现代计算机软硬件技术的发展和成熟，其所提供的运算能力已经能够轻松胜任对各类系统的建模仿真。

基于智能体建模（Agent – Based Model，ABM）也称为基于个体的模型（Individual – Based Modeling，IBM）或基于实体的模型（Entity – Based Model，EBM），基于个体的模型是多智能体系统的一个子集。它们的区别在于，每个智能体对应于模拟域中的自治个体。

8. 基于智能体建模的本质

基于智能体建模方法的定义特征是它建立了直接和显式的对应关系，在要建模的目标系统中的单个单元和表示这些单元的模型部件（即智能体）之间，以及目标系统中单个单元之间的交互与模型中相应智能体之间的交互（见图2-1）。这种方法与基于方程的建模不同，在基于方程的建模中，目标系统的实体可以通过平均属性或单个代表智能体来表示。

因此，在基于智能体的模型中，系统的各个单元及其重复交互在模型中被显式地单独表示。

在基于 Agent 的建模与仿真中，Agent 作为多主体系统的一个子集，基于智能体的建模（Agent Based Model，ABM）对现实世界中的智能体——道路上的汽车、蚁群中的蚂蚁、网络中的计算机、教室中的学生等——进行抽象建模，在此基础上研究一定数量的智能体之间相互作用而形成的系统整体的复杂行为和结构。基于智能个体的模型包括一定量智能体，每一个智能个体都具有一系列描述自身状态的属性和改变自身状态以及环境状态的行为方法，在系统运行参数的调控下，智能体可以在平面坐标系中移动，并进行相互之间以及和环境之间的交互作用，如图 2-1 所示。

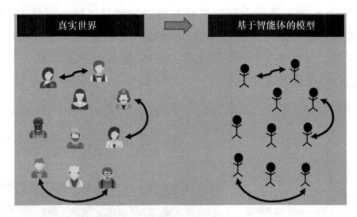

图 2-1 真实世界系统与基于智能体的模型

多智能体系统的模型构建强调主观智能体表述，即智能体仅能感知自身周边一定范围内的环境状态而不具备对系统宏观状态的认知，体现了"自下而上"建模思路，关注构成系统的个体之间的交互作用，在此基础上通过计算机建模来对系统整体的宏观动态行为进行模拟，为探索复杂系统的自组织、涌现等复杂行为提供了崭新的思路。

2.2 Netlogo 多智能体编程（建模）

1. 认识 Netlogo 软件平台

在深入研究构建 Netlogo 模型的技术细节之前，让我们先从内置的 Netlogo 模型库中运行一个现有的模型，以便认识 Netlogo 软件平台。

我们将从生物学的一个经典模型开始，目的是探索兔子和草如何交互的生态系统。这个项目探索了一个由兔子、草和杂草组成的简单的生态系统。兔子到处乱窜，草和杂草也乱长。当兔子撞到一些草或杂草，它吃草和获得能量。如果兔子获得足够的能量，它就会繁殖。如果没有获得足够的能量，它就会死亡。草和杂草可以调整以不同的速度生长，给兔子不同的能量。该模型可用于研究这些变量的竞争优势。

启动 Netlogo 应用程序，开始基本的浏览。

转到文件→模型库。在"Biology"文件夹下，选择"Rabbits Grass Weeds 模型"，然后按下"打开"按钮。系统应该像这样加载模型。

Netlogo 集成开发环境（IDE）有三个主要窗口：界面（Interface）窗口、信息（Information）窗口和程序（Code）窗口。

让我们从界面窗口开始介绍。

2. 界面窗口

界面窗口是与模型交互并查看智能体行为和可视化数据的主窗口。界面包括三部分：上部是系统配置控件，中部是图形界面接口，下部是命令行界面接口。

（1）图形界面接口

当首次打开 Netlogo 时，我们看到的只有右边黑色世界区域，即 2D 主视图。这个黑色世界是各种多智能体行动的地方，它是 Netlogo 海龟和地块世界的可视化表示。初始时世界是黑色的，没有海龟，如图 2-2 所示。通过在视图控制条上单击"3D"按钮，打开 3D 视图，这是世界的另外一个可视化表示。

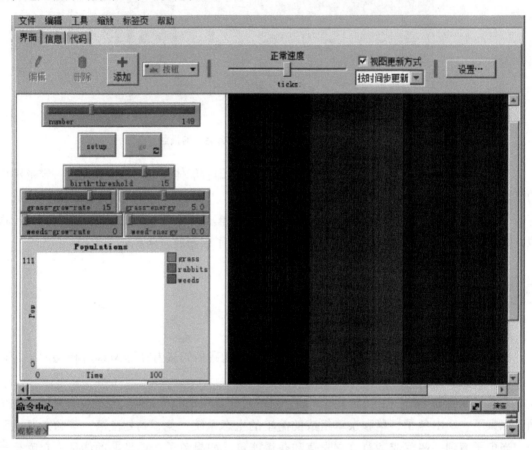

图 2-2　仿真模型的界面

图形界面接口左边主要有三类部件：运行控制、参数控制和模拟显示。

第一，模型的运行和控制（Control）：

按钮——初始化、启动、停止、逐步运行通过模型。

setup 按钮："一次"按钮执行一个动作（一段代码）。

回到"兔子吃草"模型，单击设置按钮，将兔子、草和杂草添加到我们的"世界"中，如图 2-2 所示。这个世界上 Agent 的数量是基于兔子的数量、草的生长速度以及用户通过滑块指定的杂草生长速度。

单击 setup 按钮可以设置兔子（白色）、草（绿色）和杂草（紫色）。单击 go 按钮开始模拟。

数字滑块控制兔子的初始数量。生育阈值滑块设置兔子繁殖时的能量水平。草地生长速度滑块控制草地生长的速度。杂草生长速度滑块控制杂草的生长速度。

该模型的默认设置是，一开始没有杂草（杂草的生长速度 = 0，杂草的能量 = 0），这样您就可以看到兔子和草之间的交互作用。一旦你这样做了，你可以开始添加杂草的效果。

go 按钮："永远"按钮重复相同的动作（同一段代码），直到再次按下。

按下 go 按钮，模型就会开始运动，兔子在这个世界上随意移动，吃东西，兔子和草繁殖死亡。go 按钮右下角的箭头表示此按钮切换 off 和 on。要停止或暂停模拟，只需再次单击 go 按钮。

停止或暂停模拟，右键单击世界上的一只兔子，并选择 inspect rabbit 选项。这将打开一个窗口，显示关于兔子智能体的信息。在图 2-3 中的示例中，我们可以确定我们右击"rabbit 619"。每个智能体都有自己的身份证号，因此可以向单个智能体发送指令。给出的信息也给了兔子［x——世界坐标（默认为一个二维坐标系统，10 × 10）］。任何属性的值（默认值或用户定义的值）也在此信息中显示。例如：rabbit 619 有 7.285 个单位的能量，在我们暂停模拟的时候。

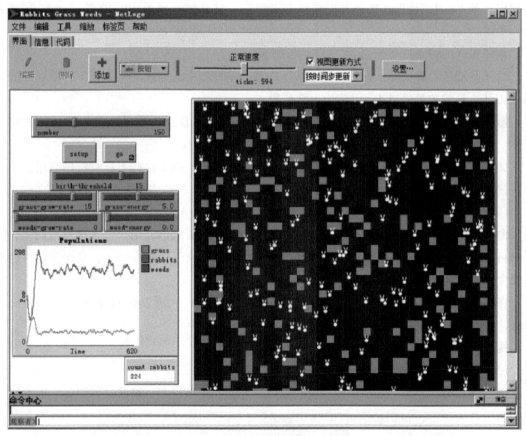

图 2-3 仿真模型运行及其曲线图

如图 2-3 所示，右图为 Netlogo 世界内动态图截取的某一时刻，其中灰色代表草，而具有兔子形状、样式各异的代表兔子。在 Netlogo 的动态图中可形象地看到兔子吃草这一过程。

其次，参数控制：

设置允许修改参数，包括滑块、开关、选择器。

滑块（sliders）：调整一个数量，从最小到最大的一个增量。

开关（switches）：设置一个布尔变量（真/假）。

选择器（choosers）：从列表中选择一个值。

第三，模拟显示：

视图是输出区域。包括监控器、绘图、输出文本区域、图形窗口。

狼吃羊的绘图包括三行：羊、狼和草（草的数量除以4，这样就不会让这块地太高）。这些线显示了随着时间的推移模型中发生了什么。图例显示了每一行所表示的内容。在这种情况下，是总体计数。

当一个图接近被填满时，水平轴被压缩，之前的所有数据都被压缩到一个更小的空间中。这样，就为绘图的发展创造了更多的空间。

如果您想保存绘图中的数据以便在另一个应用程序中查看或分析，请使用"文件"菜单上的"导出绘图"项。它以一种格式保存绘图数据，这种格式可以通过电子表格和数据库程序（如 Excel）读取。您还可以通过右键单击它并从弹出菜单中选择"export…"来导出一个图。

监视器（monitors）——显示变量的当前值。

监视器是显示模型信息的另一种方法。在狼吃羊模型中的监视器跟踪绵羊、狼和草的总数（记住，草的数量除以4，以防止土地变得太高）。

监视器中显示的数字随着模型的运行而变化，而图中显示的数据来自模型运行的整个过程。

如果您有一个想要实时跟踪的模型动态的定量指示器，那么这些工具就特别有用。

输出文本区域（output text areas）——记录文本信息。

（2）命令行界面接口

命令行界面接口，即命令中心。命令中心窗口位于界面底部，用户可直接发出命令，而不需将这些命令加入模型的程序，可以实现用户和模型的交互。指令中心：这个区域可以输入命令来查看运行中的数据，类似调试。

在输入文本的左侧是一个弹出菜单，初始是"observer"，可以在 observer、turtles、patches 之中选择，指定哪个个体运行你输入的命令。

提示：使用 tab 键快速切换 observer、turtles、patches。

（3）系统配置控件

图形界面的上部还有几个控件，包括添加、速度、更新视图、设置，如图 2-4 所示。

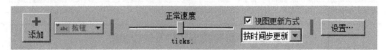

图2-4 系统配置控件

1）添加：添加右侧可选择的控件。

2）速度：调节图形界面运行的速度。

3）更新视图：不更新的话运行速度会更加快速（如果你急于要数据结果的话）。

4）设置（Settings）：设置图形的中心位置、字体大小等，如图2-5所示，用来编辑不同的模型属性。

视图的大小由5个单独的设置决定：min－pxcor、max－pxcor、min－pycor、max－pycor和地块大小。让我们来看看当我们在"狼吃羊"模型中改变视图大小时会发生什么。

模型设置比工具栏中的空间还多。"设置"按钮可以让你进入其他设置。通过修改max－pxcor或max－pycor设置，可以更改模型视图的范围。在其他条件相同的情况下，这也会增加地块的数量。注意，当增加模型范围时，grass monitor会更改值。

然而，修改地块大小并不会改变地块的数量。

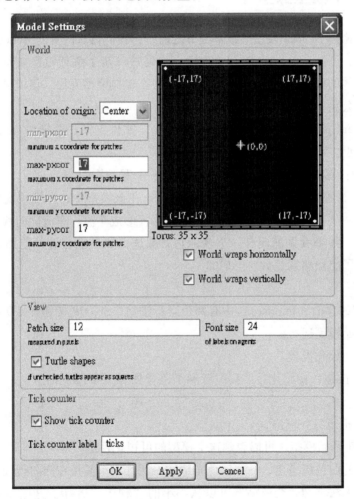

图2-5　设置（Settings）

3. 信息窗口

信息窗口包含关于如何最好地理解和使用模型的文本信息。

按下菜单栏下的信息标签。这将打开关于模型的在线文档。您可以滚动浏览并阅读模型是如何开发的、关键特性和要尝试的内容。

4. 程序窗口

程序窗口也是一个文本环境，其中包含确定模型中智能体的行为和属性的规则的代码。现在看一下程序窗口，查看实际的 Netlogo 模型代码。Netlogo 代码非常紧凑。我们上面演示的整个模型可以用不到 60 行代码来表示。

程序窗口提供命令和过程的集合，这些命令和过程根据界面窗口上的按钮、滑块、图形等为每个智能体的行为和属性规定规则。这就是建模的地方，在下一章中，它将是构建捕食者—猎物模型的重点。

2.3 开始一个模型探索

在深入研究构建 Netlogo 模型的技术细节之前，让我们再从内置的 Netlogo 模型库中运行一个现有的模型，开始 Netlogo 模型探索实践，以便进一步了解环境是如何工作的，以及如何使用基于智能体的模型。我们将从社会科学的一个经典模型开始，该模型演示了这个模型模拟汽车在高速公路上的运动。

转到文件→Sample Models，在"Social Science"文件夹下，选择"Traffic Basic"模型，然后双击加载模型。

1. 模型实例：基本交通模型（Traffic Basic）**——跟驰模型**

利用 Netlogo 模拟现实当中带有街区的交通流，在该模型中，环境很简单，就是黑色背景、白色街道。一些蓝色车辆和一辆红车是智能体，形成车流，车流同向移动。每辆车的行为规则都很简单：如果看见前面有一车辆，它就减速；如果没有看见前面有车辆，它就加速。该模型演示了交通堵塞是如何形成的。

2. 模型运行

Netlogo 模型的界面（Interface）中有两个运行按钮，SETUP 按钮和 GO 按钮。让我们使用这两个按钮开始模型运行。

（1）模型的初始化设置

单击 SETUP 按钮，初始化后，我们看到黑色背景和一条白色街道、一些蓝色车辆和一辆红车。

（2）开始模拟运行并输出

单击 GO 按钮开始模拟。可以看到这个模型的可视化视图。

在黑色背景的白色街道上，一些蓝色车辆和一辆红车车流正在同向行驶。这些车时不时地会挤成一堆，无法移动。交通堵塞可以从小小的"种子"开始。这些车的启动位置和速度都是随机的。如果一些汽车聚集在一起，它们会慢慢移动，导致后面的汽车减速，形成交通堵塞。

这是幽灵式阻塞的模型，即有时交通流会出现阻塞，但却找不到任何明显的原因。尽管所有的汽车都在向前行驶，交通堵塞却倾向于向后行驶。这种行为在波动现象中很常见：涌现出的群体的行为常常与组成群体的个体的行为非常不同。

这种"幽灵堵车"是涌现的，来自大量车辆个体间复杂的相互作用，我们开车行驶在路上，能够感知的范围是有限的。类似于二维世界中的蚂蚁，每个车辆的状态称之为微观态，都不具有"车队"这个属性。但实际上我们仍然可以看到公路上二维世界的汽车所表现出的涌现智能，通过自组织机制在整体宏观态上涌现出"幽灵堵车"这种新的特征和功能。宏观态上可以涌现出微观态不具有的新属性，而这种新属性正是微观态综合作用的结果，如图2-6所示。

图2-6　模型运行的3D动态视图（view）

运行模型一会儿，感受一下。

你可以改变配置运行几次，对模型有个全面理解。

模型还有一个可视化输出：车辆行驶速度，包括红车速度、车辆的最大和最小速度。

不仅要注意最大和最小值，还要注意可变性——一辆车的"突变性"。

注意，默认设置使车辆减速比加速快得多。这是典型的交通流模型。

尽管加速和减速都很小，但是当这些值在每一个"滴答"中被加或减时，汽车可以达到很高的速度，如图2-7所示。

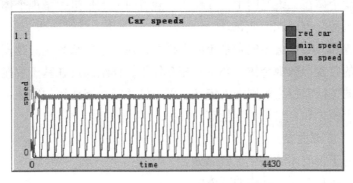

图2-7　模型运行的图形视图（Plot）

（3）调整运行速度

速度滑块允许您控制模型的速度，即海龟移动的速度。

当您将滑块向左移动时，车辆移动会变慢，因此在每次"滴答"之间会有更长的停顿（时间步长）。这样就更容易看到发生了什么。

当您将速度滑块向右移动时，车辆移动将加速。

3. 修改参数再运行

在这个模型中，有三个滑块作为模型的参数控制，可以影响交通堵塞的趋势：

1）初始车辆数量（NUMBER – OF – CARS）数字滑块控制车辆的数量。

2）加速（ACCELERATION）滑块可以增加车辆的速度。

3）减速（DECELERATION）滑块可以减小车辆的速度。

寻找这些设置如何影响流量的模式。

2.4 基于智能体建模的基本概念

考虑到自然界和人类社会中复杂系统的多样性，对一个复杂系统的建模是困难的。为此，我们将从三个方面来理解基于智能体模型：空间环境、个体、模拟推进，如图 2-8 所示。

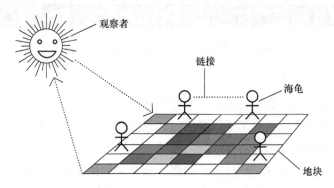

图 2-8　Netlogo 模拟的主要元素

大量的可移动个体在二维空间中交互作用，随着时间的推进，微观个体的属性不断发生变化，系统的宏观特征也因此而变化。

考虑到自然界和人类社会中复杂系统的多样性，对一个复杂系统的建模是困难的，本节将根据复杂系统的要素：微观个体、环境、相互作用，详细阐述在基于智能体中，个体自治如何实现；个体的特征和行为规则如何定义；多个体并行相互作用的实现；环境的定义、系统在宏观上的涌出模式和自组织的度量等。

1. 空间环境（虚拟世界）

环境是构建基于智能体的一个重要部分。

个体都是生活在具有一定结构的环境中。

环境提供了个体生活所需要的信息和资源，个体可以读取环境信息并且发布信息给环境，因此环境是动态变化的。

由于个体的作用都是局部的，所以环境的结构方式以及资源的分布方式对计算的结果也有很大的影响。在 Netlogo 中，空间环境包括由无数小方块组成的虚拟网格世界和实际地图场景两种类型。

在虚拟网格世界中，世界的本质是离散的。世界是由地块组成的二维网格，其基本区域称为 patch（地块）。每个地块是一块正方形的"地面"（ground）。

在前面的汽车跟驰模型中，汽车处于一个二维的虚拟网格世界中，环境就是一条道路。

通过将地块着不同的颜色，同时利用一些属性，模拟我们现实生活中的街区、道路、红绿灯。海龟就是这里面可以移动的汽车。

定义 2.4 环境 ES 通过一个集合描述，ES = {es_1，es_2，…，es_N}，其中每个 es_i 对应于一个静态或动态属性，N 为属性个数。在每个时刻，ES 也描述了环境的当前状态。

我们先来认识一下 Netlogo 的坐标系统。在构建 Netlogo 模型时，理解 Netlogo 使用的坐标系是很重要的。这张图以及随后的解释说明了一些需要记住的要点（见图 2-9）。

1）与笛卡尔坐标系一样，Netlogo 也有 X 轴和 Y 轴。坐标系统的中心是原点（通常位于 Netlogo 世界的物理中心），其中 X 和 Y 的值为 0。

2）在坐标系上的是一个由 patch（1 × 1 个正方形）组成的网格。每个 patch 有二维坐标（pxcor，pycor），坐标值为整数。

patch 的中心是坐标系中的一个点，其 X 和 Y 的值为整数，这些坐标用于引用地块。

例如：图中的 patch 32 是一个正方形，其中心在（3，2），这个正方形是 2.5 ≤ X < 3.5 和 1.5 ≤ Y < 2.5 的区域。

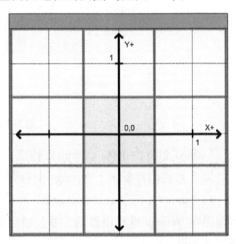

图 2-9　Netlogo 的坐标系统

3）每个 turtle 也有坐标（xcor，ycor）。turtle 坐标不必是整数，因此 turtle 不一定正好位于某个 patch 的中心。一个 patch 上也可以同时有多个 turtles。实际上对 turtle 而言，Netlogo 的空间是连续的。

例如：在图中，如果有一只海龟位于（−4.6，−8.3），我们就认为它位于（−5，−8）的中心。海龟的中心点是重要的。包含那个中心点的那块区域被认为是海龟所站的那块区域。

4）Netlogo 世界最右侧的 patch 的 X 值为 max−pxcor，那些位于世界顶端的函数值 Y 值为 max−pycor。同样，min−pxcor 和 min−pycor 分别是 Netlogo 世界最左侧和底部的 patch 的 X 和 Y 坐标。Netlogo 世界的宽度或高度有如下关系式：

world − width ＝（max − pxcor − min − pxcor）＋ 1

world − height ＝（max − pycor − min − pycor）＋ 1

用户可以随时改变 Netlogo 世界的宽度或高度。

当然 Netlogo 的系统是曲折的。

2. 个体

世界上居住着被称为海龟的代理，海龟是世界上可移动的实体。

智能体存在于它们的环境之中。环境是决定智能体行为的基础。面向智能体的系统的复杂性不仅是智能体与其他智能体交互的结果，也是智能体与环境交互的结果。虚拟环境是测试人工智能系统的一个很好的方法。

定义 2.5 个体是模型中包括状态 S、行为 B 和行为规则 R 等属性的实体（见图 2-10）。

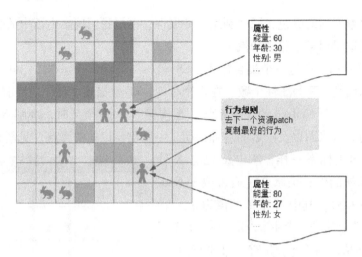

属性
能量: 60
年龄: 30
性别: 男
…

行为规则
去下一个资源patch
复制最好的行为

属性
能量: 80
年龄: 27
性别: 女

图2-10 个体模型示意图

Netlogo 世界由个体（Agent）构成，个体能执行指令表现其行为。

接下来我们再看一下 Netlogo 中有哪些个体。

1）Turtles（海龟，移动 Agent）——行为执行者，这些智能体程序可以独立于其他智能体程序在 Netlogo 世界中移动，并且可以显示不同的形状和颜色。指示智能体移动的指令只能用于海龟。

Netlogo 跟驰模型中，车辆就是一个"海龟"，移动的个体。

2）Patches（地块，静态 Agent）——这些都是固定的智能体，在 Netlogo 世界的网格中，每一个小方块都是这样的一个智能体。除了正方形，地块不能显示任何形状，但是每个地块都可以有自己的颜色。

3）Observer（观察者，虚拟 Agent）——总是有这样一种智能体，我们可以把它看作 Netlogo 本身（实质上，观察者就是我们用户）。这个智能体并不显示在 Netlogo 世界中，但是它是唯一一个可以在模型中执行某些全局操作的智能体（例如：执行 clear – all 命令）。

4）Links（链接，静态 Agent）——这些是连接一只海龟和另一只海龟的智能体。没有直接移动链接的指令；当端点上的一只或两只海龟移动时，链接就会移动（链接也可以配置为 tie，其中一个端点 turtle 的移动将强制另一个端点 turtle 移动）。链接可以是定向的，也可以是无定向的。对于无定向链接，我们不认为链接是从一只海龟到另一只海龟，而仅仅认为链接在这两只海龟之间。另一方面，定向链接总是从一只海龟到另一只海龟。

3. 个体状态

定义 2.6 个体的状态 S 被一组静态和动态属性刻画，即，$S = \{S_1, \cdots S_N\}$。

个体的属性是个体内部的描述，是个体区别于其他个体的特征所在。个体的属性可以分为静态（固定）和动态属性，静态属性不可更新，例如：个体的标识、内部基因等。动态属性可以更新，例如：个体的位置、生命期、兴趣特征等。个体的属性可以被其他的局部临近个体进行查阅和调用，作为其他局部个体的更新依据。

Agent 的状态被它的寿命以及它的当前位置、年龄和活动所刻画，其中寿命是预定义的和固定的；位置、年龄和活动是动态变化的。

（1）Netlogo 的 turtles 个体的属性

在 Netlogo 中创建的每个智能体都有特定的属性特征，我们可以查看 Patches 和 turtles 的属性，把鼠标箭头放在智能体上，单击鼠标右键，检查 Patches 和 turtles 的属性。turtles 是：who、color、heading、xcor、ycor、shape、label、label – color、breed、hidden?、size、pen – size 和 pen – mode，如图 2-11 所示。

海龟是由它的 id（它是 who 值）来标识的，而不是它的坐标（xcor，ycor）。该例中的 ID 号为 10。

海龟有颜色，图中的汽车颜色值为 105。在 Netlogo 所有颜色对应一个数值。在这些练习里我们使用了颜色名，只是因为 Netlogo 认识 16 个不同的颜色名。这并不意味 Netlogo 只能分辨 16 种颜色，这些颜色之间的中间色也可使用。图 2-12 是 Netlogo 颜色空间的一张图。

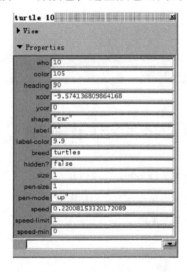

图 2-11　智能体都有特定的属性

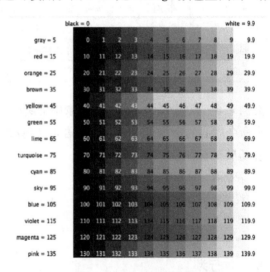

图 2-12　Netlogo 的颜色截图

Heading 表示 Netlogo 角度和方向。Netlogo 中的所有角度都是指定角度的，方向是基于罗盘的方向，方向用度数表示（0°~360°）。值得注意的是，相对于某个智能体来说，0°是"上"（北），90°是向右（东），底部是180°（南），左边是270°（西）。

当指示海龟面对一个特定的方向时，我们可以通过将海龟的方向设置为所需的罗盘方向，或者通过告诉海龟按照所需的角度向左或向右转。我们还可以通过在 face 命令中指定第二个智能体来指示海龟面对另一个智能体，而不是计算所需的罗盘方向或转角。

海龟可以是可见的，也可以是隐藏的；此属性有一个布尔值：如果海龟被隐藏，则为 true，否则为 false。

（2）地块属性

Netlogo 的每个地块都有一些内置的数据属性，patches 个体的属性比较简单，包括 pxcor（地块 x 坐标）、pycor（地块 y 坐标）、pcolor（地块颜色）、plabel（地块标记）和 plabel – color（地块标记颜色），注意地块变量前面都有字符 p。

表2-1为海龟全部系统属性说明。

表2-1　海龟系统属性说明

属性	说明
shape	用于海龟的位图图像
size	图像相对于源文件的大小。1 = 100% 2 = 200% 0.5 = 50%等
label	将出现在海龟身上的描述。默认是空白
label – color	标签颜色，默认为白色
pen – mode	笔的当前状态（向上、向下或擦除）
pen – size	笔的大小，以像素为单位
who	一个唯一的编号来标识每个海龟（自动创建）
breed	就像一个亚型，所以你可以有"羊"或"狼"的海龟
hidden?	布尔值（true 或 false）指示 turtle 是否不可见
xcor, ycor	定义海龟在 x 和 y 平面上的位置的两个变量（默认为0, 0）
color	海龟的颜色（可以使用十六进制数字）
heading	海龟指着的方向是度。0 = up, 90 = right,（默认为随机）

案例 2-6：模拟小品《卖拐》场景中的厨师状态。

在命令中心的命令行中键入下列语句（每次一个）（在每个指令之后按 enter 键），进行观察者场景，看看会发生了什么。

观察者 > clear – all　　　　　　　　　　　　；将世界重设为初始、全空状态

观察者 > set – default – shape turtles " person"　　；对所有海龟设定默认初始图形

观察者 > create – turtles 3　　　　　　　　　；创建3个海龟

观察者 > watch turtle 0

4. 个体行为

定义 2.7　Agent 的本地行为是 B = {b_1, …b_N}。

Agent 的本地行为像创生、前进、后退、左转、右转等，这些内置于 Netlogo 中的命令称为原语。在 Netlogo 中，命令在概念上等同于我们通常所说的语句，要执行更改系统状态的行为规范。Netlogo 的行为可以是系统内置的原语行为，例如：move – to、back（bk）、die、forward（fd）、jump、left（lt）、sprout 等，也可以是用户自定义的函数行为（见第3章）。

表2-2给出了一些行为实例。

表2-2　行为实例

行为名	实例及说明
create – turtles（crt）	crt 5　；；创造5只新海龟
clear – turtles（ct）	ct；；删除所有的海龟
forward（fd）	ask turtles [fd 5] ；；向前走5步
back（bk）	ask turtles [bk 5] ；；后退

（续）

行为名	实例及说明
right（rt），left（lt）	ask turtles［rt 5］;; 向右转5°
setxy	ask turtle 5［setxy 5 5］;; 移动到5 5
jump	ask turtles［jump 5］;; 向前走5步
hatch	ask turtle 0［hatch 1］;; 请求海龟0创建1个新海龟
die	ask turtle 0［die］;; 让turtle 0删除自己
pen – down	ask turtles［setxy random – xcor 0］;; 让海龟0开始画画
random – xcor	ask turtles［setxy random – xcor 0］;; 将海龟随机移动到xcor
random – ycor	

用户还要根据实际问题的需要，自己创建各种行为。在Netlogo中是用函数实现的。例如：在跟驰模型中，主要的行为就是加速和减速。

案例2-7：模拟小品《卖拐》场景中的厨师行为：没病走两步。在命令中心输入以下命令：

海龟集 > set size 3　　　　　　　　　;海龟设置大小为3

海龟集 > ask turtle 2［setxy 2 0］

海龟集 > ask turtle 0［setxy – 8 0］

海龟集 > ask turtle 0［set color gray］　　;海龟颜色为gray

海龟集 > repeat 30［ask turtle 0［fd 1 rt 12］］

5. 个体行为规则

定义2.8　Agent的行为规则集是$R = \{r_1, \cdots r_N\}$。每个行为规则r_i是要选择一个或多个在每一步要执行的本地行为。

个体的规则是个体行为选择的依据。个体的行为选择模拟个体的决策机制。

个体的规则由条件（IF）和行为（Behavior）组成。每个规则形式如下：

Rule：If 条件　then 行为

例如：在跟驰模型中，主要的行为规则就是：

Rule：if（前面有车）then 减速　else 加速

一旦个体的环境或者自身状态满足条件，个体将做出动作，改变自身状态或者对环境做出改变（例如：蚂蚁个体中释放激素）或者进行繁殖。个体的规则按照作用不同可以分为改变自身状态规则和影响环境状态规则。

案例2-8：模拟小品《卖拐》场景中的厨师行为规则：如果是灰人，则变红人。

海龟集 > if color = gray［set color red］

6. 个体邻居

定义2.9　Agent的邻居是一组实体$Ne = \{n_1, \cdots, n_m\}$。每个邻居$n_i$和实体$e$之间的关系（例如：距离）满足一个和应用相关的约束。

在不同多智能体系统中，一个实体的邻居可以是固定的或动态的改变。

例如：在 Boids 系统中，在一个 Boid 的可视范围内其他 Boid 被视为它的邻居。因此 Boids 到处飞，他们的邻居随着时间动态变化。

案例 2-9：在小品《卖拐》场景中的厨师的周围形成一个棕色的"地面"。

观察者 > ask turtle 0 [ask patches in – radius 3 [set pcolor brown]]

海龟在自身周围形成了一个红色的"地块"。agentset in – radius number 返回原个体集合中那些与调用者距离小于等于 number 的个体形成的集合。可能包含调用者自身。与地块的距离根据地块中心计算。

7. 个体环境交互

地块可以与海龟和其他地块相互作用。patch 的全部意义在于，它们提供了一个海龟可以与之互动的环境。turtle 能够直接访问所在之处的 patch，对该 patch 的属性进行读写。

案例 2-10：在小品《卖拐》场景中，厨师周围是棕色则前进 5 步。

ask turtle 0 [if pcolor = brown [jump 5]]

厨师感知到当前单元颜色，如果它是棕色，则前进 5 步。

turtle 还可以利用空间相关操作获取所需的 patches，然后对这些 patches 的属性进行读写。

其他互动形式在第 3 章中再介绍。

8. 系统更新

基于智能体建模系统是基于时钟的更新（Tick – based updates）。

在每个时间步，系统都根据规则更新自己的状态，基于智能体建模的计算中所涉及的更新有环境结构更新，资源更新，个体状态更新等，这些更新一般都是根据个体的局部规则来确定。当网络内的个体完成了其动作，其将在局部更新环境和自身信息。

在 Netlogo 模拟中本质上是离散的：世界（空间）是离散的（网格、地块……）。时间也是离散的。

Netlogo 许多模型的时间是按小间隔推进的，一个小间隔叫"滴答"（ticks）。一般情况下你希望每个"滴答"视图更新一次。这就是基于时钟更新的默认行为。如果需要额外的更新，可以使用 display 命令强制更新（如果使用速度滑动条快进，这些更新会被跳过）。

（1）"滴答"计数器（Tick counter）

Netlogo 现在有一个内置的"滴答"计数器，用来表示模拟时间的流逝。

使用 tick 命令推进该计数器，如果需要读取它的值，则有报告器 ticks 。clear – all 重设计数器，reset – ticks 也是如此。

（2）ticks 原语

Netlogo 内置 ticks 原语。报告时钟计数器的当前值。结果总是一个数字，从不是负数。

模型中的初始化程序（setup）实现对模型初始状态的设置，生成所需的 turtles，设置其状态，以及其他工作。ticks = 0。

模拟执行通过程序 go 实现，在 go 程序中编写所需执行的各种指令，完成一个仿真步的工作（ticks = ticks + 1）。时钟计数器前进 1。

需要在界面窗口中建立一个按钮与 go 程序相联系，该按钮是一个永久（forever）按钮，单击后将不断重复执行 go 程序，直到遇到 stop 指令或用户再次单击该按钮，则模拟终止。

9. 宏观模式涌现

智能是一种涌现现象，即整体宏观态总是具有一些特别的属性，而这些属性并不存在于构成整体的微观态中，而这些整体的特殊属性又是依赖于微观态元素的相互作用而产生的。

比如前面的车辆跟随模型。这种"幽灵堵车"是涌现的，来自大量车辆个体间复杂的相互作用，我们开车行驶在路上，能够感知的范围是有限的。类似于二维世界的蚂蚁，每个车辆的状态称之为微观态，都不具有"车队"这个属性。但实际上我们仍然可以看到公路上二维世界的汽车所表现出的涌现智能，通过自组织机制在整体宏观态上涌现出"幽灵堵车"这种新的特征和功能。宏观态上可以涌现出微观态不具有的新属性，而这种新属性正是微观态综合作用的结果。

模式（pattern）：简单相互作用在宏观尺度形成一定模式。

涌现：模式从无到有的过程，如市场价格形成，组织的诞生。

2.5 习题

1. 解释下列名词

1）智能体；　　2）基于智能体建模（ABM）；　　3）空间环境；　　4）个体；

5）Turtles；　　6）Patches；　　7）Observer；　　8）个体状态；

9）个体行为；　　10）个体行为规则；　　11）个体邻居；　　12）世界。

2. 运行本章的兔子吃草模型（Rabbits Eat Grass），体会兔子行为自组织与兔子与草系统的涌现智能。

3. 运行本章的基本交通模型（Traffic Basic），体会车辆自组织与系统涌现智能。

参 考 文 献

［1］MOOIJ D. Individual - based modeling of ecological and evolutionary processes ［J］. Annual Review of Ecology, Evolution, and Systematics, 2005, 36：147 - 168.

［2］GRIMM V, RAILSBACK S F. Individual - based modeling and ecology ［M］. Princeton（NJ）：Princeton University Press；2005.

［3］GRIMM V. Pattern oriented modeling of agent - based complex systems：lessons from ecology ［J］. Science 2005, 310：987 - 991.

［4］ROPELLA G E, RAILSBACK S F, JACKSON S K. Software engineering considerations for individual - based models ［J］. Natural Resource Modeling 2002, 15（1）：5 - 22.

［5］LUKE S, CIOFFI - REVILLA C, PANAIT L, et al. MASON：a multiagent simulation environment ［J］. Operations Research, 2006, 46（4）：433 - 434.

［6］GINOT V, PAGE C L, SOUISSI S. A multi - agents architecture to enhance end - user individual - based modelling ［J］. Ecological Modelling, 2002, 157（1）：23 - 41.

［7］ LIU J, JIN X, YI T. Multi – agent collaborative service and distributed problem solving ［J］. Cognitive Systems Research, 2004, 5: 191 – 206.

［8］ BOWER J, BUNN D W. Model – Based Comparisons of Pool and Bilateral markets for Electricity ［J］. 2000, The Energy Journal 21 （3）: 1 – 29.

［9］ HASHEM K, MIODUSER D. The Contribution of Learning by Modeling （LbM） to Students' Understanding of Complexity Concepts ［J］. International Journal of e – Education e – Business e – Management and e – Learning, 2011, 1 （2）: 151 – 155.

［10］ HASHEM K, MIODUSER D. The Contribution of Agent Based Modeling to Students Evolving Understanding of Complexity ［J］. International Journal of Information and Education Technology, 2012, 2 （5）: 538 – 542.

［11］ 赵春晓, HIV – 免疫动态性的 AOC 模型的研究 ［D］. 北京: 北京工业大学. https://max. book118. com/html/2013/1230/5416407. shtm.

［12］ ZAINT A H, XIE L. Distributed Drone Traffic Coordination Using Triggered Communication ［J］. Unmanned Systems, 2020.

［13］ WOOLDRIDGE M J. An Introduction to MultiAgent Systems ［M］. Hoboken: John Wiley & Sons, Inc. 2002.

第 3 章

创建自己的模型

在谈论 Netlogo 时，"Model"和"Program"经常可以互换使用。在这里，我们将通过使用"Program"表示程序代码窗口的内容，而使用"model"表示界面、信息和代码窗口的组合内容以区分两者。

本章首先介绍了如何创建一个模型，也就是在代码窗口中编写指令时，我们创建了一个 Netlogo 程序，然后通过用户界面中的按钮来调用。然后，通过两个经典案例介绍了模型的设计与实现，最后介绍了模型创建的一般设计模式。

学习 Netlogo 编程主要是一个边做边学的过程。通过学习教程和示例模型，您将熟悉该语言的基础知识，以及在哪里必须为遇到的问题寻找解决方案。

3.1 如何创建一个模型

在第 2 章，我们介绍了可以在命令中心输入指令让 Agent 执行命令。如果你想自己创建一个模型，那么命令中心就不是个好方法。下面介绍创建模型的编程方法。

Netlogo 模型包括可视化部件和程序两部分，两者具有紧密的联系。

创建模型，首先在程序窗口中实现相应的代码，然后，在界面窗口中创建可视化控件，通过设置控件的属性将两者联系起来。

（1）在程序窗口中编辑程序代码

启动 Netlogo 创建一个新模型（File→new）。

现在我们需要完成一个功能更多的程序。程序窗口将你带到一个程序代码编辑器，你可以在其中构建更大的程序，下面我们将创建一个程序。

案例 3-1：在命令中心显示一行信息。

进入"代码"窗口，输入以下文本：

```
to greet
    print "Hello, Sir/madam, welcome to Netlogo"
    end
```

命令行为解释：

1）输入的内容是一个函数，函数的名称是 greet。函数由 to 开头，以 end 结束。Netlogo 函数就像其他语言中的函数一样。

2）print value 在命令中心显示 value，后跟回车。

（2）创建可视化控件 greet

要允许用户控制你创建的程序，你需要将按钮控件放置到界面区域并定义它们的功能。

在界面窗口中构建顶层控制器，即"greet"按钮。单击工具栏中的"添加"，在"添加"右侧的下拉菜单中选择"按钮"。在界面区域放置一个按钮，然后在出现的对话框中，输入单击按钮时要运行的函数名：greet，然后按"OK"键，如图 3-1 所示。

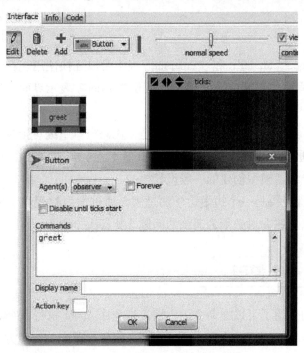

图 3-1　greet 按钮创建的可视化

单击此按钮，函数将运行。

现在你已经基本了解了程序是如何进入 Netlogo 的，以及如何创建并运行一个模型。现在，除了你创建和自定义的 greet 按钮之外，没有 run 按钮。

一般模型中至少要有初始化程序（setup）和模拟执行程序（go）。setup 程序初始化模拟启动准备好的所有东西，go 执行模拟的实际运行。

下面看一个一般模型的创建过程。

案例 3-2：一只海龟画正方形。

现在让我们关注海龟智能体。这些是在世界各地移动的智能体，它们有位置、颜色和其他属性。如果你遇到过海龟，你会熟悉海龟是如何运动的。它们有一套方法，可以用于使海龟通过不同的角度，并向前移动一定的数量。通过一个简单的例子，很容易看出这一切是如何工作的。

　　首先，我们需要一个函数初始化或设置程序 setup。setup 部分通常很简单，它只需要发生一次，可以将它与一个按钮相关联。

　　setup 实现对模型初始状态的设置，生成所需的 turtles，设置其状态，以及其他工作。

　　setup 程序如下：

```
to setup                              ; 定义 setup 函数
  clear – all                         ; 初始化世界
  set – default – shape turtles " turtle"   ; 设定默认初始图形
  create – turtles 1                  ; 创建一个 turtle
  reset – ticks                       ; 时钟计数器置 0
end
```

　　命令行为解释：

　　1）to setup 开始定义一个名为"setup"的函数。

　　2）; 表示注释的开始，注释到行尾结束。没有多行注释语法。

　　3）clear – all 将世界重设为初始、全空状态。

　　4）create – turtles n 创建 n 个海龟，这些海龟都在坐标原点（世界的中心 0，0），方向随机。

　　5）reset – ticks 命令将时钟计数器重设为 0。

　　6）end 结束"setup"函数的定义。

　　现在我们创建一个运行 setup 的按钮。你每次单击按钮，会看到新的海龟随机方向和颜色。如果将 clear – all 命令注释掉，你会看到海龟在积累——也就是说，你每次单击按钮都会得到一只海龟。

　　模拟的执行通过函数 go 实现，在 go 程序中编写所需执行的各种指令，完成一个模拟步的工作。

　　需要在界面窗口中建立一个按钮与 go 程序相联系，该按钮是一个永久（forever）按钮，单击后将不断重复执行 go 程序，直到遇到 stop 指令或用户再次单击该按钮，则模拟终止。

　　go 程序代码如下：

```
to go                    ; 定义 go 函数
  ask turtles [          ; 请求所有 turtles
    pen – down           ; 落笔
    forward 5            ; 前进 5 步
    right 90             ; 右转
  ]
  tick                   ; 时钟计数加 1
end
```

　　命令行为解释：

　　1）ask turtles [...] 告诉每个海龟自主运行方括号中的命令（Netlogo 中每条命令都是

由某些个体执行的。ask 也是一条命令。在这里是 observer 运行这条 ask 命令，这条命令又引起海龟运行命令）。turtles 返回包含所有海龟的个体集合。

2）pen－down 海龟画线。当海龟画笔放下时，所有的移动命令导致画线，包括 jump、setxy 和 move－to。

3）forward n 让 turtle 前进 n 步。

4）right n turtle 右转这个 n 度。

5）tick 时钟计数器前进 1 步。

6）包含不止一行代码的行为使用方括号分组。

现在，我们在界面上放置两个按钮，并将第一个按钮设置为 setup 函数，第二个按钮设置为 go 函数。

现在，当单击 setup 设置系统，也就是模拟，重置，然后创建海龟。

当单击 go 按钮时，将计算并显示模拟步骤。通过手动单击 go 按钮，我们可以逐步模拟，但是通过将按钮类型更改为持续执行（Forever），只需单击 Forever 框，然后反复调用 go 函数，直到再次单击按钮。你可以使用顶部的速度滑块控制调用 go 函数的速度。

对于那些选择调整模型中的一些规则的用户来说，仔细注释代码是一个很大的帮助，它还可以帮助你记住为什么选择包含某些命令或函数！

现在，我们来看看 Netlogo 聪明而强大的部分。你可能对 ask 命令使用术语 turtle 的复数形式感到奇怪。原因很简单，你可以要求你创建的所有海龟执行相同的指令集。

案例 3-3：10 只海龟画正方形。

将案例 3-2 中的海龟数量改为 10，重新运行。

```
create – turtles 10          ;创建 10 个 turtle
```

案例 3-4：一只海龟画圆形。

```
to setup
  clear – all                              ;初始化世界
  set – default – shape turtles " turtle"  ;设定默认初始图形
  create – turtles 1                       ;创建一个 turtle
  reset – ticks                            ;时钟计数器置 0
end
to go
  ask turtles [                            ;请求所有 turtles
    pen – down                             ;落笔
    fd 1                                   ;前进 1 步
    rt 12                                  ;右转 12°
  ]
  tick                                     ;时钟计数加 1
end
```

命令行为解释：set－default－shape turtles string 对所有海龟设定默认初始图形。"turtle"

为三角形。

案例 3-5：100 只海龟画圆形。

将上面的程序中的海龟数量改为 100，重新运行看一下效果。

现在你可以开始看到 Netlogo 是如此强大。它是一种完整的编程语言，你可以创建大量的智能体，并为它们提供一个要执行的程序。

如果你放慢程序，你还可以看到海龟在依次轮流移动。

还要注意 tick 没有移动。也就是说，直到所有的动作都完成了，模拟时间步才会前进。

3.2 Netlogo 语言基础

1. 关键词

Netlogo 语言仅有的关键词是 globals、breed、turtles – own、patches – own、to、to – report 和 end，以及 extensions 和实验性的_includes（内置原语不能覆盖不能重定义，实际上也是一种关键词）。

2. 标识符（Identifiers）

所有原语、全局变量和海龟变量名、函数名共享单一的全局性的大小写不敏感名字空间。

局部名（let 变量与函数输入变量）与全局变量不会相互覆盖。

标识符由字母、数字，以及 ASCII 字符：[. ? = * ! < > : # + / % $ _ ^ ' & –]组成。

标识符必须由空格或圆括号、方括号分开。注意类似 + 的一些符号在其他语言中只能做运算符，不能做标识符。例如：a + b 是一个单一标识符，a + b 表示运算式，而 a (b[c]d)e 包括 5 个标识符。

不允许非 ASCII 字母做标识符。问号开始的标识符是保留的。

3. 原语和函数

Netlogo 程序分为两类：命令（command）和报告器（reporter）。命令和报告器告诉个体做什么。命令（command）是个体执行的行动。报告器（reporter）计算并返回结果。

Netlogo 内建的命令和报告器称为原语（primitive）。Netlogo 词典（The Netlogo Dictionary）完整列出了内置命令和报告器。用户自己定义的命令和报告器称为函数。多数命令由动词开头（create、die、jump、inspect、clear），而多数报告器是名称或名词短语。

与命令类似，reporter 可以包括对 reporter 原语（内置于 Netlogo 本身）的调用，以及 reporter 过程（在模型代码中定义）。

（1）命令和报告器原语

命令有 0 个或多个输入，输入是报告器。例如：

    set x [pxcor] of patch 3 5

pxcor 是报告器，值是 3。再比如：

if pcolor = green［rt 90］

规则 if 的输入 pcolor = green 是报告器。如果其值为真，则右转 90°。

注意，我们通常所说的运算符（例如：用于加减法的算术符号等）也是 Netlogo 中的报告原语。虽然命令用于更改系统的状态，但是报告器的目的是计算并报告一些值。这可能是原始数据类型（例如：数字、布尔值或字符串）、个体或包含潜在的多个数据元素的数据结构的值。因此，在大多数编程语言中的表达式，在 Netlogo 中被称为报告器。由算术操作、布尔操作和一些个体集合操作构成的表达式是中缀式（infix）。

报告器也可有 0 个或多个输入。不用标点分隔或终止命令或输入。

所有命令都是前缀式（prefix）。所有用户定义的报告器是前缀式。

所有命令和报告器，默认采用固定数量的输入，这就是为什么没有标点分隔或终止命令或输入，而语言却可以被解析的原因。

一些原语有可变数量的输入，这时采用括号，例如：（list 1 2 3）。（因为 list 默认两个输入）。括号也用来改变操作符默认优先序，例如：（1 + 2）* 3。

有时原语的一个输入是一个命令块（方括号里 0 个或多个命令），或一个报告器块（方括号中一个报告器表达式）。

报告器的操作符优先序，从高到低，如下：

1）with，at - points，in - radius，in - cone。

2）（所有其他原语和用户定义的过程）。

3）^。

4）* ，/，mod。

5）+，-。

6）<，>，< =，> =。

7）=，! =。

8）and，or，xor。

（2）命令函数

大多数编程语言都支持两种不同的函数（也称为过程、方法、子函数等）。一种是修改系统状态的过程，这种函数称为命令函数。形式如下：

to procedure - name［parameters list］

　…

　命令

　…

end

每个函数有一个名字，前面加上关键词 to。关键词 end 标志函数的结束。

函数分为无参函数和有参数函数，许多命令有输入参数（inputs），就是命令执行动作行为所需的一些值。

你的函数也可以像原语一样有输入参数。要定义接受输入的函数，需要在函数名后面的

［ ］中列出输入参数名，例如：

```
to draw－polygon [num－sides len]
    pen－down repeat num－sides [fd len rt 360 / num－sides]
end
```

在程序的其他地方，让海龟以 2 为边长画出一个正 8 边形。

```
ask turtles [draw－polygon 8 2]
```

（3）报告器函数（Reporter function）

另一种是计算并返回结果的过程，这种函数称为报告器程序。报告器的一般形式如下：

```
to－report procedure－name [x1 x2... xn]
    . . .
    命令
    . . .
    report value
end
```

许多报告器有输入参数（inputs），就是报告器执行动作所需的一些值。如上所述，输入参数可以包含在函数报告器的定义中，方法是在函数名称后面用方括号括起来。

就像命令一样，可定义自己的报告器。这需要做两件特别的事情，一是使用 to－report，而不是 to，开始函数定义；二是在函数体中，使用 report 返回你要报告的值。例如：下面的报告器计算并返回指定数字的二次方：

```
to－report square [input－value]
    report (input－value * input－value)
end
```

用户定义的命令和报告器不能使用命令或报告器块做输入。

4. 个体集合（agentset）

个体集合就是个体组成的集合。个体集合可以由海龟、地块或链组成，但只能同时包含一种类型的个体。例如：turtles、patches 都是个体集合。

个体集合内部元素没有任何特定顺序，总是随机排列。每次使用时都会是不同的随机顺序。这使你避免对集合中的个体做任何特定处理（除非你非要这样）。因为每次的顺序都是随机的，没有哪个个体会总是排在第一个。

海龟提供了万能的移动智能体。它们不需要看起来像海龟，你可以为它们创建任何你想要的图形。通过这种方式，海龟可以是人、原子、蚂蚁——任何你在模拟中需要的东西。

虚拟世界的单元是模拟中不会移动的部分。你不会像创造海龟那样创造单元。它们已经是模拟的一部分。它们形成一个矩形网格，海龟可以在上面移动。你可以使用 setup 函数中的命令设置单元的数量和大小。你还可以要求单元执行一些代码。

案例 3-6：10 只蝴蝶在绿地蓝天背景世界中画圆。

```
to setup
    clear－all
```

```
set – default – shape turtles " butterfly"
ask patches with [pycor > –10] [          ; 设置背景颜色为蓝色
    set pcolor sky
]
ask patches with [pycor < = –10] [
    set pcolor green                      ; 设置背景颜色为绿色
]
create – turtles 10
reset – ticks
end
```

命令行为解释:

1) ask patches [...] 告诉每个 patch 自主运行方括号中的命令。patches 返回包含所有地块的个体集合。

2) set variable value 将变量 variable 设为给定值。pcolor 是一个内置地块变量,保存地块的颜色。设置这个变量改变地块颜色。颜色可以用 Netlogo 颜色(一个数值)或 RGB 颜色(3 个数的列表)。

一些 turtle 个体集合实例:

```
other turtles                              ; 所有其他海龟
other turtles – here                       ; 这片地上的其他海龟
turtles with [color = red]                 ; 所有的红海龟
turtles – here with [color = red]          ; 我的土地上的红海龟
turtles in – radius 3                      ; 距离 3 片以内的海龟
turtles with [(xcor > 0) and (ycor > 0) and (pcolor = green)]   ; 第一象限绿土地上的海龟
turtles – on neighbors4                    ; 站在我旁边 4 块地上的邻居
[my – links] of turtle 0                   ; 所有到 turtle 0 的链接
```

一些 patch 个体集合实例:

```
patches with [pxcor > 0]                   ; 在视图的右边
patches at – points [[1 0][0 1][–1 0][0 –1]]   ; 东、北、西、南 4 块地
neighbors4                                 ; 4 个邻居
```

一些个体集合的命令行为或规则,例如:

```
ask turtles []                             ; 使用 ask 让个体集合中的个体做事
if not any? turtles []                     ; 使用 any? 查看个体集合是否为空
if all? turtles [color = red]              ; 使用 all? 查看是否个体集合中的每个个体都满足条件
count turtles                              ; 使用 count 得到个体集合中个体的数量
ask one – of turtles [set color green]     ; 使用 one – of 在集合中随机选一个个体
ask one – of patches [sprout 1]            ; 让随机选定的一个地块生出一个新海龟
```

5. Turtles – Patchs 交互的行为规则

链接和海龟是唯一可以由模型本身包含的指令创建或销毁的智能体。此外,链接和海龟

是唯一可以组织成品种的智能体。

　　海龟可以通过阅读这些海龟的属性，或者要求这些海龟执行指令来与其他海龟互动；它们还可以以同样的方式与地块交互。地块可以与海龟和其他地块相互作用。链接通常与它们的端点海龟交互，但是也可以使它们与其他链接、海龟和地块交互。观察者可以要求海龟、地块和链接执行指定的操作。另一方面，海龟、地块和链接不能直接与观察者交互，因为它们不能要求观察者执行任何操作。然而，模型有全局变量（一些由 Netlogo 预定义，另一些我们可以在滑块和程序代码中定义）。一般来说，地块、链接和海龟可以修改这些变量的值——观察者的行为可能会受到这些变化的影响（有关链接请参考第 9 章）。

　　到目前为止，我们已经使用了完整的智能体集，比如 turtle 或 patch，你可以构建更小的智能体集和 patch 子集，然后使用 ask 进行工作。例如：假设你想要一些单元显示为棕色，你怎么做？因为所有的单元都遵循相同的代码。下面的方法使用智能体集可以做到这一点。

　　案例 3-7：使用单元集选择位置（1，1）、（2，2）和（-1，-1）处的三个单元，并将它们设置为棕色，海龟遇到棕色障碍物则回头。

```
to setup
  clear - all
  set - default - shape turtles " turtle"
  ask (patch - set patch 1 1 patch 2 2 patch 3 3) [         ;返回包含 3 个 patch 的集合
   set pcolor brown
  ]
  create - turtles 1
  reset - ticks
end
to go
  ask turtles [
    pen - down
    if pcolor = brown    [
       rt 180      ;遇到棕色障碍则回头
    ]
    fd 1
  ]
  tick
end
```

　　命令行为解释：patch - set 返回一个包含所有输入 patch 的主体集合。patch xcor ycor 给出点的 x 和 y 坐标。

　　案例 3-8：将三个随机的 patch 设置为棕色障碍物，海龟看到前面的棕色障碍物则右转。

```
to setup
  clear - all
  ask (patch - set one - of patches one - of patches one - of patches) [
```

```
      set pcolor brown
    ]
    set – default – shape turtles " turtle "
    create – turtles 2
    reset – ticks
end
to go
    ask turtles [
    pen – down
    if  [ pcolor ] of patch – ahead 1  =  brown [
      rt 90
    ]
    fd 1
    ]
    tick
end
```

命令行为解释：

1）patches：返回包含所有地块的个体集合。

2）one – of agentset：选择智能体集合（agentset）中的随机成员。

6. 变量描述

变量用来存储值（例如：数字）。变量可以是全局变量、海龟变量或地块变量。

一个全局变量只有一个值，任何个体都可访问它。对于海龟变量，每个海龟都有一个自己的值。对于地块变量，每个地块都有一个自己的值。

（1）系统内置变量

有些变量是 Netlogo 内置的。例如：所有海龟都有一个 color 变量，所有地块都有一个 pcolor 变量（地块变量以 p 开头，以免与海龟变量混淆）。如果你设置这些变量，海龟或地块就变色。

其他内置海龟变量包括 xcor、ycor 和 heading，其他内置地块变量包括 pxcor 和 pycor。

（2）用户定义变量

参数控件如开关（switch）、滑动条（slider）、选择器（chooser）等，这些控件都对应一个全局变量，将这些全局变量作为参数使用，在程序中，就能实现模拟参数的控制。

你可以定义自己的变量。通过创建开关和滑动条创建全局变量，或者在程序的开头使用 globals 关键字，像这样：

globals [score]

使用 turtles – own、patches – own 和 links – own 关键词，定义自己的新的海龟变量、地块变量和链变量。像这样：

turtles – own [energy speed]

patches – own［friction］

links – own［strength］

Netlogo 允许定义不同种类（breeds）的海龟或链。定义了种类后，可以让它们有不同的行为。例如：有两个种类：羊（sheep）和狼（wolves）。

使用 breed 关键字定义海龟种类。

breed［wolves wolf］

breed［sheep a – sheep］

一旦定义了一类 turtle，系统自动创建该类所有 turtle 的集合，一些相关的原语也马上可以使用了，例如：对于 sheep 类就有 create – sheep、hatch – sheep、is – a – sheep? 等。

也可以指定该类具有的变量，例如：对于 sheep，"sheep – own［grabbed?］"就为 sheep 增加了一个变量。

（3）变量使用

在模型里，上述这些变量可以随便使用。使用 set 命令设置值。如果不设置，初值为 0。

任何个体在任何时候都可以读取、设置全局变量。海龟可以读取、设置它所处地块的地块变量。例如代码：

ask turtles［set pcolor red］

使得每个海龟将所处的地块变为红色。由于地块变量以这种方式被海龟更新，因此海龟变量和地块变量不能重名。

（4）局部变量（Local variables）

局部变量仅用在特定的函数或函数的一部分。使用 let 命令创建局部变量，该命令可在任何地方使用。如果在函数的最前面使用，则变量在整个函数中都存在。如果在［］中使用，例如：在 ask 里面，它只在该［］内部存在。例如：下面的函数用于交换两个 turtle 的颜色。

to swap – colors［turtle1 turtle2］

　　let temp［color］of turtle1

　　ask turtle1［set color［color］of turtle2］

　　ask turtle2［set color temp］

end

Netlogo 是范围化的。局部变量（包括函数的输入）在它所声明的命令块里可访问。但不能被这些命令所调用的函数访问。

7. 程序结构（Structure）

在前面，我们看到可以在代码中创建命令和报告程序。事实上，我们可以将任何 Netlogo 程序看作是由命令、报告器、定义和声明和注释组成的。

程序可以包括一些可选的声明（globals、breed、turtles – own、patches – own、< BREED > – own），顺序任意。然后是 0 个或多个函数定义。可以用 breed 声明多个种类，而其他声明只能出现 1 次。

每个函数定义从 to 或 to – report 开始，然后是函数名，以及可选的方括号中的输入变量列表。每个函数定义到 end 结束。中间是 0 个或多个命令。

注释（Comments）用分号表示。分号表示注释的开始，注释到行尾结束。没有多行注释语法。

8. Agent 结构

从模型角度看，模型主要由 Agent 构成。因此，所有同构 Agent 都有一样的程序和属性框架。即

Agent = 属性 + 行为

Agent 结构包含以下部件：

1）当前状态；

2）当前应该采取的行动；

3）行动结果。

由于 Agent = 属性 + 行为，为了编程方便，所以本书中涉及的 Agent 结构描述统一为

Agents − Attribute [

...

]

Agent − Action [

...

]

9. Agent 程序运行

Agent 程序运行具体如下：

输入：当前感知到的信息。

输出：行为。

程序运行：操作，控制输入到产生输出。

3.3 设计车辆跟驰模型

1. 问题背景

开车人士都遇到过这种情况，明明前方没有发生事故，也没有路段整修，一切都是那么的平静和正常，但是堵车了（不考虑红绿灯因素）。这种颇为诡异的交通堵塞，被称为"幽灵堵车（Phantom Traffic Jams）"，通常会在路面承载过多通行车辆时出现，如"高速春运"。幽灵堵车顾名思义可以先理解为像幽灵一样看不见的堵车情况，就是在明明没有交通事故，没有道路维修，车也不是特别多的情况下，偏偏就会堵车，就是耽误时间。出现"幽灵堵车"，可能和司机的"坏习惯"有关，如急刹车、不必要的更换车道等。在车辆过多过密的情况下，当一辆车做了轻微减速，后续车辆也会跟着做出反应。这种调整会像一波波浪潮，向后传递（且减速程度因人而异），最终迫使后面的某辆车不得不停滞下来（以避免追尾），于是便形成了拥堵。

这个模型模拟汽车在高速公路上的运动。每辆车都遵循一套简单的规则：如果看见前面有一辆车，它就减速；如果没有看见前面有一辆车，它就加速。该模型演示了交通堵塞是如何形成的，即使没有任何事故、桥梁断裂或翻倒的卡车。交通堵塞不需要"集中原因"。

2. 模型界面

在这个模型中，有三个滑块作为模型的参数控制，可以影响交通堵塞的趋势。

车辆数量滑块（NUMBER – OF – CARS）：设置车辆数量滑块，以更改道路上的车辆数量。

加速滑块（ACCELERATION）：当前面没有汽车时，加速滑块控制汽车加速的速度。

减速滑块（DECELERATION）：当一辆车看到前面有另一辆车时，它的速度与那辆车的速度相匹配，然后再慢一点。它比前面的车慢多少是由减速滑块控制的。

表3-1给出了每个参数的最小值、最大值和初值的一些可能值。

表 3-1　车辆跟驰模型的参数

参数名	最小值	最大值	初始值
NUMBER – OF – CARS	1	41	20
ACCELERATION	0	0.0099	0.0045
DECELERATION	0	0.099	0.026

模型还有一个可视化输出：车辆行驶速度，包括红车速度、车辆的最大和最小速度。

不仅要注意最大和最小值，还要注意可变性——一辆车的"突变性"。

注意，默认设置使车辆减速比加速快得多。这是典型的交通流模型。

尽管加速和减速都很小，但是当这些值在每一个滴答中被加或减时，汽车可以达到很高的速度。

3. 程序代码说明

（1）定义变量

任何 Netlogo 代码的第一部分都将建立个体和单元的属性变量以及模型中的全局变量。

首先定义全局变量。

```
globals [
  sample – car    ;样例车辆
]
```

除了 turtles 的系统属性之外，本程序还增加了车辆的自定义属性，分别是车辆速度（speed）、车辆限速（speed – limit）和最低车速（speed – min）。在代码中设置基于智能体建模的智能体和单元属性。

```
turtles – own [
  speed
  speed – limit
  speed – min
]
```

为参数添加滑块：

首先，从 Add 图标右侧的下拉菜单中选择滑块选项，然后在 Netlogo 界面窗口的白色部分中单击左键，以在窗口中定位滑块。这将弹出一个窗口，如图 3-2 所示。

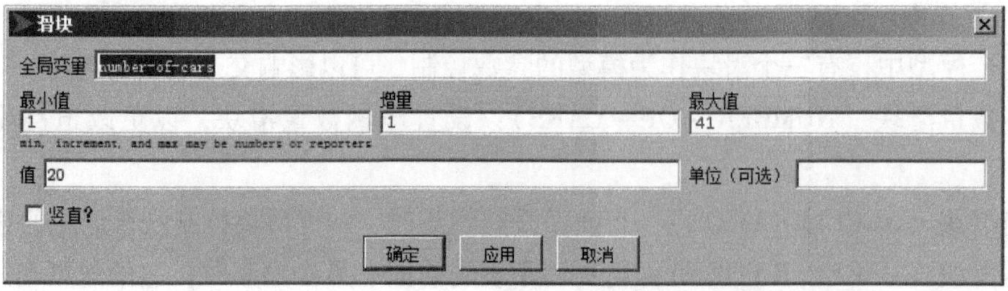

图 3-2　为参数添加滑块的可视化

其次，在"全局变量"行中，键入用于表示参数的单个单词，例如：NUMBER – OF – CARS。再次注意，名称中不应该有任何空格。这将是表示代码中车辆数量参数的名称。

第三，Netlogo 为这个滑块提供默认的最小值、最大值和初始值，以及增量测量。对于车辆数量，我们将最小值设置为 1，最大值设置为 41，初始值设置为 20。

最后，确定所有需要的值后，单击 OK。

对所需的所有参数值重复此函数。

（2）setup 函数

基于行为描述，定义 setup 函数如下：

```
to setup
  clear – all
  ask patches [setup – road]      ;初始化道路行为
  setup – cars                    ;初始化车辆行为
watch sample – car                ;聚焦车辆行为，watch agent 命令给 Agent 打上聚光灯
  reset – ticks
end
```

初始化函数主要行为如下：

1）首先执行 clear – all 原语。"clear – all"初始化模拟为空：删除所有现有海龟；所有全局变量都设为零；清除所有单元、绘图和输出。

2）执行 ask 命令

ask patches [setup – road]　　;基于网格创建道路

ask patches [cmd] 将向每个 patch 发送指定的命令。通过调用 setup – road 子函数（patch 函数），基于网格创建道路。

这里的"setup – road"子函数，它并不存在，所以我们必须创建它：

```
to setup – road ;; patch procedure
  if pycor < 2 and pycor > –2 [set pcolor white]
end
```

将 y 坐标为 –1、0 和 1 的所有网格单元都设置为白色。

3）初始化车辆行为。调用 setup – cars 子函数。子函数内容如下：

```
to setup – cars
    if number – of – cars > world – width [
        user – message（word
"  There are too many cars for the amount of road.  "
"  Please decrease the NUMBER – OF – CARS slider to below "
        （world – width + 1）"  and press the SETUP button again.  "
"  The setup has stopped. "）
    create – turtles number – of – cars [
        set color blue        ；设置车辆颜色为蓝色
        set xcor random – xcor    ；初始化车辆 x 坐标
        set heading 90        ；向右走
        set speed 0.1 + random – float 0.9    ；将车辆初始速度设置在 0.1 到 1.0 范围内
        set speed – limit 1        ；设置最大限速为 1
        set speed – min 0        ；设置最低速度为 0
        separate – cars        ；递归子函数
    ]
    set sample – car one – of turtles    ；随机返回一个车辆作为样例车辆
    ask sample – car [set color red]    ；请求样例车辆设置为红色
end
```

命令行为解释：

① create – turtles n 创建 n 个 turtles，创建后各 turtle 默认坐标是（0，0）。

② if number – of – cars > world – width 命令判断车辆数，如果车辆数太多，给用户提示"这条路的车辆太多了。将车数滑块减小到世界宽度 + 1，再次按下设置按钮。设置（setup）已经停止。

③ set – default – shape turtles " car" 命令设置 Agent 默认的形状为 car。这个形状是模型内置的。也可以通过"工具 – 海龟形状编辑器"自定义。

④ set xcor random – xcor 命令中的 random – xcor 返回海龟 x 坐标的随机浮点数。

⑤ set speed 0.1 + random – float 0.9 命令将车辆初始速度设置在 0.1 到 1.0 范围内，number – of – cars 是界面窗口中的滑动条定义的全局变量。

4）separate – cars 为递归子函数，内容如下：

```
to separate – cars    ;; turtle 子函数用于分开车辆
    if any? other turtles – here [；如果有两车位置在同一 patch
    fd 1                ；本车向前一步
    separate – cars    ；递归调用，再次判断是否有两车位置在同一 patch
    ]
end
```

命令行为解释：

① any? 后面跟的是个体集合（agentset），如果要测试个体集合是否为空，使用 any?。如果给定个体集合非空，返回 true，否则返回 false。

② turtles – here 返回位于调用者单元上的所有海龟组成的个体集合（如果调用者是海龟，则也包括它），other 后面跟的是个体集合（agentset），返回一个个体集合，该个体集合与输入个体集合相同，只是不包括调用个体自己。因此，other turtles – here 表示的就是调用者单元上的所有海龟组成的个体集合（不包括自己）。

（3）go 函数

转到程序窗口，创建"go"函数：

```
to go
  ask turtles [        ；如果前面有一辆车，跟它的速度一样，然后减速
    let car – ahead one – of turtles – on patch – ahead 1
    ifelse car – ahead ！= nobody
      [slow – down – car car – ahead]    ；如果前面车，减速
      [speed – up – car]                 ；否则加速
    ;; dont slow down below speed minimum or speed up beyond speed limit
    if speed < speed – min [set speed speed – min]     ；不要在最低速度以下减速
    if speed > speed – limit [set speed speed – limit]  ；不要在超过速度限制时加速
    fd speed
  ]
  tick
end
```

1）判断前面是否有车的行为规则

① patch – ahead distance 返回沿调用海龟当前方向前方给定距离（distance）处的单个地块。

② turtles – on agent 返回所给定的一个或多个地块上所有海龟组成的个体集合，或者与给定的海龟站在同一地块上的海龟个体集合。

③ let car – ahead one – of turtles – on patch – ahead 1 表示前面一个地块上的车辆，并将其赋值给 car – ahead。

④ ifelse car – ahead ！= nobody 用于判断是否前面地块上有车。nobody 用于判断是否用来说明没有找到个体。

2）减速行为。slow – down – car car – ahead 是一个带参数的调用，将前车（整个体car – ahead）传给跟随车。slow – down – car 函数行为定义如下：

```
to slow – down – car [car – ahead]    ；turtle 子函数
  set speed [speed] of car – ahead – deceleration    ；放慢车速，比前面那辆车开得慢
end
```

set speed [speed] of car – ahead – deceleration 将前车速度减去 deceleration，作为本车的当前速度。后车

会"瞬间"减速到前车速度，寻找前车的判断条件是 patch – ahead 1，距离是固定的，所以如果不这样处理，就可能因为速度过快，减速过慢造成撞车。[speed] of car – ahead 返回前车速度。

3）加速行为

speed – up – car 为加速函数，该函数定义如下：

to speed – up – car ;; turtle 函数

  set speed speed + acceleration

end

4）限速行为规则

if speed < speed – min [set speed speed – min]

if speed > speed – limit [set speed speed – limit]

5）前进行为

fd speed 按每个 tick 前进 speed。

（4）图形输出

在界面窗口中创建绘图（Plot）控件。

每个 Plot 控件必须指定一个唯一名，在绘图时通过 Plot 名指定在哪个 Plot 上绘图。绘图时必须使用某个画笔，画笔默认是黑色实线，也可以创建自定义画笔。

为了创建一个图形，请遵循以下步骤（见图3-3）：

1）添加绘图（Plot）控件。首先转到界面窗口，在下拉菜单下，选择 Plot 窗口并单击界面中的空白位置。这将弹出一个绘图编辑器框。

2）指定绘图名称和坐标轴标签。

3）创建三个画笔，分别指定颜色。

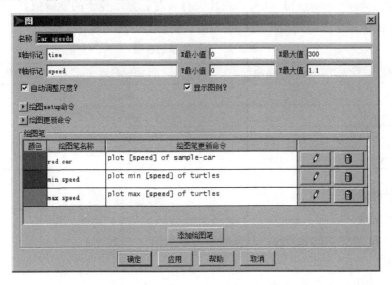

图3-3　添加绘图的可视化

监视模拟运行，添加监视器控件（monitor），显示红车速度，monitor 表达式为

ifelse – value any? turtles

```
[ [speed] of sample-car]
[0]
```

系统运行与调试：使用"√"按钮检查代码，当你开始键入命令时，该按钮应该变成绿色（意味着有新的内容需要检查）。如果代码一切正常，"√"将变为灰色。如果出现错误，你将看到一个黄色高亮显示的栏，一个红色的×，以及一些错误指示。

3.4 创建兔子吃草模型

1. 问题背景

一个由兔子和草组成的简单的生态系统。

在这个模型中，兔子在地面上自由活动，吃草和杂草。兔子每走一步代谢0.5个能量单位。通过吃草和杂草，兔子获得了新的能量。当一个代理的累积能量超过生育阈值时，代理将产生后代。子代的实现是将代理的克隆添加到附近的单元中，并将父代的一半能量提供给克隆的子代。结果兔子的数量随着时间的推移而进化，草和杂草也会在一个空细胞上以固定的机会重新出现。该模型所需完成功能如下：实现海龟移动、进食、繁殖、死亡；实现网格单元长草；给出兔子和草数量变化的曲线图。

2. 模型界面

兔子数量滑块（number）：设置兔子数量滑块，以更改草地上的兔子数量。

生育消耗能量滑块（birth-energy）：当兔子生育时，消耗的能量值。

草能量滑块（energy-from-grass）：当兔子吃草时增加的能量值。

能量显示（show-energy?）开关：当开关打开时，显示兔子的能量值。

表3-2给出了每个参数的最小值、最大值和初值的一些可能值。

表3-2　兔子吃草的参数

参数名	最小值	最大值	初始值
number	0	100	50
birth-energy	0	100	49
energy-from-grass	0	100	10
show-energy?	off	on	off

3. 程序代码说明

（1）建立变量

首先给turtle增加变量energy，以存储当前能量值。

```
turtles-own [
energy        ;声明turtle变量energy
]
```

还要注意，并不是所有的turtle形状都加载到turtle形状编辑器的默认库中。要查看可用的形状，请转到"工具"菜单并选择"海龟形状编辑器"。如果你不能找到适合你的图像，你可以尝试从库或其他模型导入图像或创建自己的图像。兔子和猫的形状是从 Netlogo 库导入的。

创建兔子数量滑块（number）、生育消耗能量滑块（birth‐energy）、草能量滑块（energy‐from‐grass）和能量显示（show‐energy?）开关等控制参数。

（2）初始化

定义 setup 函数，创建生物群体，并将它们随机分布在空间中。在设置 to 之后，我们开始运行这个函数时执行的代码。在 Netlogo 中，内置函数被称为原语。首先执行 clear‐all 原语，它清除所有变量（全局变量、单元变量和智能体变量）。

```
to setup                ；定义函数 setup
  clear‐all             ；设置整个世界为初始状态
  setup‐patches         ；调用长草函数 setup‐patches
  setup‐turtles         ；调用创建兔子函数 setup‐turtles
  reset‐ticks
end
```

1）长草函数。接下来，我们要求世界上的每个单元执行长草函数 setup‐patches。你应该注意到单元是按随机顺序请求的。

```
to setup‐patches
  ask patches [
    set pcolor green ；为模拟青草的存在设置 patches 为绿色
  ]
end
```

2）创建兔子。接下来，执行 setup‐turtles 函数，创建 number 只兔子。当我们创建兔子时，将每只兔子放置在世界上的随机位置（setxy random‐xcor random‐ycor）。

```
to setup‐turtles
  set‐default‐shape turtles " rabbit"
  create‐turtles number      ；使用数字滑块的值创建海龟
  ask turtles [
    setxy random‐xcor random‐ycor
  ]
end
```

命令所有 turtle 执行语句 setxy random‐xcor random‐ycor，各 turtle 坐标随机产生，实现 turtles 在空间中的随机分布。setxy x y 海龟将它的坐标设置为 x，y。

（3）go 函数

该函数是实现整个模型的运行，里面包含很多小的函数来完成我们所要达到的功能。首先，注意 go 函数是由观察员执行的。在 go 程序内部（在 to go 命令之后），我们首先确定模拟中是否达到时间，如果已经达到计时结束时间 500，我们停止模拟；接下来，我们要求每只兔子执行移动函数，然后是吃草函数，然后是繁殖函数，最后是死亡函数。由于这些函数都是由兔子调用的，所以它们必须都是兔子（智能体）函数。

```
to go                    ; 定义模拟执行函数 go
  if ticks > = 500 [
    stop      ; 程序迭代 500 个时间步后停止
  ]
  move - turtles          ; 调用函数 move - turtles，实现兔子随机移动，消耗能量
  eat - grass             ; 吃草获取能量
  check - death           ; 死亡
  reproduce               ; 繁殖
  regrow - grass          ; 青草再生
  tick                    ; 增加计时器并更新绘图
end
```

1）兔子移动（move - turtles）函数。该函数让海龟在 360°内任意选择一个角度，然后往这个方向前进一步。因为 go 按钮是永久性的，意味着海龟将不断执行该命令，直到你关掉它（重新单击它）。

move - turtles 函数是兔子（智能体）调用的函数之一。它改变兔子移动的方向，然后向那个方向移动一个单位（一个单元长度）。

```
to move - turtles          ; 定义函数 move - turtles
  ask turtles [
    right random 360        ; 右转一个角度，度数随机产生
    forward 1               ; 前进距离 1
    set energy energy - 1   ; 海龟移动时，它会失去一个单位的能量
  ]
end
```

2）兔子吃草（eat - grass）函数。吃草程序是兔子调用的程序之一。这个函数使兔子能够吃一块草，并获得草中所含的能量。

patch 代表青草，绿色表示有，黑色表示无。

我们将网格单元颜色设置为绿色，让海龟去判断自己所在的这个网格单元的颜色是什么？如果网格单元颜色是绿色，那么就吃掉一个网格单元，网格单元的颜色就会变成黑色，而海龟能量值就会增加一个网格单元所设定的能量值。实现了兔子吃草的这个行为。

```
to eat - grass
ask turtles [
    if pcolor = green [      ; patch 代表青草，绿色表示有，黑色表示无
      set pcolor black
      set energy (energy + energy - from - grass)   ; 草能量滑块值被添加到能量中
    ]
    ifelse show - energy? [
      set label energy        ; 标签被设置为能量的值
```

```
    ] [
        set label " "            ; 标签被设置为一个空的文本值
    ]
  ]
end
```

if pcolor = green 表示如果兔子所在 patch 颜色为绿色，表示有草，则吃草，令该 patch 颜色变为黑色，表示已无草，然后自身能量增加 10。

3）兔子死亡（check – death）函数。check – death 程序是兔子调用的程序之一。这个程序决定兔子是否会死。

当兔子的能量值小于等于零的时候，该兔子在世界上消失，完成了兔子死亡行为。

```
to check – death
  ask turtles [
    if energy < = 0 [
      die    ; 如果兔子能量小于等于 0，则死亡
    ]
  ]
end
```

4）兔子繁殖（reproduce）函数。reproduce 程序是兔子调用的程序之一，它控制着新兔子的产生。

每个海龟都有自身的能量值，而我们也会设定一个海龟可以生产一个小海龟所需要达到的能量值。当某一个海龟的能量值达到了可以生产小海龟的时候，世界上就会增加一个小海龟，此时小海龟的能量值就是达到生产的能量值，而原来的那只海龟的能量值就会减去生产所需要达到的那个能量值。完成了海龟繁殖的功能。

```
to reproduce
  ask turtles [
    if energy > birth – energy [             ; 如果能量大于 birth – energy 则繁殖
      set energy energy – birth – energy     ; 母体能量减少 50，生育消耗能量
      hatch 1 [
        set energy birth – energy     ; 产生一个后代，初始能量 birth – energy
      ]
    ]
  ]
end
```

hatch number [commands] 命令表示海龟创建 number 个新海龟。每个新海龟与母体相同，处在同一个位置。然后新海龟运行 commands。可以使用 commands 给新海龟不同的颜色、方向、位置等任何东西（新海龟同时创建，然后以随机顺序每次运行一个）。

5）青草再生（regrow – grass）函数。让网格单元在 1 到 100 之间随机选择一个数，如果该数值小于 3，则该网格单元的颜色变成绿色，相当于草生长率是 0.02。该函数完成草生

长的功能。

```
to regrow – grass        ; 青草再生函数
  ask patches [          ; 青草以 0.03 的概率再生, 100 次中有 3 次单元的颜色被设置为绿色
    if random 100 < 3 [
      set pcolor green
    ]
  ]
end
```

（4）图形输出

在 Procedures 中编制绘图函数后，在 Interface 中创建 Plot 控件。

每个 Plot 控件必须指定一个唯一名，在绘图时通过 Plot 名指定在哪个 Plot 上绘图。绘图时必须使用某个画笔，画笔默认是黑色实线，也可以创建自定义画笔。

为了创建一个图形，请遵循以下步骤：添加绘图（Plot）控件，首先转到界面窗口，在绘图编辑器框，有关示例，指定绘图名称和坐标轴标签，创建两个画笔，分别指定颜色。请参见图 3-4。

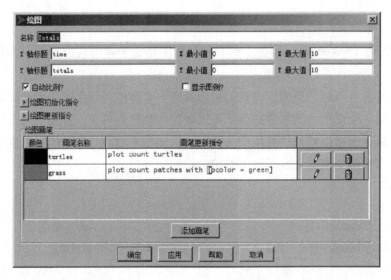

图 3-4 添加绘图（Plot）控件的可视化

监视模拟运行，监视器控件（monitor）显示兔子数量，monitor 表达式：

count turtles

显示绿草数量，monitor 表达式：

count patches with [pcolor = green]

3.5 基于智能体建模步骤

基于智能体的建模源于人工智能、分布式计算、并行计算、进化计算和面向对象编程等

学科。基于智能体的计算类型的一个早期示例是细胞自动机（CA）模型，其中网格结构的细胞与它们的近邻通信并执行简单的计算。尽管有这个适度的框架，令人惊讶的复杂结果还是会出现。

更复杂的基于智能体的模型包括移动智能体、智能体之间复杂行为的能力，以及智能体与其环境之间的交互能力。

随机通常被设计纳入基于智能体的模型中，以解释智能体可能表现出的个人且通常不可预知的行为，并为许多真实情况提供更真实的表示。任何给定建模运行的结果都可能与另一个建模运行的结果不同。这不是模型或方法中的错误，而是一种标准方法，用于理解模型中如何隐含可变性。

程序设计是给出解决特定问题程序的过程，是软件构造活动中的重要组成部分。程序设计往往以某种程序设计语言为工具。学习写程序，不能开始就写代码。程序设计过程从给定问题开始，要经历问题背景、模型、程序编写、测试运行、模型调试等5个主要阶段。

1. 问题背景

问题背景阶段的工作首先是自然系统识别（Natural system identification），从现实物理世界里抽取数据，并用相似系统进行类推、归纳。这项任务包括系统行为识别（identify system behaviors）和系统参数识别（identify system parameters）。系统行为识别确定程序编写什么功能，要达到什么样的效果。也就是确定要程序"做什么"。系统参数识别包括需要输入什么数据，最后应输出什么。

2. 模型

模型的工作要确定智能系统的要素，包括个体、环境、相互作用。

（1）个体与环境的定义

个体与环境是基于智能体建模系统构成的两个基本模块（building blocks）。要确定个体的状态、行为和行为规则等属性。确定环境的静态或动态属性。

例如：上述兔子吃草模型的属性、行为的描述。

（2）相互作用的定义

由于复杂系统个体的相互作用是并行发生的，个体之间的相互作用非常复杂。然而个体之间的相互作用是复杂系统突现模式产生的原因。在面向自治的计算中相互作用是系统的推动力。在研究中相互作用的定义以及并行作用如何发生是研究的重要内容。

交互是自治计算产生自组织现象的必然条件。系统的涌现行为即是源自于智能体之间。自治计算系统包含两种类型的交互：即直接交互（direct interaction）和间接交互（indirect interaction）。

几种行为包括：

1）Agent 自身行为 Tself；

2）地块本身行为 Pself；

3）Agent 之间交互行为 T – to – T；

4）地块之间交互行为 P – to – P；

5）Agent 和地块之间的交互行为 T – to – P，P – to – T。

3. 程序编码

在系统要素确定之后，接下来的工作就是程序编写。

编写程序（编码）是将系统要素翻译成用 Netlogo 语言格式描述的程序。

对于"如何描述"的问题，是学习程序最容易，也是最枯燥的问题。幸运的是，有一些经过良好验证的设计模式可以帮助开发模型。图 3-5 展示了许多基于智能体的模型中使用的基本模式。

首先初始化模型并配置主模拟之前可能需要的任何数据。

然后，模型进入一个扩展循环，在此循环中，智能体执行它们的行为，并基于特定于领域的建模操作和智能体之间的交互更新景观属性。在每个循环期间，执行一些建模内务管理来更新监视器和绘图，并更新全局建模时钟时间步。接下来，进行评估以确定模型是否应该重复另一个循环或结束。如果没有完成，模型将重复另一个循环。如果完成，模型将执行最终的内务处理，例如：写出最终计算值，然后结束。

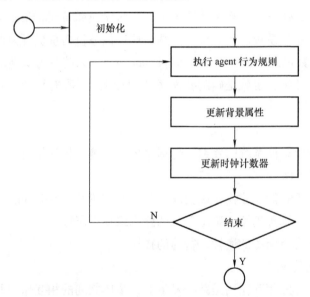

图 3-5　Netlogo 的通用设计模式

这种设计模式在 Netlogo 中很容易实现，因为矩形框中的每个主要操作都可以作为一个函数进行编码。初始化通常由一个名为"setup"的函数来处理，而主循环的迭代通常由一个名为"go"的函数来实现。我们将在后面的讨论中看到这个示例，Netlogo models 库中的许多模型都遵循这个基本设计。

4. 测试运行

在纸上写好一个程序后，要经过程序的测试运行，得到运行结果，以验证程序是否按要求解决了问题，并没有产生副作用。即程序是否做了该做的事，同时没有做不该做的事。

在兔子吃草这个简单的生态系统中，经过模拟，如果我们从具有某些特征的种群开始，那么在完成时，我们可能会得到各种可能的结果（这个概念如图 3-6 所示）。通过反复运行模型，观察结果的分布，我们可以开始推断模型输入参数与可能结果之间的关系。在某些条件下，我们可以看到结果 1，其中兔子和草两种总体类型的大小都增加了。在其他条件下，我们可以看到结果 2 或结果 3，其中一种总体类型增加，另一种减少。在其他条件下，我们可能会看到结果 4，两种种群类型都完全消失。

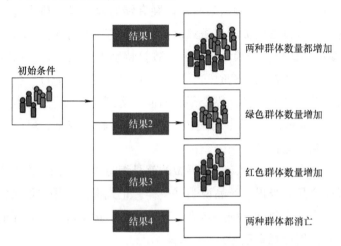

图 3-6 兔子吃草这个简单的生态系统结果

5. 模型调试

能得到运行结果并不意味着程序正确，要对结果进行分析，看它是否合理。不合理要对程序进行调试。所谓程序调试，是指当程序的运行结果与设计要求不一致时（通常是程序的运行结果不对时），通过一定的方法、使用一定的手段来检查程序中存在的设计问题。

在 Netlogo 中没有提供传统 IDE 中的单步跟踪。实际上，因为是多个主体同时运行，也无法一一跟踪。在并行程序设计中，调试手段本身就是一个比较难的问题。

调试程序不仅仅可以帮助我们找出程序中的错误还能帮助我们更好地理解 Netlogo 内部的工作机制。简单调试方法如下：

1）设置一个 go on step 按钮，功能与具有 forever 性质的 go 按钮相同，但不勾选 forever 选项，以此来实现按 tick 执行。将需要观察的值设置为海龟的变量（该变量可能仅只为观察而设，调试完后可以删除），选择其中的一个海龟进行 inspect 去发现问题。文本框太小不容易阅读，可以将其值复制到 word 中观察。如果被观察的海龟消亡（die）了，立即在 who 处输入另一个新号，重新开始观察。

2）在适当的地方加入 show 显示局部变量的值，最好将 tick 也加入。优点是能够显示程序的动态过程，比较容易检查源程序的有关信息。缺点是效率低，可能输入大量无关的数据，发现错误带有偶然性，尤其是 Agent 数量特别多时。由于 show 严重地影响了运行速度，每一个海龟都输出，信息太多不易找出问题。解决办法是只显示其中的有限几个用于观察，如显示编号为 100 的倍数的海龟的有关信息：

to show - test - message［msg］

```
    if (who mod 100) = 0 [
        show msg
    ]
end
```

这样，观察有限的几个海龟的信息，能够给排错提供启发。

3）运行部分程序。有时为了测试某些被怀疑有错的程序段，却将整个程序反复执行许多次，在这种情况下，应设法使被测程序只执行需要检查的程序段，以提高效率。

4）快速停止模型的运行。当模型中 Agent 数目特别多，尤其是其功能逻辑也相当复杂的时候，运行每一轮需要花费很长的时间。假设运行模型用"forever"型的"go"按钮，需要停止模型运行时，单击"go"按钮需要很长时间，等到所有海龟都停止才能结束。

技巧是，打开"procedures"页，在任意一行代码后输入空格，然后"check"，系统检查代码，模型也马上结束运行了。

经过上述 5 步程序设计过程后，还需要做的就是编写程序文档，许多程序是提供给别人使用的，如同正式的产品应当提供产品说明书一样，正式提供给用户使用的程序，必须向用户提供程序说明书。内容应包括：程序名称、程序功能、运行环境、程序的装入和启动、需要输入的数据，以及使用注意事项等。

本章重点介绍了原语：clear – all、create – turtles、ask、pen – down、fd、rt、reset – ticks、tick、set、one – of、patch – ahead、let、die、hatch。

3.6 习题

1. 在车辆跟驰模型中，考虑下列问题：

1）在这个模型中，有三个滑块可以影响造成交通堵塞的趋势：初始车辆数量、加速和减速。寻找这些设置如何影响车流量的模式。哪个变量影响最大？这些模式有意义吗？它们和你的驾驶经验一致吗？

2）设置 DECELERATION 为零。车流发生了什么？在模型运行时逐渐增加 DECELERATION。什么时候车流"崩溃"了？

3）试试其他关于加速和减速的规则。这里提出的规则现实吗？是否有其他规则更准确或代表更好的驾驶策略？

4）事实上，不同的车辆可能遵循不同的规则。试着给一些车不同的规则或 ACCELERATION/DECELERATION 值。一个糟糕的司机能把事情搞砸吗？

5）加速和减速之间的不对称是不同驾驶习惯和反应时间的简化表示。你能显式地将这些编码到模型中吗？

6）你能做些什么来减少交通堵塞的发生？

7）你能做些什么来改变交通堵塞，使之向前发展而不是向后倒退？

8）需要对模型做点改变：改变车的形状和颜色、加上房子或路灯、新建信号灯或者再创建一条车道。这些建议有些是装饰性的，只是改善模型的观感，另外一些是行为性的。

9）建立双车道交通模型。

2. 这个任务，使用 Netlogo 制作一个兔子模拟器。我们将扩展课堂上兔子的模拟。你的成品必须看起来像这样：

1）一定有一个品种叫兔子；

2）界面必须有一个滑块，用于初始兔子的数量，范围从 1 到 1000。

3）当程序启动时，界面必须有一个初始草地百分比的滑块。

4）界面必须有用于摆动角度（范围从 0°到 360°）和摆动步骤（0.1 到 2.0）的滑块。

5）界面必须有一个百分比草的滑块，这是在下面描述的生长过程中变成绿色的地块的百分比。

6）界面必须为每个兔子的初始能量设置一个滑块（范围从 0 到 10）。

7）界面必须有一个用于摆动能量的滑块，即每次摆动操作的能量成本（范围为 0 到 1 步 0.1）。

8）界面必须有一个草能量滑块，这是兔子吃一小块草所获得的能量（范围 0 到 2 步 0.1）。

9）界面必须有一个滑动器，已生育阈值是必须生育的最小能量。在这个能量之上孵化（范围从 0 到 10）。

10）界面必须有一个出生成本的滑块，表示生孩子所需的能量（范围 0 到 10）。

11）界面必须有一个最大年龄的滑块，是兔子的最大年龄（范围从 0 到 100）。

12）Setup、Step 和 Go 按钮。

13）兔子是在一个随机的位置创建的，并从滑块中给出合理的初始值。

14）兔子是白色的。

15）使用"海龟形状编辑器"并导入兔子形状。确保它是可旋转的，并且指向"上"。

16）地块可以是 33 号颜色（深棕色）或绿色，并使用适当的滑块号创建。

17）画出兔子的数量和草地的数量。

18）如果没有兔子了，程序应该停止。

19）每次走步时，兔子会扭动、吃东西、生、死和长一岁，地块将会增长。

20）Wiggle 是标准的 Wiggle 习语，它有一定的能量消耗。

21）如果有足够的能量，生产就会发生，并消耗能量中的生产成本。剩余的能量分配给兔子和 kit（小兔子）。给小兔子一个随机的方向和一个开始的年龄。

22）如果兔子能量耗尽或太老，就会死亡。但是，如果最大年龄设置为 0，则不执行老年检查。

23）草是按照课堂上的建议种植的。如果一个地块是绿色的，它将随机将相邻的地块设置为绿色，并且具有百分比增长的概率。

3. 如何解决校园中的"幽灵堵车"现象？在学校里，也会发生类似的堵塞现象。大课间阳光体育活动时，由于楼层比较高，从楼道下行的班级、学生都比较多，由于一个学生系鞋带或者是捡起一顶帽子，或者还有其他的原因，导致后面的队伍全部停下来。这个时候，如果老师不在现场，如果后面班级的学生急躁，如果有的班级学生想插队，如果有个学生恶作剧……就会发生拥挤或者踩踏，危险会在瞬间发生。

建立一个模型，完成上述功能。

参 考 文 献

［1］ DANESHFAR F, RAVANJAMJAH J, MANSOORI F, et al. Adaptive Fuzzy Urban Traffic Flow Control Using a Cooperative Multi – Agent System based on Two Stage Fuzzy Clustering ［C］. IEEE Vehicular Technology Conference, Helsinki, 2009.

［2］ JAMSHIDNEJAD A, MAHJOOB M J. Traffic simulation of an urban network system using agent – based modeling ［C］. 2011 IEEE Colloquium on Humanities, Science and Engineering. Penang：2011.

［3］ HEWAGE K N, RUWANPURA J Y. Optimization of Traffic Signal Light Timing Using Simulation ［C］. Proceedings of the 2004 Simulation Conference, San Antonio：2004.

［4］ SLAGER G, MILANO M. Urban Traffic Control system using self – organization ［C］. International IEEE Conference on Intelligent Transportation Systems. Madeira：2010.

［5］ JETTO K, EZ – ZAHRAOUY H, BENYOUSSEF A. The effect of the heterogeneity on the traffic flow behavior ［J］. International Journal of Modern Physics 21 (11)：1311 – 1327.

［6］ HELBING D, HUBERMAN B A. Coherent moving states in highway traffic ［J］. Nature, 1998, 396 (6713)：738 – 740.

［7］ LI X G, JIA B, GAO Z Y, et al. A realistic two – lane cellular automata traffic model considering aggressive lane – changing behavior of fast vehicle ［J］. Physica A Statistical Mechanics & Its Applications, 2006, 367：479 – 486.

［8］ ZHAO J, QI L. A method for modeling drivers' behavior rules in agent – based traffic simulation ［C］. In Geoinformatics, 2010 18th International Conference on, Beijing：2010.

［9］ ZHAO C X, ZHANG X F, Gong W N. Research on Simulation on Classroom Discipline Based on Complex System Theory with Scientific Teaching Materials ［J］. Applied Mechanics & Materials, 2011, 63 – 64：736 – 739.

［10］赵春晓，王丽君. 基于多主体系统的课堂问题行为的建模研究 ［J］. 系统仿真学报, 2008, 020 (0z1)：304 – 306.

第 4 章

自然智能与分形模拟

Chapter 4

自然界是各种物质系统相互联系的总体，它大到宇宙中天体，小到微观世界中的基本粒子。在自然界中，存在着许许多多极其复杂的形状，一个本质特性就是系统的自相似性。分形提供了一种崭新的思想方式，是帮助人们认识自然界的有力工具，无限自相似性就是分形的精髓。粒子系统是随机过程建模的一个例子，类似于分形，只需很少的人力就可以创建复杂的系统。细节级别可以轻松调整。

本章首先介绍了分形与粒子系统，然后讨论了分形树、粒子瀑布、扩散凝聚、烟花模型和森林火灾等案例模型。

4.1 分形与粒子系统

1. 分形——自然几何

在经典的欧几里德几何中，可以用直线、圆锥、球等这一类规则的形状去描述诸如墙、车轮、道路、建筑物等人造物体，这是极自然的事情，因为这些物体本来就是根据欧氏几何的规则图形生成的。

自然界中的万物千变万化、奥秘无穷。连绵起伏的山脉，弯弯曲曲的海岸线，变幻莫测的云彩，袅袅上升的炊烟，美丽多姿的雪花，奇形怪状的闪电，一泻千里的江河，无规的材料裂纹，…，数不胜数。浮云不呈球形，山峰不是锥体，海岸线不是圆圈，树皮并不光滑，闪电并不直线传播。这些研究对象已经很难用欧氏几何来描述了。

这些自然现象的绝大部分都是不稳定、非平衡和随机的，属于非线性状态。在这些复杂现象的背后，却隐藏着某种规律性。经典数学几何的研究对象是规则而光滑的几何构型，但对于自然界中的复杂、随机、无规则的非线性系统无能为力。创立于 20 世纪 70 年代中期的分形理论，研究自然界、经济社会及工程技术领域中的无序、自相似系统，让人们以全新的理念、全新的方法来处理这些非线性问题。

例如：从飞机上俯视海岸线，可以发现海岸线并不是规则的光滑曲线，而是由很多的半岛和港湾组成，随着观察高度的降低，可以发现原来的半岛和港湾又是由很多的半岛和港湾所组成。而当你沿着海岸线步行的时候，再来观察脚下的海岸线，则会发现更为精细的结构，具有自相似性（Self – Similarity）的更小的半岛和海湾组成了海岸线。美国数学家 B. Mandelbrot 曾提出这样一个著名的问题：英格兰的海岸线到底有多长？这个问题在数学上可以理解为：用折线段拟和任意不规则的连续曲线是否一定有效？即一条海岸线的长度能精确测量吗？答案是否定的，因为随着测量尺码的减小，海岸线的长度会逐渐增大甚至到无穷大！这个问题的提出实际上是对以欧氏几何为核心的传统几何的挑战。此外，在湍流的研究、自然画面的描述等方面，人们发现传统几何依然是无能为力的。人类认识领域的开拓呼唤产生一种新的、能够更好地描述自然图形的几何学。在此，不妨称其为自然几何。

（1）分形几何

1975 年，Mandelbrot 在其《自然界中的分形几何》一书中引入了分形（fractal）这一概念。从字面意义上讲，fractal 是碎块、碎片的意思。然而这并不能概括 Mandelbrot 的分形概念。尽管目前还没有一个让各方都满意的分形定义，但在数学上认为分形有以下几个特点：具有无限精细的结构；比例自相似性；一般它的"分数维"大于它的拓扑维数；可以由非常简单的方法定义，并由递归、迭代产生等。

我们把传统几何的代表欧氏几何与以分形为研究对象的分形几何作一比较，可以得到这样的结论：欧氏几何是建立在公理之上的逻辑体系，其研究的是在旋转、平移、对称变换下各种不变的量，如角度、长度、面积、体积，其适用范围主要是人造的物体。而分形的历史只有 20 来年，它由递归、迭代生成，主要适用于自然界中形态复杂的物体。分形几何不再以分离的眼光看待分形中的点、线、面，而是把它看成一个整体。

（2）分形与计算机图形技术

"分形"的主要思想是截取不规则图形的一部分，当不断放大或者不断缩小时，它们看上去总是高度相似的，即"自相似性"。分形几何学是诞生于 20 世纪 70 年代的一门年轻的数学分支。20 世纪 70 年代，计算机数字图形技术开始起步并迅速发展。1978 年，在西雅图的波音飞机公司，年轻的计算机专家洛伦·卡彭特遇到一个难题。他需要在计算机上编程绘图来模拟飞机飞行的状态，在飞行中，飞机需要穿越于山脉上空。然而编程绘制山脉在当时是无法用计算机解决的。山脉有数以万计的小三角形或者多边形。当时的计算机处理数据极慢，即便处理 100 个三角形也是件麻烦事。卡彭特受分形思想启发，创造出了分形绘制山脉的算法：首先绘制出几个粗略的大三角形，然后把每个大三角形分成四个小三角形，再对每个小三角形重复分裂操作，不断迭代重复，最终，山脉粗糙的表面就成功地在计算机上显示出来了。

这次尝试让分形进入场景绘画领域，从此，计算机绘图不再局限于标准而规则的几何图形，各种参差不齐、变幻莫测的图形图案，都可以用计算机分形算法来呈现。

（3）分形几何应用

分形提供了一种崭新的思想方式，是帮助人们认识自然界的有力工具。

平面上决定一条直线或圆锥曲线只需数个条件。那么决定一片蕨叶需要多少条件？如果把蕨叶看成是由线段拼和而成，那么确定这片蕨叶的条件数相当可观。然而当人们以分形的眼光来看这片蕨叶时，可以把它认为是一个简单的迭代函数系统的结果，而确定该系统所需的条件数相比之下要少得多。这说明用待定的分形拟合蕨叶比用折线拟和蕨叶更为有效。

分形观念的引入并非仅是一个描述手法上的改变，从根本上讲，分形反映了自然界中某些规律性的东西。以植物为例，植物的生长是植物细胞按一定的遗传规律不断发育、分裂的过程。这种按规律分裂的过程可以近似地看作是递归、迭代过程，这与分形的产生极为相似。在此意义上，人们可以认为一种植物对应一个迭代函数系统。人们甚至可以通过改变该系统中的某些参数来模拟植物的变异过程。

自分形几何建立以来，随着分形学本身的逐步成长、成熟和发展，已被众多学科和部门所引用，同时显示出分形学在各学科中应用的生命力。这是因为自然界和人类社会中的许多事物和过程，如浮云的轮廓、山脊的形状、晶体的生长、流体的渗流、股票市场价格波动等都具有分形的性质。它能够揭示自然界的本质结构，能够描述人类的实际生活。与传统的几何物体相比，分形的结构一般都具有内在的几何规律性，即比例自相似性。

分形几何还被用于海岸线的描绘及海图制作、地震预报、图像编码、信号处理等领域，并在这些领域内取得了令人注目的成绩。从 20 世纪 70 年代至今，分形几何学作为数学的一个分支，在描绘大自然不规则、混沌的景物时发挥出卓越的优势，从而被计算机绘图所青睐，并逐渐进入电影场景绘画领域。这一过程体现了高度的学科融合。从简易粗糙的数字化月球地貌，到《阿凡达》、《冰雪奇缘》等电影中的奇妙世界，分形带给了电影艺术更多的创造潜能。

自然界是各种物质系统相互联系的总体，往往具有高度复杂性和随机性，分形试图揭示复杂的现象背后隐藏的规律，已经成为解决自然与环境问题的重要理论工具。

2. 分形场景绘画新突破——粒子系统

通过分形建模，刚体自然景物的数字化绘制，像山脉石头、树木丛林这些都已经不是难题。然而，有许多场景涉及非刚体景物的模拟，比如火、烟或者雪花等等，这时，普通的分形建模已经无法满足需求。粒子系统为分形场景绘画解决了非刚体景物模拟的难题。在时空维度上，运动的粒子具有分形维度，分形运动特性和形态在某些粒子系统中体现得十分典型。

粒子系统使分形除了可以描绘刚性自然景物，还可以真实地模拟非刚性自然景观，并创造各种自然界并不存在的奇美画面。当然，不论再如何演变，粒子系统的根源还是分形，是由分形这棵枝干通过自相似四散而出的一片枝叶。

（1）思想

粒子系统于 1983 年由 Reeves 提出，其基本思想是将许多简单形状的微小粒子作为基本元素聚集起来，形成一个不规则的模糊物体，从而构成一个封闭的系统，即粒子系统。

粒子系统采用了一种前所未有的思想来描述物体，即每个物体都由若干不规则的粒子组成，每一个粒子都可以进行一定范围内的自我运动，且每一个粒子都拥有一定的寿命。粒子的产生和消亡都可以被控制，使得模拟的物体可以各部分随机变化。粒子的物理性质如形状、大小、透明度及速度等均可以用参数控制，随着时间的推移，用粒子系统模拟的物体就有着良好的随机性，而且运动和变化可以连续。对于非刚性类的自然现象及自然景物，大都因其在环境中的变化过于随机而无法达到真实的模拟，而这正好是粒子系统可以大显身手的地方。

粒子系统（Particle System）是一种计算机图形学的技术，用于模拟模糊物体的方法。虽然名为"粒子"，但却可以模拟火灾、爆炸、烟雾、水流（如瀑布）、火花、落叶、岩石瀑布、云、雾、雨、雪、灰尘、流星尾巴、恒星和星系，或抽象的视觉效果，像发光的小径、魔法咒语等等效果。这些物体没有光滑的、定义良好的表面，并且是非刚性物体。它们是动态的和流动的，使用特定的边界参数描述随机粒子。

（2）粒子系统的特点

一个粒子系统由一个或多个单独的粒子组成。这些粒子中的每一个都具有直接或间接影响粒子行为的属性，或者最终影响粒子呈现的方式和位置。

1）物体不是由一组原始的表面元素来表示的，而是由定义其体积的原始粒子云来表示的。

2）粒子系统不是一个静态的实体，它的粒子会改变形状和运动，新粒子被创造，旧粒子被摧毁。

3）粒子系统所表示的物体是不确定的，它的形状和形式没有完全规定。随机过程用于创建和更改对象的形状和外观。

（3）物理模型

粒子系统是一种物理模型，核心不在于如何显示图形，而是在于对某个物理模型的理解和分析。只有基于物理模型的方法，才能模拟出随机而逼真的自然景象。

粒子的运动（变化）规律可以很简单也可以很复杂，这取决于你模拟的物理模型的复杂程度。对于每一个粒子，它应具有以下属性：坐标（Coordinates）、速度（Velocity）、加速度（Acceleration）、生命值（Life）、衰减（Decay）。

（4）生命周期

每个粒子在粒子系统中都经历三个不同的阶段：生成、动力学和死亡。这些阶段在这里有更详细的描述：

第一阶段：粒子生成

系统中的粒子在模糊对象的预定位置内随机生成。这个空间被称为模糊对象的生成形状，并且这个生成形状可能随着时间而变化。上面提到的每个属性都有一个初始值。这些初值可以是固定的，也可以由随机过程决定。

第二阶段：粒子动力学

每个粒子的属性可能随时间而变化。例如：爆炸中粒子的颜色可能会随着离爆炸中心越远而变深，说明它正在冷却。一般情况下，每个粒子属性都可以用一个以时间为参数的参数方程来指定。粒子属性可以是时间和其他粒子属性的函数。例如：粒子的位置依赖于之前的粒子位置、速度以及时间。

粒子在每个后续帧中的位置可以通过它的速度（速度和运动方向）来计算。对于更复杂的运动，例如：重力模拟，可以通过加速度来修正。

粒子的颜色可以通过颜色变化速率参数进行修改，透明度可以通过透明度变化速率参数进行修改，大小可以通过大小变化速率参数进行修改。这些变化速率可以是全局的，即对所有粒子都是一样的，也可以对每个粒子都是随机的。

第三阶段：粒子灭绝

当一个粒子被创建时，它可以在帧中被赋予一个生命周期。在每一帧之后，它会衰减，当生命周期为零时，粒子就会被摧毁。另一种机制可能是当颜色/不透明度低于某个阈值时，粒子是不可见的并被破坏。例如：如果粒子颜色非常接近黑色，以至于它不会为最终图像提供任何颜色，那么它就可以被安全地销毁。

此外，过早终止粒子可能还有其他标准：

跑出界限——如果一个粒子移出了观察区域并且不会再进入它，那么没有理由保持粒子活跃。例如：离它的原点有一定的距离，它就可能被摧毁。

撞击地面——可以假设，进入地面的粒子燃烧殆尽，再也看不见了。

3. 分形生长模型

自然界中很多与扩散凝聚有关的现象具有分形性质。

比如空气中浮悬的各种粉尘、金属颗粒在无规运动中往往凝集成一个个小的凝聚体，有些大的凝聚体将落到地表，有些凝聚体则悬浮在空中，甚至形成雾霾。

分形凝聚是客观世界中比较常见的现象，如自然界中雪花的形成、晶体薄膜的生长、土壤团聚体的形成等，这些都体现了大的团聚体结构是由小的结构汇聚而形成。自然界的粉尘凝聚、菌落生长、癌细胞扩散、离子结晶都是在运动过程中生长（扩散）而形成的。这些典型凝聚过程也称为分形生长。

随着远离平衡态分形生长的计算机模拟和实验研究不断深入，人们对分形生长现象的认识不断加深，形成了一些分形生长模型，并较好地理解和解释了物理学、化学、生物学、材料科学、地质学等科学技术领域中出现绝大多数分形现象。其中最基础的模型是有限扩散凝聚（Diffusion Limited Aggregation，DLA）模型。

DLA 模型一方面规则简单，便于计算机实现，另一方面成功解释了自然界一系列的非平衡分形生长现象，而且计算机模拟得出的分形维数与实验中测得数据相吻合。

分形凝聚过程是一个随机的非线性过程，但在随机过程的背后往往存在一定的自组织形象，如自相似性。

人类社会中同样存在着许多引人入胜的凝聚现象，例如：交通与通信系统中的堵塞，公共汽车乘客的群聚，城市规模的扩展，网络社团的形成等都反映这种凝聚的特征。分形凝聚形成的团聚体是由大小不同、具有大尺度自相似形态的各级微团聚体经多级聚合而形成，故其结构疏松且多孔（如雪花的形成）；而普通凝聚形成的团聚体是由基本颗粒以最紧密的方式直接聚合得到，结构内部没有多级微团聚体，故其结构必然是致密的（如冰雹的形成）。

对二维 DLA 模型中的生长过程可作如下模拟：在二维网格平面中心固定一个粒子，此即种子。然后在远离种子的位置释放出另一粒子，该粒子可以从初始位置沿着网格线上下左右 4 个方向随机运动，若该粒子到达与固定粒子的临近位置时便黏附于固定粒子上，形成新的固定粒子，若该粒子到达区域边界即消失。此后，再释放一颗运动粒子，按照上述方法随机运动，如此反复下去，就可以获得一个树枝状的凝聚体。

4. 分形、粒子系统与基于智能体建模

自然，一为表象，二为本质。绚丽斑斓和变幻莫测的自然中，各种蔚为大观的现象层出不穷、叹为观止，其中包括形态万千的个体行为和群体行为。人们怀着一颗对大自然好奇和崇敬之心，迈开了探索的脚步。

通过分形建模，刚体自然景物的数字化绘制，粒子系统使分形除了可以描绘刚性自然景物，还可以真实地模拟非刚性自然景观，并创造各种自然界并不存在的奇美画面。

在计算机图形动画领域，人群模拟技术（Crowd simulation），利用为个体设定较为简单的行动规则，进而生成大规模群体行为效果。以这项技术著称的 MASSIVE 软件，在 2001 年上映的著名电影《指环王》中创建惊人规模的战争场面。这场战争中，动画师仅依赖 300 多个设定好的动作，加上每个单位被赋予的若干条规则，就获得了最终数十万军队的整体战斗效果。

MASSIVE 软件之后被广泛应用于好莱坞和全世界的电影特效当中。电影动画中所使用的群体模拟至今仍然以设定好的个体行为规则来作为驱动。

曾经获得奥斯卡技术奖的计算机图形学家 Craig Reynolds，1986 年开发了 Boids 鸟群算法，这种算法仅仅依赖分离、对齐、凝聚三个简单规则就能实现各种动物群体行为的模拟。

1987 年动画短片，《Stanley and Stella in：Breaking the Ice》中成功地实现了鸟群和鱼群的模拟。而《蝙蝠侠》系列电影中的蝙蝠群动画也是这种算法的效果。

除了电影动画，鸟群算法还被应用在多通道网络信号、视觉信息等领域的优化算法中。

如果我们把 Agent 作为机器人，模拟粒子系统，通过机器人来完成分形。

绘图是 Netlogo 中最主要的功能，它里面有一个绘画能手——海龟机器人。它有一些简单的绘图命令，海龟在屏幕上"爬行"，用它留下的痕迹组成丰富多彩的图形来。

除了绘图之外，Agent 的强大之处还在于对自然界的行为建模能力。

在自然界中，大至宇宙星系之间，小至每个原子运动的形式都存在着大量的相似之处。一些学者通过归纳大量的科学发现和实际的科研成果，论证了从微观到宏观的物理学、化学、有机化学、生物学以及生命科学的自组织中自始至终都存在着的相似现象，并构建起相似理论体系。协同学创始人 H. 哈肯教授惊叹地说："在这个太阳系下没有任何新东西。的确，我们发现，这种类似性在很多现象和理论处理中都存在，只是明显程度不同而已。"

自然界是一个大的复杂系统，一个本质特性就是系统的自相似性。自相似性简单地说，就是局部的结构或功能与整体相似（这种相似是一种统计意义上的相似），自相似性是宇宙间的一种普遍现象，是广泛存在于物质世界、自然界和人类社会文化的普遍法则。

分形理论经过 20 多年的发展，已逐步形成了自己的研究方法，以用于揭示无规则现象的内部所隐藏的规律性、层次性和确定性。分形与混沌构成了当今非线性科学的主要内容。

通过基于智能体建模分形模拟，试图揭示复杂的现象背后隐藏的自组织和涌现规律，成为解决自然与环境问题的重要工具。

本章下一节开始，讨论了分形树、粒子瀑布、扩散凝聚、烟花焰火、森林火灾 5 个模型，这些人工智能模型是对自然界系统智能的模拟。

4.2 分形树

1. 问题背景

分形是一种自相似的形状——也就是说，无论你放大或缩小多少，它看起来都是一样的。一棵树可以被认为是一个分形，因为如果你把树看作一个整体，你看到的是一根树枝，也就是说树干，树枝从树干上伸出来。然后如果你看它的一小部分，比如说一根树枝，你会看到类似的东西，也就是一根树枝从树枝上伸出来的棍子（见图 4-1）。

你也可以一步一步地绘制分形树。单击 SETUP 按钮后，不要单击 GO 按钮，而是单击 GO Once 按钮。这是通过每次单击绘制一个分形迭代来绘制分形，而不是像 GO 按钮那样连续绘制。

图 4-1　分形树

2. 模型界面

在这个模型中，有 4 个滑块作为模型的参数控制，可以影响交通堵塞的趋势。

初始颜色（init－color）滑块设置第一个海龟的初始颜色。

颜色（color－inc）滑块的值将在海龟孵化时添加到海龟的颜色中。

初始－X（init－x）滑块设置第一个 turtle 的初始 X 坐标。它改变了原来海龟的水平起始位置。

初始－Y（init－y）滑块设置第一个 turtle 的初始 Y 坐标。它改变了原来海龟的垂直起始位置。

NUM TURTLES 监视器显示目前有多少只海龟存活。

各参数的取值见表 4-1。

表 4-1　粒子模型的参数

参数名	最小值	最大值	初始值
color－inc	0	100	7
init－color	0	140	45
init－x	－125	125	0
init－y	－100	100	50

3. 程序代码说明

（1）定义变量

除了 turtles 的系统属性之外，本程序还增加了树枝的自定义属性 new？。

```
turtles – own [
  new?
]
```

（2）初始化

在"界面"选项卡中，按下 SETUP 按钮，可以创建一个分形图来绘制树。SETUP 函数初始海龟及其属性。

```
to setup
  clear – all
  create – turtles 1 [
    set shape " line"            ;
    set color init – color
    setxy init – x init – y
    set heading 0
    pen – down
  ]
  reset – ticks
end
```

setup 函数主要行为如下：

1）首先执行 clear – all 原语。clear – all 初始化模拟为空：删除所有现有海龟；所有全局变量都设为零；清除所有单元、绘图和输出。

2）create – turtles 1 [ ] 创建 1 个新 turtle，设置线形、颜色、初始位置、方向、落笔。

3）reset – ticks 重置时钟计数器为 0。

（3）定义运行函数 to go

所有非新海龟都会进行画树的一次迭代。

```
to go
  ask turtles [
    set new? false
    pen – down
  ]
  ask turtles with [ not new? ] [      ; 下面是绘制树的命令
    fd 4                               ; 画树干，前进 4 步
    rt 15                              ; 右转 15°
    fd 8                               ; 画右树枝，前进 8 步
    hatch 1 [ set new? true ]          ; 产生一个树枝
    set color ( color + color – inc )  ; 产生新的颜色
    rt 180                             ; 回头
    jump 8                             ; 回到树干顶点
    rt 180                             ; 方向向上
```

```
    lt 15                              ; 左转15°
    fd 4                               ; 画左树枝
    lt 15                              ; 左转15°
    hatch 1 [ set new? true ]          ; 产生一个树枝
    set color ( color + color - inc )  ; 设置新颜色
    fd 8                               ; 前进8步
    die                                ; 死亡
  ]
  tick
end
```

两个命令解释:

1) ask turtles with [not new?] [　] 画树。

2) hatch 1 [set new? true] 本海龟创建 1 个新海龟。新海龟与母体相同,处在同一个位置。然后新海龟运行 set new? true。可以使用 commands 给新海龟不同的颜色、方向、位置等任何东西(新海龟同时创建,然后以随机顺序每次运行一个)。

注意,使用代理集使某些命令只影响某些海龟。例如:报告器用"with"来隔离非新海龟,并让规则只影响它们。

还请注意,分形是如何通过使用"hatch"原语使用几个遵循相同规则的代理形成的,这使得生成像树一样的分形非常简单。

4.3 粒子瀑布

1. 问题背景

这个粒子系统模拟了一个瀑布,在瀑布中稳定的粒子流被创造出来,然后下落并从底部反弹。

在这个模型中,每个粒子都有三个主要的行为:

1) 如果前方有空间,它将继续它的轨迹。

2) 如果它要触地,它的速度——Y(velocity - y)是反向的,并按恢复系数进行缩放。

3) 如果它要触碰左边、右边或天花板,它就会消失。

一个初速度的粒子从世界的左上角出现。它受到重力的作用,重力使它减速并把它拉到世界的底部。此外,风的力量和黏度是存在的。使用合适的滑块可以改变粒子的最大数量和粒子速度。最后,控制系统计算准确度的系统步长可以增加或减少,但这将改变系统的速度。

启动粒子瀑布。然后,你可以修改设置来更改瀑布的行为。注意,一旦达到粒子的最大数量(MAX - NUMBER - OF - PARTICLES),就不会出现新的粒子,直到一个或多个粒子到达天花板或边缘而死亡。

一旦粒子达到最大数量,粒子将停止出现,直到另一个粒子离开房间死亡时,它即将接触的侧面或天花板（见图 4-2）。

粒子系统的基本模型：粒子系统是许多微小粒子的集合，它们对某些物体进行建模。

1）新粒子产生；

2）每个新粒子都被分配了自己的一组属性；

3）任何存在了一段预定时间的粒子都会被摧毁；

4）剩余的粒子根据它们的动态属性进行转换和移动；

5）将呈现剩余粒子的图像。

2. 模型界面

图 4-2　瀑布粒子

下面将解释每个滑块、按钮和开关的使用。

在这个模型中，有 11 个滑块作为模型的参数控制，可以影响粒子运动。

初始速度：初始速度 X 和初始速度 Y（INITIAL – VELOCITY – X，INITIAL – VELOCITY – Y）滑块控制每个粒子在 X 轴和 Y 轴上的初始速度。

INITIAL – RANGE – X：为了使粒子系统看起来更加真实，每个粒子在启动时可以得到不同的随机速度。要设置随机速度，给初值范围 X 一个非零值。数值越大，瀑布越分散（即使这个开关关闭，由于粒子的质量不同，它们也会有不同的轨迹）。

能量恢复：能量恢复系数（RESTITUTION – COEFFICIENT）模拟粒子从壁面反弹时所交换的能量。如果系数小于 1，则模拟碰撞过程中能量耗散引起的实际阻尼。如果系数大于 1，壁面每反弹一次，粒子的动能就增加一次。这种行为有时可以在弹球机中观察到。

重力：重力向下作用，通过 Y 方向的力累加器中添加一个负数重力常数（GRAVITY – CONSTANT）来实现。我们还根据粒子的质量来衡量重力的影响。这模拟了空气阻力的作用。

风：通过在 X 轴上增加一个风常数 X，风常数 Y（wind – constant – x，wind – constant – y）力，使系统粒子左右摇摆。

黏度：黏度力通过施加与黏度常数（VISCOSITY – CONSTANT）成正比的反作用力来抵抗粒子的运动。黏度常数越高，颗粒流动越容易。

步长（STEP – SIZE）：步长越小，轨迹准确度越高，模型计算速度越慢；步长越大，轨迹准确度越低，模型计算速度越快。每一次迭代，步长都衡量粒子的速度和位置的变化。

最大粒子数：系统中粒子数以最大粒子数（MAX – NUMBER – OF – PARTICLES）滑块为界。一旦粒子数达到最大粒子数限制，新粒子的生成就停止了。请注意，每当一个粒子到达世界的边缘时，它就会死亡，从而为另一个粒子的产生提供了空间。

粒子速率：粒子速率（RATE）设置新粒子生成的速率。速率为 0 将使瀑布停止流动。

各参数的取值见表 4-2。

表4-2　粒子模型的参数

参数名	最小值	最大值	初始值
initial − velocity − x	0	20	7.5
initial − velocity − y	0	40	0
initial − range − x	0	5	1
restitution − coefficient	0	2	0.6
gravity − constant	0	20	8.9
viscosity − constant	0	10	1
wind − constant − x	0	20	5.6
wind − constant − y	− 10	10	0
max − number − of − particles	1	500	300
rate	0	100	24
step − size	0.001	0.1	0.004

3. 程序

（1）自定义粒子属性

除了 turtles 的系统属性之外，本程序还增加了粒子的自定义属性。

```
turtles − own [
    mass                       ；粒子质量
    velocity − x               ；粒子在 X 轴上的速度
    velocity − y               ；粒子在 Y 轴上的速度
    force − accumulator − x    ；作用在 X 轴上的力
    force − accumulator − y    ；作用在 Y 轴上的力
]
```

（2）setup 函数

基于行为描述，定义 setup 函数如下：

```
to setup
    clear − all
    set − default − shape turtles " circle"
    reset − ticks
end
```

setup 函数行为较简单。首先执行 clear − all 原语，初始化模拟为空，设置默认的 turtles 形状为圆形，重置时钟计数器为0。

（3）go 函数

在 GO 程序的每次迭代中，微小的力引导粒子通过它的轨迹。在 GO 程序的每次迭代中，微小的力引导粒子通过它的轨迹。粒子在 X 轴和 Y 轴上有一个速度（velocity − x 和 velocity − y），一个步骤（step − size）和一个力累加器（force − accumulator − x，force − accumulator − y）。该模型使用一个函数来计算力（COMPUTE − FORCES），另一个函数来应用力（APPLY − FORCES）。结合起来，这些函数会随着时间不断地移动粒子。

```
to go
    create – particles          ；创建粒子
    compute – forces            ；计算这些力并把它们加到累加器中
    apply – forces              ；通过将力乘以步长来计算新的位置和速度
    tick – advance step – size
    display
end
```

go 函数主要行为如下：

1）创建粒子。使用泊松分布使粒子发射率保持不变，而不受步长影响。

```
to create – particles
    let n random – poisson ( rate * step – size )
    if n + count turtles > max – number – of – particles [
        set n max – number – of – particles – count turtles
    ]
    ask patch min – pxcor max – pycor      [          ；左上角地块
        sprout n [                                   ；产生 N 个 turtle 粒子
            set color blue                           ；粒子颜色
            set size 0.5 + random – float 0.5        ；粒子大小
            set mass 5 * size ^ 2                    ；粒子质量与大小的二次方成比例
            setxy min – pxcor max – pycor            ；粒子位置
            set velocity – x initial – velocity – x  ；粒子 X 速度
                        – random – float initial – range – x
                        + random – float initial – range – x
            set velocity – y initial – velocity – y   ；粒子 X 速度
        ]
    ]
end
```

2）计算力。计算并对施加在粒子上的所有力求和。首先，将力累加器清除以前计算的力。然后进行力计算。

```
to compute – forces
    ask turtles [
        set force – accumulator – x 0     ；清除 X 方向的力累加器
        set force – accumulator – y 0     ；清除 Y 方向的力累加器
        apply – gravity                   ；应用引力
        apply – wind                      ；应用风力
        apply – viscosity                 ；应用黏度力
    ]
end
```

3）应用引力。根据粒子的质量来缩放重力，这模拟了空气阻力的效果。

```
to apply – gravity
    set force – accumulator – y force – accumulator – y – gravity – constant  *  mass
end
```

4）应用风力

```
to apply – wind
    set force – accumulator – x force – accumulator – x  +  wind – constant – x
    set force – accumulator – y force – accumulator – y  +  wind – constant – y
end
```

5）应用黏度力

```
to apply – viscosity    ;; turtle procedure
    set force – accumulator – x force – accumulator – x – viscosity – constant  *  velocity – x
    set force – accumulator – y force – accumulator – y – viscosity – constant  *  velocity – y
end
```

6）计算粒子位置。在所有单独的力都计算出来之后，应用程序将所有的力加起来，并计算出粒子的最终速度。

计算粒子在每一步的位置，但如果粒子到达边缘则反弹。通过将速度乘以步长并将位移添加到当前粒子位置，计算出一个新的位置。步长表示施加力的一小段时间。

注意，在这个模型中粒子到达世界边界时死亡。

```
to apply – forces
    ask turtles  [
        set velocity – x velocity – x  +  ( force – accumulator – x  *  step – size )      ; 计算粒子的 X 新速度
        set velocity – y velocity – y  +  ( force – accumulator – y  *  step – size )      ; 计算粒子的 Y 新速度
        let step – x velocity – x  *  step – size              ; 计算粒子的 X 位移
        let step – y velocity – y  *  step – size              ; 计算粒子的 Y 位移
        let new – x xcor  +  step – x              ; 更新 X 位移
        let new – y ycor  +  step – y              ; 更新 Y 位移
        if patch – at step – x step – y  =  nobody [         ; 粒子是否超出屏幕
            if new – x  >  max – pxcor or new – x  <  min – pxcor or new – y  >  max – pycor
                [ die ]              ; 如果粒子碰到墙壁或天花板，它就会死亡
            set velocity – y ( – velocity – y  *  restitution – coefficient )
                ; 如果粒子接触到地板，用地板阻尼器反弹
            set step – y velocity – y   *  step – size
            set new – y ycor  +  step – y
        ]
    facexy new – x new – y
    setxy new – x new – y
    ]
end
```

一些原语解释：

1）set velocity – x velocity – x ＋（force – accumulator – x ＊ step – size）计算粒子的 X 新速度

2）let step – x velocity – x ＊ step – size 计算粒子的 X 位移

3）规则 if patch – at step – x step – y ＝ nobody［die］．．．。如果 turtle 没有超出屏幕界限，将位移添加到当前位置。

4）facexy new – x new – y 设置调用者的方向为朝向点（new – x，new – y）。

5）setxy x y 海龟将它的坐标设置为 X，Y。

6）tick – advance number 时钟计数器前进 step – size。

7）display 引起视图立刻更新。

8）世界边界：当一个粒子离开世界时，PATCH – AT 命令返回 NOBODY。因此，每次迭代，如果 PATCH – AT 不返回 NOBODY，粒子将继续它的轨迹。但是，如果粒子靠近左墙、右墙或天花板，而 PATCH – AT 命令返回下一个地块不存在（即 NOBODY），粒子"死亡"。

9）弹跳：为了从地板上弹起，粒子必须探测到它的下一个位置是否在世界之外。如果下一个位置的 patch 等于 NOBODY，并且粒子远离其他墙壁，那么粒子的速度 Y（velocity – y）乘以一个负常数（与恢复系数 RESTITUTION – COEFFICIENT 相关），使其垂直反弹。

4.4 扩散凝聚

1. 问题背景

扩散限制凝聚（DLA Simple）模型演示了扩散受限的聚集，其中粒子在随机运动（扩散）时粘在一起（聚集），形成美丽的树枝状分形分支结构。自然界中有许多模式与这个模型产生的模式相似：晶体、珊瑚、真菌、闪电等等。

在主模型中，新粒子被创建为现有粒子的聚合体。在这个模型中，粒子只在开始时产生。主模型的计算效率更高，但驱动这种现象的规则在该模型中更易于理解。

2. 模型界面

摆动角度（WIGGLE – ANGLE）滑块控制粒子所遵循的路径的摆动程度。如果摆动角 WIGGLE – ANGLE 为 0，它们沿直线运动。如果摆动角度 WIGGLE – ANGLE 是 360°，它们在每一步都是完全随机的（见图 4-3）。

图 4-3 扩散凝聚

粒子数（NUM – PARTICLES）滑块确定粒子的初始数量。

各参数的取值见表 4-3。

表 4-3 DLA 模型的参数

参数名	最小值	最大值	初始值
wiggle – angle	0	100	60
num – particles	0	5000	2500

3. 程序

（1）setup 函数

按 SETUP 使初始种子和 NUM – PARTICLES 粒子数粒子。

基于行为描述，定义 setup 函数如下：

```
to setup
  clear – all
  ask patch 0 0 [                        ;从世界中心的一片绿色"种子"开始
    set pcolor green
  ]
  create – turtles num – particles [     ;创建粒子
    set color red                        ;粒子大小
    set size 1.5                         ;粒子大小
    setxy random – xcor random – ycor    ;粒子位置
  ]
  reset – ticks
end
```

SETUP 使世界中心做初始种子，创建 NUM – PARTICLES 个粒子。

（2）go 函数

在这个模型中使用的规则是，如果一个粒子周围的 8 个地块中有一个是绿色的，那么它就会"粘住"。

```
to go
  ask turtles [
    right random wiggle – angle    ;随意向左右转动一个量
    left random wiggle – angle
    forward 1                      ;前进 1 步
    if any? neighbors with [pcolor = green] [  ;如果你碰到一块绿色的区域
      set pcolor green                         ;把你自己的土地变成绿色
      die                                      ;消亡
    ]
  ]
  tick
end
```

4.5　森林火灾

1. 问题背景

Fire 模型是 Netlogo 公共模型库中提供的一个公共 Netlogo 示例。这个项目模拟了森林大火的蔓延。它表明，大火到达森林右边缘的机会在很大程度上取决于树木的密度。这是一个复杂系统的共同特征的例子，存在一个非线性阈值或临界参数。

野火或森林火灾建模试图通过模拟再现火灾行为。准确的模型可以帮助消防员进行逼真的模拟，帮助进行火灾风险评估，并指导环境决策。野火模型已经在20世纪40年代被使用，今天的计算能力允许精确的模拟。

在该模型中，未燃烧的树木以绿色单元表示；燃烧的树木以Agent为代表。使用两种A-gent："fires" and "embers"（"火"和"余烬"）。当一棵树着火时，就会产生一只新的A-gent；火在下一个时刻变成灰烬。注意程序是如何逐渐加深余烬的颜色，以达到烧光的视觉效果。

大火从森林的左边开始，蔓延到附近的树木。

许多环境因素，尤其是天气和地形，影响着火灾的蔓延。这个模型假设没有风。所以，火必须沿着有树的路径前进。也就是说，火不能跳过一个没有树木的区域（地块），所以这样的地块会阻止火向那个方向移动。

大火从森林的左边开始，蔓延到附近的树木。在该模型中，未燃烧的树木以绿色单元表示。燃烧的树木以Agent为代表。

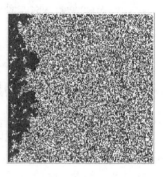

图4-4　森林火灾

使用两种Agent：fires（火）和embers（余烬）。当一棵树着火时，就会产生一只新的Agent。火在下一个时刻变成灰烬。注意程序是如何逐渐加深余烬的颜色，以达到烧光的视觉效果（见图4-4）。

2. 模型界面

密度滑块（density）：设置树木密度滑块。density的最小值为0，最大99，初始57。

3. 程序代码说明

（1）定义变量

```
globals [
    initial – trees          ；初始的树木数（green patches）
    burned – trees           ；到目前为止燃烧的树木
]
breed [fires fire]           ；品种 fires 鲜红色的海龟——火的前沿
breed [embers ember]         ；余烬海龟逐渐从红色变成接近黑色
```

（2）初始化

单击SETUP按钮，设置树和火。

首先，请注意我们有两种不同类型的智能体：红色和绿色。设置树（绿色）和火（左边的红色）。我们在地图上也有一些空白区域没有智能体，用黑色背景表示。当我们按下setup按钮时，数字滑块控制创建了多少智能体，默认值是57%。

```
to setup
    clear – all
```

```
set – default – shape turtles " square"
ask patches with [ (random – float 100) < density] [
    set pcolor green        ; 生成绿树
]
ask patches with [pxcor = min – pxcor] [
    ignite                  ; 让树从左面开始燃烧
]
set initial – trees count patches with [pcolor = green]    ; 设置树个数
set burned – trees 0        ; 设置燃烧的树个数
reset – ticks
end
```

一些原语解释：

1）clear – all 初始化模拟为空：删除所有现有海龟；所有全局变量都设为零；清除所有单元、绘图和输出。

2）set – default – shape turtles " square" 设置 turtles 的形状为方形。

3）with [(random – float 100) < density] 为条件，当生成的随机数小于 patche 的密度时，在此处生成一些绿色的树。

4）with [pxcor = min – pxcor] 为条件，当 patche 的 pxcor 等于 min – pxcor 时，开始执行燃烧子函数（ignite）。

创建 ignite 子函数：

```
to ignite       ; patch procedure
  sprout – fires 1 [
  set color red
  ]
  set pcolor black
  set burned – trees burned – trees + 1
end
```

一些原语解释：

1）sprout – <breeds> number [commands] 在当前单元上创建多个给定品种的新海龟。新海龟的标题是随机整数，颜色是从 14 种原色中随机选择的。海龟们立即发出指令。这对于给新海龟不同的颜色、标题或其他东西很有用（新的海龟被同时创造出来，然后按随机顺序一次运行一只）。

2）set pcolor black 将此处的颜色设置为黑色，表示已经燃烧，然后设置燃烧的树木数量（burned – trees）加 1。

（3）go 函数

单击 GO 按钮开始模拟。可以看到右图中大火从森林的左边开始，向右蔓延。

```
to go
  if not any? turtles [        ; 判断是否有火或者余烬
```

```
      stop                          ; 没有火或者余烬停止程序。
    ]
    ask fires    [                  ; 请求每个 fires 个体
      ask neighbors4 with [pcolor = green]    ; fires 个体的 4 个邻居是树木
          [ignite]                  ; 燃烧
        set breed embers
      ]
    fade - embers
    tick
  end
```

一些原语解释:

1) if not any? turtles 确定模拟中是否有火或者余烬,如果没有,停止模拟。

2) ask neighbors4 with [pcolor = green] [ignite] 要求每个 fires 的 4 个邻居执行燃烧函数 (ignite)。neighbors4 返回由 4 个相邻地块 (相邻单元) 组成的个体集合。

3) set breed embers 燃烧后此处变成灰烬 (ember)。

4) fade - embers 是褪色 (fade - embers) 函数。由于这些函数都是由 fire 调用的,所以它是 fire (Agent) 函数。

褪色余烬:

```
to fade - embers
  ask embers [
    set color color - 0.3        ; 使余烬红色变深行为
      if color < red - 3.5    [   ; 判断是否黑色的行为规则
        set pcolor color
          die
      ]
    ]
  end
```

一些原语解释:

1) set color color - 0.3 要求灰烬 (ember) 的执行红色变深。

2) if color < red - 3.5 是判断灰烬 (Agent) 是否黑色的规则,若真,设置此处背景为灰烬 (ember) 颜色。然后死亡。

现在回到界面窗口,单击 go 按钮,看看会发生什么。如果所有的输入都正确,你应该能够看到海龟的运动 (尽管很难看到新海龟的加入或其他海龟的死亡)。因为我们很难注意到海龟数量的变化,所以我们使用图表和监视框来提供这些信息的图形显示。

4.6 习题

1. 对于分形树模型,回答下列问题:

1）使用 Netlogo 命令创建自己的分形，使其看起来像树木。然后改变初始颜色和颜色增量值，使分形看起来更有趣。

2）扩展分形树模型，尝试添加开关或滑块，比如 max – increment – random – length、min – increment – random – degree、random – length，这些开关或滑块会对海龟的运动产生随机因素。使用这些加上 Netlogo 原语"随机"将增加分形的真实感。这在绘制真实的树时特别有用，因为树枝在树上的间隔不是均匀的，也不是所有的树枝都以相同的角度从树干上伸出来的。

3）拿一本关于分形的书，或者在网上搜索，找到有趣的分形，并尝试创建它们。也尝试找到不同类型的分形，如 L – System 分形。

4）试着从不止一只海龟开始，在不同的位置或方向，看看这会如何影响你做出的分形。它是毁了它们还是让它们更有趣更复杂？

5）试着做一个逼真的森林。这是否需要与生成真实树木截然不同的命令？

2. 对于粒子瀑布模型，回答下列问题：

1）移动滑块和开关，查看你从每个力得到的行为。例如：通过移动所有的滑块，除了 GRAVITY – CONSTANT 到一个中立的位置，你可以看到重力如何作用于粒子。在你了解了各个力的作用方式（初始速度、黏度、风和恢复系数）之后，将它们组合起来，看看它们是如何共同作用的。

2）移动滑块，使模型看起来最像真正的瀑布。

3）将粒子隐藏起来，然后在创建粒子的过程中放下笔，查看粒子随时间累积的轨迹。

4）当粒子弹起时，改变它们的颜色。

5）改变粒子源的位置。

6）试着让粒子从左右壁上弹回来，这样水就会积聚起来。

7）加上一个斥力，这样粒子就不会重叠，水位就会上升。

8）改变模型，使它看起来像另一种物理现象。

3. 对于扩散凝聚模型，回答下列问题：

1）注意，生成的结构具有分支结构，就像树一样。为什么会这样？

2）这些形状让你想起了世界上其他什么现象？这种聚合过程是这些现象发生的可信模型吗？

3）尝试不同的设置，看看海龟在随机行走时的转身幅度（摆动角度 WIGGLE – ANGLE 滑块），对最终聚合体的外观有什么影响？为什么？

4）粒子是多是少有区别吗？为什么？

5）在这个模型中使用的规则是，如果一个粒子周围的 8 个地块中有一个是绿色的，那么它就会"粘住"。如果使用不同的规则（例如：只提前测试单个地块，或者使用"neighbors4"而不是"neighbors"），结果结构会是什么样子？

6）你能计算出聚集的分形维数吗？

7）如果不是使用绿色，而是随着时间的推移逐渐改变沉积颗粒的颜色，你可以更生动地看到"层"随时间的累积（效果也很赏心悦目）。

8）如果 Agent 是不可见的，模型将运行得更快，所以你可能想要添加一个隐藏它们的开关（使用 HT 命令）。

4. 对于森林火灾模型，回答下列问题：

1）当你运行这个模型时，森林燃烧了多少。如果你在相同的设置下再次运行它，同样的树会燃烧吗？类似的燃烧运行如何？

2）每只代表一团火的 Agent 出生后都一动不动地死去。如果火是由 Agent 组成的，但是没有 Agent 在动，那么火在动是什么意思呢？这是一个系统中不同层次的例子：在单个 Agent 的层次上，没有运动，但在 Agent 整体的层次上，随着时间的推移，火在移动。

3）将树的密度设置为55%，在这种情况下，大火几乎不可能到达森林的右边缘。将树的密度设置为70%，在这种情况下，几乎可以肯定火会烧到右边的边缘。在59%左右有一个明显的转变，在59%的密度下，火有50%的机会到达正确的边缘。请思考这个问题。火灾是在森林较密集的地方更容易蔓延，还是在森林较稀疏的地方更容易蔓延？

4）尝试改变网格的大小（"max－pxcor"和"max－pycor"在模型设置中）。它会改变火灾的燃烧行为吗？

5）如果大火可以向8个方向蔓延（包括对角线）会怎样？要做到这一点，使用 neighbors 而不是 neighbors4。这将如何改变火焰到达正确边缘的机会？在这个模型中，火的传播需要树木的"critical density"是多少？

6）事实上，这种模拟过于简化了。在真实的森林火灾情况中，还会涉及哪些其他因素？一个好的模拟应该包括哪些其他参数？

一个更好的火包括以下参数：

森林的密度、风控制、森林面积、雷击位置（改变火灾的起始位置）等。

试着使用这些参数建立新的模型。

5. L 系统是一种分形图形生成的方法，其主要原理是设定基本简单的绘图规则，然后让计算机根据这些规则进行反复迭代，就可以生成各种各样的图形来。

通过 L 系统的分形，更改模型库 L 系统模型规则，模拟一个自然界的图形。

参 考 文 献

[1] KITANO H. Computational systems biology [J]. Nature, 2002, 420 (6912)：206－210.

[2] KITANO H. Systems Biology：A Brief Overview [J]. Science, 2002, 295 (5560)：1662－1664.

[3] BIANCA C. Immune system modelling by top－down and bottom－up approaches [J]. International Mathematical Forum, 2012, 7 (1－4)：109－128.

[4] NIKOLAI C, MADEY G. Tools of the Trade：A Survey of Various Agent Based Modeling Platforms [J]. Journal of Artificial Societies & Social Simulation, 2009, 12 (2)：253－62.

[5] SKLAR E. Software Review：NetLogo, a Multi－agent Simulation Environment [J]. Artificial Life, 2007, 13 (3)：303－311.

[6] GRIMM V, BERGER U, DEANGELIS D L, et al. The ODD protocol：A review and first update [J]. Eco-

logical Modelling, 2010, 221 (23): 2760 – 2768.

[7] PALMER T N. Quantum Reality, Complex Numbers and the Meteorological Butterfly Effect [J]. Bulletin of the American Meteorological Society, 2004, 86 (4): 519 – 530.

[8] BAETEN J. A brief history of process algebra [J]. Theoretical Computer Science, 2005, 335 (2 – 3): 131 – 146.

[9] DAS A K, CHAUDHURI P P. Vector Space Theoretic Analysis of Additive Cellular Automata and its Application for Pseudoexhaustive Test Pattern Generation [J]. IEEE Transactions on Computers, 1993, 42 (3): 340 – 352.

[10] DAS A K, SANYAL A, PALCHAUDHURI P. On characterization of cellular automata with matrix algebra [J]. Information Sciences, 1992, 61 (3): 251 – 277.

第 5 章

Chapter 5

智 能 城 市

建设智慧城市的目的是为了使城市设施更加智能、服务更加便捷、管理更加精细，有效提高城市化发展质量和水平。建设过程中，通过人工智能、物联网、云计算、大数据等新一代信息技术创新应用已经成为主流。在这个庞大的产业链上，又有着"智慧城市、未来城市、城市计算、智能城市"等名词和称谓，而我们实现的是人工智能的智慧城市。在智能城市建设中，计算机模拟是一个强大的工具。在此基础上，认识城市的办法就是给城市赋能。在智慧城市，许多不同的原则交汇起来，共同运作，推进智能城市（Intelligent City, ICity）的发展。

本章在介绍了智能城市后，讨论了城市与管理中的盖亚假说、城市污染、城市蔓延和气候变化等案例模型。

5.1 智慧城市与智能城市

1. 城市化发展面临的挑战

城市是当今经济的主要引擎，它们创造了巨大的财富，并且在许多领域发挥了卓越的作用。人口的快速增长给城市服务和基础设施带来了新的挑战，但与此同时，城市仍然是世界上最好的寻找解决方案的实验室，并在此过程中创造着新的经济机会和社会福利。数字智能为城市提供了一套新的工具，利用更少的资源做更多、更有效率的事情。智慧城市的出现将带来丰富的经济机会和社会效益，同时减轻城市化所面临的挑战和问题，这些挑战包括：

（1）人口

截至 2016 年，我国城市人口已达到 7.33 亿，超过了总人口数的 50%，其中全世界十大千万级以上人口的城市，我国就占据了七席，庞大的人口，如何和谐共生在一个城市群中，他们的就业、娱乐、生活等方面的基础需要如何得到有效满足，都是带给城市管理的一个巨大挑战。

（2）交通

城市生产率高度依赖于其交通系统的效率，以便在多个来源和目的地之间转移劳动力、

112

消费者和货物。另外，港口、机场和铁路等交通枢纽位于城市地区，造成了一系列特定问题，比如交通拥堵、货运分配及环境影响等等。

大城市高峰期的交通状况令人苦不堪言，北上广平均通勤距离在15km以上，北京的平均上班时间更是达到了53min之长。

（3）城市废弃物

我国城市废弃物快速增长，数量已经位居世界前列，人民日报曾报道北京的日产垃圾1.84万t，如果用装载量为2.5t的卡车来运输，长度接近50km，能够排满三环路一圈。上海每天生活垃圾清运量高达2万t，而这还只是增量，中国城市生活垃圾堆存量已经超过80亿t。更加要命的是，垃圾处理技术缺乏，我国近70%的垃圾的处理方式是填埋，全国城市垃圾堆存累计侵占土地超过5亿m^3，每年经济损失高达300亿元。

（4）环境

基于现有科学证据的预测表明，在未来几十年，气候变化可能使数亿城市居民越来越容易遭到洪水、山体滑坡、极端天气和其他自然灾害的影响。越来越多的贫困和边缘化的人受到尤为严重的影响，然而他们却拥有最小的能力以致无法抵御这些影响并保护自己。如果不适当地规划、设计和投资于可持续化城市的发展，越来越多的人将面临前所未有的负面影响，从生活质量下降、经济增长减缓到社会不稳定性增加。

城市空气污染成为城市居民健康的头号威胁。据WHO统计，全球空气污染指数从2008年到2013年已经提高了8%，全球只有12%的人口生活在空气质量符合世界卫生组织健康标准的城市。据耶鲁大学统计，中国的空气质量排名位居全球倒数第二，绝大部分地区PM2.5值超标。绿色GDP也被纳入了各级政府的考核标准。

（5）健康

据世界卫生组织统计，全球每年约有120万人死于城市空气污染，主要原因是心血管和呼吸系统疾病。城市空气污染的主要原因是由机动车引起，然而工业污染、发电和不发达国家的家庭燃料燃烧也是主要的贡献者。结核病的发病率在大城市要高得多。在纽约市，结核病发病率是全美国平均水平的4倍。在刚果民主共和国，83%的结核病患者居住在城市。

城市环境和生活方式常常会阻碍人们运动，促进不健康食物的消费。各种城市因素使得参加体育活动变得困难，包括过度拥挤，大量使用机动交通，空气质量差以及缺乏安全的公共空间和体育设施，这些都直接影响着人们的健康。

（6）公共资源

十九大报告里明确提出，我国社会主要矛盾已经转化为人民日益增长的美好生活需要和不平衡不充分的发展之间的矛盾。

大城市中不平衡的公共资源分配已经造成了公众在教育、医疗、服务、出行等方面的极大的不满意感。如何借助信息化平台，让公共资源能够更快捷、公平地分配到每一个普通居民手中，对城市治理也同样是一个巨大的挑战。

2. 搭建智慧城市

我国在快速城市化发展的过程中，由于城市人口的急剧增长和城市的蔓延式发展，改变了城市区域的土地利用结构和下垫面特性，使得原有的自然植被或裸露土地被各式各样的建筑物以及大量的沥青、水泥马路所代替，人们的生产和生活改变了城市大气的热力和动力状况，进而城市生产、建筑物、气候和环境间的矛盾也日趋凸现。城市工业排放的大量烟尘、气溶胶、颗粒物以及城市道路上汽车尾气和工地扬尘等对于城市的气温、湿度、能见度、风和降水都有影响，带来了一系列的城市问题，产生了"城市热岛"、"城市干岛"、"城市混沌岛"、"城市洪峰"等城市特有的现象，反过来又极大地影响着人们的生产和生活。如何积极应对气候变化，治理环境污染和改善城市形态，从而创造舒适和谐的人居环境，是摆在城市建设和管理者面前的重大课题。

（1）智慧城市的定义

智慧城市就是运用先进的信息感知、通信、网络、数据处理等技术手段将城市生态系统中的基础设施、资源环境、市政管理、经济产业和社会民生等系统的核心信息进行感知、传输、处理、分析和共享，最终实现反馈控制。

从狭义上说，智慧城市是充分利用新一代信息技术改造城市相关领域，方便市民生活；从广义上说智慧城市以新一代信息技术为工具，整合城市各种资源，激发创新，优化城市管理，优化经济结构，优化公共服务，实现城市的可持续发展。

（2）"智慧城市"的 5 大特征

1）提升市民生活品质。"智慧城市"应该构建起智慧的民生服务体系，实现医疗健康、就业、公共安全、教育等智慧民生服务信息的数据开放、共享与融合，通过信息技术的有效运用，给予市民公平、平等使用公共资源的机会。

2）提升城市治理效率。"智慧城市"应该更好地发挥信息数据在城市管理中的作用，利用信息化技术推动城市治理体系的现代化，构建统一的城市数据平台。

3）发展绿色经济。"智慧城市"应该帮助构建可持续的绿色生态发展体系，实现环境保护、能源管理等领域与经济的协调发展。

4）数据开放与融合。"智慧城市"应该构建政务信息数据资源共享平台，打破教育、交通、经济等各个领域的数据障碍，实现数据互联互通。

5）确保网络安全。近年来数据泄露、僵尸物联网、芯片 BUG 等信息网络安全事件频发。"智慧城市"有必要在网络互联的过程中，利用新一代技术保证信息与数据传递的安全。

3. 智能城市

（1）数理建模型城市

早在 20 世纪 60 年代，美国一些高校就提出用数字技术帮助城市发展的概念。虽然当时还没有明确的城市＋智能命题，但其通过数理方式给城市建模，分析城市的交通、人口、建筑与资源的未来走向，可以看作是"智能城市"的先驱。

当时芝加哥等一批城市采用了这类方案。但很快人们发现，计算出来的城市数据千奇百怪，与实际根本不符。毕竟计算技术不达标的前提下，城市模型还停留在十分粗糙的阶段，很快这种想法就退出了历史舞台。

这时的城市智能还处在概念与设想阶段，但用数据＋运算的方式带给城市智能，已经为几十年后的爆炸式发展奠定了基础。

（2）数据可视型城市

2008 年，IBM 提出了著名的智慧星球计划。IBM 的方案强调，城市基础建设不应该离开数据建设，通过数据来重新认识城市，能够避免管理混乱和资源浪费，从而帮助城市良性发展。在全球经济危机背景下，强调绿色与高效的智慧星球计划快速升温。2009 年，美国迪比克开始了世界上第一个智慧城市建设，将城市交通、水电、建筑等数据进行收集和整理。此后，IBM 在巴西、加拿大等国家先后推出了类似项目。IBM 的老对手微软也推出了类似的计划，命名为"城市计算"。

这种收集城市数据进行存档和可视化的技术，确实能够解决不少问题。比如提供决策依据，寻找城市发展规律等。但这种方案也存在问题：收集到的数据绝大部分没有实际用处，仅仅是"因为要数据，所以有数据"。毕竟一个城市每天真正生产的数据，用人工去读取一遍都不可能，更不用说用人力来计算处理了。耗资巨大的智慧城市，也仅仅是帮助了决策者更好制定"想法"。换言之，城市居民真正能感受到的改变十分有限。

这种城市智慧，属于"了解城市"，却无法"改变城市"的特定技术时期产物。

（3）场景应用型城市

为什么很多城市的"智慧"缺乏应用价值？原因在于智能设备没有办法对收集来的数据进行自动反馈和处理。于是城市这个庞然大物就只有感知，没有动作。

人工智能技术带来的机器视觉、多模态传感技术以及通过算法进行反馈计算，正在让情况有所好转。比如说路况的红绿灯和摄像头，假如只是让摄像头拍照和监控，那么城市本身的体验并不会提高。但如果摄像头记录的数据回传给系统，系统可以依据车流量主动调节红绿灯时间长短，那么城市交通效率显然就会提高。这种依据数据主动进行城市调节的技术，正在让城市智能从重数据向重应用方向改变。

今天能看到很多这类案例开始在一些城市里出现。比如阿里云计算有限公司在广州的互联网信号灯项目，以及滴滴出行进行的"人工智能＋交通"计划，就是在交通场景中通过人工智能感知和计算能力，来提高交通效率。再比如百度、阿里巴巴、腾讯纷纷布局的智慧机场项目，是根据对机场进出航班的数据监控，来智能调节停机坪和跑道使用情况，从而提高机场运作效率，提高乘客体验。类似的场景在城市中还有很多，但场景应用型的城市智能方案只能聚焦小的场景，解决局部问题。

城市毕竟是一个整体，规避城市的大流量和复杂结构来谈城市智能，只能是一种权宜之计。场景应用性技术难以满足城市发展长期需要，也难以从宏观上进行城市智能自动化。

4."城市智能体"是城市真正的智慧所在

"城市智能体"定义为城市赋能，给予城市自我学习的能力，智能城市要将物理世界与数字世界一一对应，相互映射，协同交互。实现城市全要素数字化、城市状态实时可视化、城市管理决策协同化和智能化，同时驱动城市管理和服务智能化升级。

（1）"城市"＋"智能"＋"体"是城市的新内涵

"城市智能体"围绕城市主体，即市民、企业、管理者的业务需求与城市场景，通过云计算、大数据、人工智能等信息化技术赋能城市场景，构建一体化统筹规划、跨域协同的物理世界与数字世界的融合体。

"城市"＋"智能"＋"体"结合成城市智能体，这是城市发展的必然，将云计算、大数据、人工智能等技术用到城市建设和运营中，赋予城市新内涵是城市智能体的最核心理念。

"城市"作为城市要素，包括城市基础设施，城市"人"的业务需求以及政务、公共安全、环保等城市业务场景。

"智能"指技术手段，即围绕城市活动主体业务场景需求，通过信息化技术对物理城市进行精准映射，建设统一的数字底座，包括信息化基础设施和智能平台，实现城市万物互联和数据融合，并在此基础上将人工智能与城市场景进行深度融合，驱动城市管理和服务智能化升级。

"体"是物理世界与数字世界的一体化融合，即统筹城市物理世界与数字世界的规划，从而实现城市内部跨域协同和跨城市的城市群协同。

华为认为智慧城市只有大脑是不够的，要通过智慧大脑、智能边缘平台和无处不在的端侧感知，将物理城市的大数据综合分析、回传。将复杂的物理海量信息与行业智慧，经过智能体的计算分析反馈作用于物理城市，实现真正的城市智能化。

（2）全面升级赋予城市自我学习的能力

例如：交通智能体、政务服务智能体、公共安全智能体、城市生命线智能体、工业制造智能体等都是华为云＋人工智能的项目。借助不同类型的城市智能体，让城市运行更智能，城市管理更高效，企业与市民获取服务更便捷，城市业务协同更顺畅。

吴志强院士指出：智能规划，城市未来——城市必须智慧起来。

第一个是感知。城市要知冷暖。第二是判断。智能城市要知道判断好坏。第三要快速地自我反应。第四要自我学习，然后变成聪明的城市。

从复杂系统角度看，感知，包括城市的主动感知、数据上报、数据挖掘；判断，包括数据分析、预测模拟、评测工具；反应，包括政府决策、企业决策、治理决策；学习，包括模型改善、流程改善。经验的一次次提升，就变成一个持续进化的、聪明的城市。

5. 基于智能体建模模拟城市

（1）智慧城市游戏化

1989 年，当《模拟城市》刚刚发布的时候，人们把它当作一个古怪的游戏，因为它没有结局，也没有什么特定目标。不过，凭借精彩的细节、易上手性及高度的互动性，这款游戏赢得全球无数玩家的喜爱。《模拟城市》的创造者 Will Wright 曾说，他从未想过这款游戏能够如此受欢迎，影响力远超出建筑师和城市规划者的范围。

如今，新一代的建筑师和城市规划专家正在把《模拟城市》的理念贯彻到智慧城市设计之中。这种做法被称作是"游戏化"。澳洲的一项实验证明，游戏化能够有效改变人们的行为。澳大利亚新南威尔士大学建筑和设计学院的 Matthias Haeusler 教授说："在智慧城市的规划上，肯定会有许多游戏化的成分。特别是在建设之前，你想要模拟一些可能发生的事情。"。

（2）大规模城市模拟实验

城市模拟实验的必要性在于解决城市发展中的问题，即如何确保城市规划能满足未来需求，包括城市自身发展，生态空间的供给，智能系统，人口和行业预测等方面。

城市生态系统是一个高度复杂的社会、经济、自然复合生态系统，由社会子系统、经济子系统和自然子系统复合而成。其结构和功能特征不但与自然因素的影响有关，而且与社会经济发展和人为活动密切相关。

在实施让城市变得更智慧的举措之前，先把它放在虚拟世界中实验，这其实是城市管理者减少干扰的一种方法。背后支持这种理念的，是城市模拟公司 Simudyne。该公司对地震应急规划、医院撤离等城市问题，进行精细的电脑化模拟。这就像电脑游戏《模拟城市》，模拟真实的世界。

本章从下一节开始讨论了盖亚假说、城市污染、城市蔓延、气候变化4个模型，通过4个实际应用案例，对人工智能辅助城市规划的系统智能进行了模拟。

5.2 城市污染

1. 问题背景

（1）城市环境的物联网监测

智慧城市建设是一项庞大而复杂的工程，由于不同城市信息化发展基础不同、城市发展侧重点不同、城市所处的地理环境不同以及城市文化的不同，智慧城市建设的规划呈现出各具特色的形式。但无论何种特色，在规划中关注城市环境气候的影响是必要的，也是必需的。

一般城市监测空气，进行空气采样的空气质量监测站（AQM）一般只会分布在城市中的几个点位。随后，数据汇总形成整个城市的空气质量指数（AQI）。由于监测站的数据有限，因此收集到的数据非常有限，所以想要了解城市各个街区的详细情况就很难了。然而，智慧城市物联网（IoT）技术和电化学传感器的新系统，却可以改变空气污染的监测方式。大量的更易安装的传感器组成网络，收集和发送大量空气数据。利用这些数据，城市可以绘制高污染区域，跟踪一段时间内的变化，识别污染源，并提出干预措施。

应用物联网监测空气质量，目前已经尝试投入使用的有两大类：使用移动传感器，或将传感器安装在现有基础设施中。

（2）城市污染模型

该模型研究的是捕食者—被捕食者生态系统的脆弱平衡。人口、景观要素和空气污染物在封闭环境中争夺资源。使用这个模型，人们可以探索种群随着时间的推移的行为，因为它们动态地相互作用：捕食者（污染）和猎物（人）可以在多代之间进行比较，因为它们的种群显示出有规律或不规则的繁殖成功。

种群规模的定期振荡（周期）表明生态系统的平衡和稳定，在生态系统中，尽管有波动，但种群会随着时间保持自己。相反，不规则的振荡表明不稳定导致两个相互依赖的种群的潜在灭绝。该模型建立了一个负反馈回路：捕食者（污染）抑制猎物（人）的密度，猎物（人）刺激捕食者（污染）的密度。

（3）模型工作原理

发电厂制造污染，污染扩散到环境中。接触这种污染的人的健康受到不利影响，减少了他们的生育机会。那些能生育的人将以一定的出生率生下健康的孩子。人们也可以采取一些行动来缓解污染问题，这在这个模型中通过植树来体现。树木的存在有助于抑制污染。

即使没有污染，人们的健康也会随着时间的推移而自然退化，最终会自然死亡。为了让人类群体能够忍受，人类以一定的速度被克隆（参见出生率滑块）。如果控制污染物的水平，使人口和景观因素都不超过环境，就能实现稳定的生态系统。与所有基于代理的建模一样，规则定义每个种群中每个代理的行为。

2. 模型界面

在这个模型中，有 5 个滑块作为模型的参数控制，可以影响模型的趋势。

初始种群（INITIAL – POPULATION）控制在模型运行开始时创建的人员数量。

出生率（BIRTH – RATE）控制着每个人生育后代的机会。最初的 0.10 意味着，如果他们足够健康，他们每年有 10% 的机会生孩子。人们必须有 4 个或更多的健康点数才能生育，他们每年会失去 0.1 个点数。这意味着它们最多有 10 年的繁殖时间，如果受到污染的伤害就更少了。默认设置非常接近"更替率"，这意味着平均每个人有一个子女。

种植速率（PLANTING – RATE）控制着一个人每年种植一棵树的变化。默认设置为 0.05，意味着他们有 5% 的机会。树木能活 50 年，但从不再生。从这个意义上说，它们并不是真正的树木，而是任何污染治理机制的代表。

发电厂（POWER – PLANTS）控制在模型开始时创建多少发电厂。

污染率（POLLUTING – RATE）是指各发电厂在一年内所产生的污染，这种污染随后扩散到周围地区，如图 5-1 所示。

世界状态（WORLD STATUS）图显示了随着模型的运行，有多少树，有多少人，有多少污染，如图 5-2 所示。

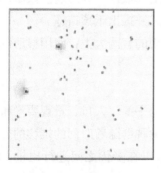

图 5-1　污染率模型

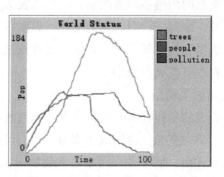

图 5-2　世界状态

3. 程序代码说明

（1）定义变量

breed［people person］　　　；居民

breed［trees tree］　　　　；树木

turtles – own［health］　　　；健康

patches – own［

　Pollution　　　　　　；污染

　is – power – plant?　　　；是否发电厂

］

各参数的取值见表5-1。

表 5-1　城市污染模型的参数

参数名	最小值	最大值	初始值
initial – population	0	100	30
birth – rate	0	0.2	0.1
planting – rate	0	0.1	0.05
power – plants	0	20	2
polluting – rate	0	5	3

（2）初始化

SETUP 函数初始地块及其属性。

```
to setup
  clear – all
  set – default – shape people " person"
  set – default – shape trees " tree"
  ask patches［      ；初始地块 pollution 和 is – power – plant? 属性
    set pollution 0
    set is – power – plant? false
  ］
  create – power – plants            ；创建发电厂
  ask patches［pollute］             ；地块污染
  create – people initial – population［
    set color black
    setxy random – pxcor random – pycor
    set health 5
  ］
  reset – ticks
end
```

setup 函数主要行为如下：

1）创建发电厂

```
to create - power - plants
    ask n - of power - plants patches [
        set is - power - plant? true
    ]
end
```

2）地块污染。如果是发电厂，设置污染值并根据污染值绘制颜色。

发电厂是具有很高的固定污染值，由污染率滑块（POLLUTING - RATE）决定的网格单元。

所有网格单元都有一定的污染值，虽然可能为0。污染在整个网格中扩散，因此每个网格与其相邻的单元共享部分污染值。由于发电厂的污染是固定在一个很高的量，这就产生了污染从发电厂散发出来的影响。

```
to pollute
    if is - power - plant? [
        set pcolor red
        set pollution polluting - rate
    ]
    set pcolor scale - color red (pollution - .1) 5 0
end
```

（3）定义运行函数

运行模型，包括漫步、繁殖、植树、遭受污染、病死等函数。注意：当世界上没有人的时候，模型会自动停止。

```
to go
    if not any? people [stop]
    ask people [
        wander              ; 漫步
        Reproduce           ; 繁殖
        maybe - plant       ; 植树
        eat - pollution     ; 吃污染
        maybe - die         ; 病死
    ]
    diffuse pollution 0. 8
    ask patches [pollute]
    ask trees [
        Cleanup             ; 清除
        maybe - die         ; 病死
    ]
    tick
end
```

1）漫步。模型的每一个时间步（tick），居民代理随机移动到相邻的单元格。

```
to wander
  rt random – float 50
  lt random – float 50
  fd 1
  set health health – 0.1        每前行一步，健康值 – 0.1
end
```

2）繁殖。如果他们足够健康，有可能会繁殖（克隆）。

```
to reproduce
  if health > 4 and random – float 1 < birth – rate [
    hatch – people 1 [
      set health 5
    ]
  ]
end
```

3）植树。在某种程度上，他们可能会种树。

```
to maybe – plant
  if random – float 1 < planting – rate [
    hatch – trees 1 [
      set health 5
      set color green
    ]
  ]
end
```

4）遭受污染

```
to eat – pollution    ;; person procedure
  if pollution > 0.5 [
    set health (health – (pollution / 10))
  ]
end
```

5）病死。如果他们的健康下降到0，他们就会死亡。

```
to maybe – die
  if health < = 0 [die]
end
```

6）清除。树木可以清除它们所种植的地块和邻近地块中的污染。因此，它们通过散发低污染值来阻止污染的扩散。树木的寿命是固定的，不能繁殖。

```
to cleanup
  set pcolor green + 3
  set pollution max (list 0 (pollution – 1))
  ask neighbors [
```

```
        set pollution max (list 0 (pollution − . 5 ) )
    ]
    set health health − 0. 1
end
```

5.3 城市蔓延

1. 问题背景

（1）城市蔓延

城市蔓延（Urban Sprawl）是指城市化地区失控扩展与蔓延的现象，它使原来主要集中在中心区的城市活动扩散到城市外围，城市形态呈现出分散、低密度、区域功能单一和依赖汽车交通的特点。城市蔓延导致对生态与人文环境造成不可挽回的破坏，降低公共服务设施利用水平，造成社会阶层进一步分化，加剧城市中心区衰败，城市空间呈现出"星云状"的无序城市形态。

我国在快速城市化发展的过程中，由于城市人口的急剧增长和城市的蔓延式发展，改变了城市区域的土地利用结构和下垫面特性，使得原有的自然植被或裸露土地被各式各样的建筑物以及大量的沥青、水泥马路所代替，人们的生产和生活改变了城市大气的热力和动力状况，进而城市生产、建筑物、气候和环境间的矛盾也日趋凸现。

（2）城市蔓延模型

这个模型展示了城市增长的一个简化版本，以及它是如何导致城市扩张的，以及与之相关的问题（例如：跨越式发展）。由于环境变化和主体之间相互作用的规则非常简单，因此该模型的优势不在于试图对城市发展进行详细的现实建模，而在于更多地证明，某些行为模式和土地使用可以在不需要过于复杂规则的情况下出现。

（3）模型工作原理

在模型的一开始，建立了吸引力的地形图（较亮的网格正方形更具吸引力，较暗的网格正方形吸引力较小）。所有的开发都是从人口密集的中心（如城市）开始的。

模型中的 Agent 大致代表居住人口。这个 Agent 可能在两种状态之一——"探索者"或"房子"。

在"搜索者"状态下，代理程序对其正前方的网格正方形和当前航向左右指定角度（SEEKER − SEARCH − ANGLE）的网格正方形进行采样。如果它发现右边的地块是最佳选择，它就会随机向右转一个量。如果左边的地块是最好的选择，它将随机地向左移动一定数量。否则它会继续直线运动。这是一个近似的效果，随着梯度向更高的吸引力，虽然有一个重要的随机因素，因为最多 3 个地块被测试，探索者不直接转向地块。每走一步（tick），探索者就移动一个方格宽度的一半。

每次 tick，探索者也会决定是否在当前的格网方块上定居（成为"房子"）。在 0 和 patch 的引力值之间选择一个随机数。如果选择的随机数大于地块最大吸引值的一半，那么探索者就会停下来。每次 tick，探索者就会稍微增加当前已经结束的网格方块的吸引力值。根据正反馈原则，假设活动或增长领域变得更具吸引力。

房子代理做得很少。事实上，它们只是停留在它们所选定的正方形上，其 tick 数由寻找之间的等待值指定。当他们坐在那里的时候，他们慢慢地增加了他们所坐的广场的吸引力。

还有一条规则——土地的吸引力价值不会永远增加。相反，在一块特定的土地上进行过多的活动会降低它的吸引力。因此，当一个网格正方形的吸引力达到最大吸引力的阈值时，它被重置为没有吸引力。诚然，这种吸引力的突然变化并不十分现实，但认为不断被重新占用的土地的吸引力会随着时间而下降的观点并非没有道理。此外，该模型可以扩展到使用更复杂的数学函数来解释这种退化（见图 5-3）。

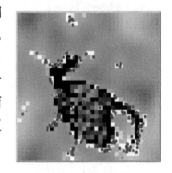

图 5-3　城市蔓延

2. 模型界面

在这个模型中，有 6 个滑块作为模型的参数控制，可以影响模型的趋势。

平滑度（smoothness）滑块决定了这个吸引力景观的平滑程度——将其设置为 1 允许非常粗糙的景观，从一个广场到另一个广场的吸引力会发生剧烈的变化，而将其设置为 20 则导致初始景观非常平滑，吸引力只会发生非常缓慢的变化。

最大吸引力（max-attraction）滑块。初始吸引力景观也受到最大吸引力滑块的影响，因为吸引力值是从 0 到最大吸引力之间随机分配的。

种群（population）滑块控制有多少 Agent。在模型运行过程中，这个数字将保持不变（尽管探索者代理将转换为房屋代理，反之亦然）。

探索者 - 角度（SEEKER-SEARCH-ANGLE）滑块决定了搜索者在比较附近网格正方形的吸引力并决定转向哪个方向时，所看到的每一边的角度。最大转弯量也由这个滑块控制。

探索者 - 耐心（SEEKER-PATIENCE）滑块控制着搜寻者在放弃并定居之前寻找高吸引力方块的时间。

徘徊（WAIT-BETWEEN-SEEKING）滑块在搜寻者再次成为搜寻者之前，控制搜寻者在他们定居的地方停留的时间。

城市蔓延模型参数取值见表 5-2。

表 5-2　城市蔓延模型的参数

参数名	最小值	最大值	初始值
smoothness	1	20	15
max - attraction	0	30	15
population	1	750	200
seeker - search - angle	1	360	84
seeker - patience	0	120	60
wait - between - seeking	5	60	15

3. 程序代码说明

（1）定义变量

globals［build – threshold］   ; 建立房子（定居）阈值

patches – own［attraction］   ; 吸引力

breed［houses house］   ; 房子 Agent

breed［seekers seeker］   ; 搜索者 Agent

houses – own［stay – counter］   ; 暂住计数

seekers – own［patience – counter］   ; 耐心计数

（2）初始化

SETUP 函数初始海龟及其属性。

```
to setup
  clear – all
  setup – patches                            ; 地形设置
  setup – turtles                            ; 创建探索者
  set build – threshold floor（max – attraction／2）; 建立房子（定居）阈值为最大吸引力一半
  reset – ticks
end
```

setup 函数主要行为如下：

1）地形设置。按 SETUP 准备运行模型。这创造了一个吸引力的地形。

```
to setup – patches
  ask patches    ［
    set attraction（random max – attraction）      ; 随机设置吸引力值
  ］
  repeat smoothness    ［
    diffuse attraction . 4                         ; 扩散吸引力值
  ］
  ask patches    ［                                ; 根据吸引力值确定颜色
    set pcolor scale – color green attraction 2. 5 10
  ］
end
```

2）创建探索者。该函数创建探索者，将一群探索者 Agent 放置在世界网格的中心。

```
to setup – turtles
  create – seekers population［
    set color sky
    set shape " default"
    set patience – counter seeker – patience      ; 耐心计数设为探索者耐心
    set size . 75
  ］
  ask turtles ［
```

```
      setxy 0 0                              ; 将探索者 Agent 放置在世界网格的中心
    ]
    ; 如果你想从地图上最吸引人的地方开始，取消下面一行的注释
    ; ask turtles [move - to max - one - of patches [attraction]]
  end
```

（3）定义运行函数

模型中的 Agent 大致代表居住人口。这个 Agent 可能在两种状态之———"探索者"或"房子"。

每 tick 一次，探索者会决定是否在当前的格网方块上定居（成为"房子"），探索者会稍微增加当前已经结束的网格方块的吸引力值。根据正反馈原则，假设活动或增长领域变得更具吸引力。

房子代理做得很少。事实上，它们只是停留在它们所选定的正方形上，其 tick 数由等待值指定。当他们坐在那里的时候，他们慢慢地增加了他们所坐的广场的吸引力。

```
  to go
    ask seekers [;探索者和地块之间的 T - P 操作
      ifelse (want - to - build?) [                ; 想要建房子
        set breed houses
        set shape " blue - house"
        set stay - counter wait - between - seeking
      ][
        if (patience - counter) > 0 [
          turn - toward - attraction                ; 转向吸引
          fd 0. 5                                   ; 前行 0. 5
          set patience - counter patience - counter - 1;耐心计数 - 1
          set attraction attraction + . 01          ; 吸引力 +0. 01
        ]
      ]
    ]
    ask houses [   ;房子和地块之间的 T - P 操作
      ifelse attraction < = (max - attraction * 2)    [
        set attraction attraction + . 05
      ][
        set attraction 0        ;吸引力超过 max - attraction * 2，变为 0
      ]
      set stay - counter stay - counter - 1          ; 暂住计数 - 1
      if (stay - counter) < = 0 [                    ; 暂住计数小于 0
        set breed seekers                            ; 将其设为探索者
        set patience - counter seeker - patience     ; 耐心计数设为探索者耐心
        set shape " default"
```

```
      ]
    ]
    ask patches [；根据吸引力值确定地块颜色
      set pcolor scale – color green attraction 2. 5 10
    ]
    tick
  end
```

1）想要建房子？在 0 和 patch 的引力值之间选择一个随机数。如果选择的随机数大于地块最大吸引值的一半，那么探索者就会停下来。

```
to – report want – to – build?
  report random attraction  > =  build – threshold or patience – counter = 0
end
```

2）转向吸引。在"搜索者"状态下，代理程序对其正前方的网格正方形和当前航向左右指定角度（SEEKER – SEARCH – ANGLE）的网格正方形进行采样。如果它发现右边是最佳选择，它就会随机向右转一个量。如果左边的地块是最好的选择，它将随机地向左移动一定数量。否则它会继续直线运动。这有一个近似的效果，随着梯度向更高的吸引力，虽然有一个重要的随机因素，因为最多 3 个地块被测试，探索者不直接转向地块。每走一步（tick），探索者就移动一个方格宽度的一半。

```
to turn – toward – attraction
  let ahead [attraction] of patch – ahead 1
  let myright [attraction] of patch – right – and – ahead seeker – search – angle 1
  let myleft [attraction] of patch – left – and – ahead seeker – search – angle 1
  ifelse ( (myright >  ahead) and (myright > myleft)) [
    rt random seeker – search – angle
  ] [
    if (myleft >  ahead) [
      lt random seeker – search – angle]
  ]
end
```

5.4 气候变化

1. 问题分析

这是地球能量流动的一个模型，尤其是热能。它以玫瑰色显示地球，而行星的表面用一条黑色的条带表示。在条状的上方有一个蓝色的氛围和顶部的黑色空间。云层和二氧化碳分子可以被添加到大气中。二氧化碳分子代表温室气体，阻挡了地球发出的红外光。云层阻挡了射入或射出的太阳光，影响着地球的升温或降温。

黄色箭头向下流动，代表阳光能量。一些阳光被云层反射，更多的阳光被地球表面反射。

如果阳光被地球吸收，它就会变成一个代表热能的红点。每个点代表一个黄色日光箭头的能量。红点在地球上随机移动，它的温度与红点的总数有关。

有时这些红点会转化成红外（IR）光，并携带能量飞向太空。红点成为红外光的可能性取决于地球的温度。当地球寒冷时，很少有红点产生红外线；当天气热的时候，大多数人都会这样做。红外能量用洋红色箭头表示。每一个都携带着与黄色箭头和红色圆点相同的能量。红外线穿过云层，但会被二氧化碳分子反射回来。

地球上红点的数量与地球的温度有关系。这是因为地球温度随着总热能的增加而升高。热能是由到达地球的太阳光以及反射到地球的红外线（IR）光所提供的。热能被地球发出的红外吸收。这些能量的平衡决定了地球的能量，而能量与地球的温度成正比。

当然，这个模型中有许多简化。地球不是一个单一的温度，没有一个单一的反照率，也没有一个单一的热容。可见光在一定程度上被二氧化碳吸收，而一些红外光确实会从云层反射回来。没有一个模型是完全准确的。重要的是，模型在某些方面的反应与它应该建模的系统类似。这个模型做到了这一点，展示了二氧化碳和其他吸收红外线的气体是如何造成温室效应的（见图5-4、图5-5）。

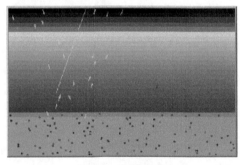

图 5-4　气候变化

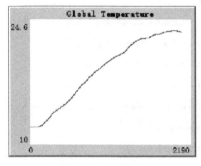

图 5-5　全局温度

2. 模型界面

下面将解释每个滑块、按钮和开关的使用。

1）SUN – BRIGHTNESS 太阳亮度滑块控制有多少太阳能量进入地球大气层。值1.0对应于我们的太阳。更高的数值可以让你看到如果地球离太阳更近，或者太阳变得更亮，会发生什么。

2）ALBEDO 反照率滑块控制地球吸收了多少太阳能量。如果反照率是1.0，地球反射所有的阳光。这可能发生在地球结冰的时候，这是由一个白色的表面表示的。如果反照率为零，地球就会吸收所有的阳光。这表示为一个黑色的表面。地球反照率约为0.6。

各参数的取值见表5-3。

表 5-3　气候变化模型的参数

参数名	最小值	最大值	初始值
sun – brightness	0	5	1
albedo	0	1	0.6

3. 程序

（1）定义变量

```
breed [rays ray]                              ; 阳光
breed [IRs IR]                                ; 红外线辐射
breed [heats heat]                            ; 热能
breed [CO2s CO2]                              ; 二氧化碳
breed [clouds cloud]                          ; 云
clouds - own [cloud - speed cloud - id]      ; 云的速度和 id
globals [
  sky - top                                   ; 顶排天空的 y 坐标
  earth - top                                 ; 地球顶行的 y 坐标
  temperature                                 ; 总体温度
]
```

（2）初始化函数 to setup

```
to setup
  clear - all
  set - default - shape rays " ray"
  set - default - shape IRs" ray"
  set - default - shape clouds " cloud"
  set - default - shape heats " dot"
  set - default - shape CO2s " CO2 - molecule"
  setup - world                               ; 初始化世界
  set temperature 12                          ; 初始化温度为 12
  reset - ticks
end
```

初始化世界。初始化地块，为世界的不同部分绘制颜色。

```
to setup - world
  set sky - top max - pycor - 5               ; 天空顶部
  set earth - top 0                           ; 地球表面
  ask patches [                               ; 为世界的不同部分设置颜色
    if pycor > sky - top [                    ; 太空
      set pcolor scale - color white pycor 22 15
    ]
    if pycor < = sky - top and pycor > earth - top [; 天空
      set pcolor scale - color blue pycor - 20 20
    ]
    if pycor < earth - top [
      set pcolor red + 3                      ; 地球
```

```
    ]
    if pycor = earth – top [                          ; 地球表面
        update – albedo
    ]
    ]
end
```

（3）运行函数

```
to go
    ask clouds [
        fd cloud – speed                              ; 移动云
    ]
    run – sunshine                                    ; 阳光一步移动
    ask patches with [ pycor = earth – top] [
        update – albedo                               ; 更新反照率
    ]
    run – heat                                        ; 热能一步移动
    run – IR                                          ; 红外线辐射一步移动
    run – CO2                                         ; 移动 CO2 分子
    tick
end
```

1）阳光一步移动

```
to run – sunshine
    ask rays [
    if not can – move? 0. 3 [ die]                    ; 前进 0. 3 到边缘，则 die
        fd 0. 3                                       ; 否则保持移动
    ]
    create – sunshine                                 ; 从顶部开始新的阳光
    reflect – rays – from – clouds                    ; 检查云的反射
    encounter – earth                                 ; 检查反射和吸收
end
```

can – move? distance

如果调用主体能够沿所面向的方向前进 distance 而不与拓扑冲突，则返回 true，否则返回 false。它等价于：

patch – ahead distance ！ = nobody

2）创建阳光。不必每次都创建一条射线，当亮度变高时，产生更多射线。

```
to create – sunshine
    if 10  *  sun – brightness > random 50 [
        create – rays 1 [
            set heading 160
```

```
            set color yellow
            setxy (random 10) + min - pxcor max - pycor    ；光线只来自世界顶端附近的一个小区域
        ]
    ]
end
```

3）从云层反射光线。to reflect - rays - from - clouds

```
    ask rays with [any? clouds - here] [           ；如果射线与云共享地块
        set heading 180 - heading                  ；把光线折射过来
]
End
```

4）接触地球。根据反照率，地球要么吸收热量，要么反射热量。

```
to encounter - earth
    ask rays with [ycor < = earth - top] [
    ifelse 100 * albedo > random 100    [
        set heading 180 - heading  ] [；反射
        rt random 45 - random 45        ；吸收到地球
        set color red - 2 + random 4
        set breed heats
    ]
    ]
end
```

5）更新反照率。如果反照率滑块移动了，更新地表颜色。

```
to update - albedo
    set pcolor scale - color green albedo 0 1
end
```

6）热能一步移动。提高海龟的热能，温度与热海龟的数量有关。热量只从地球的一小块地方渗出来，这使模型看起来很漂亮，也有助于热量的散失速度。

```
    to run - heat
        set temperature 0.99 * temperature + 0.01 * (12 + 0.1 * count heats)
        ask heats [
            let dist 0.5 * random - float 1
            ifelse can - move? Dist    [
                fd dist
            ] [
                set heading 180 - heading ；如果到了世界的边缘，翻转过来
        ]
        if ycor > = earth - top [              ；如果回到天空
        ifelse temperature > 20 + random 40 and xcor > 0 and xcor < max - pxcor - 8 [
            set breed IRs                  ；让 breed 作为 IR
```

```
              set heading 20
              set color magenta] [
              set heading 100 + random 160        ; 返回地球
          ]
        ]
      ]
    end
```

7）红外线辐射一步移动

```
to run - IR
      ask IRs [
        if not can - move? 0.3 [die]
        fd 0.3
        if ycor < = earth - top [      ; 如果我们再次撞击地球表面，就会转化为热量
          set breed heats
          rt random 45
          lt random 45
          set color red - 2 + random 4
        ]
        if any? CO2s - here      [    ; 检查是否与二氧化碳发生碰撞
          set heading 180 - heading
        ]
      ]
    end
```

8）移动二氧化碳分子

```
to run - CO2
      ask CO2s [
        rt random 51 - 25                    ; 稍微转动一下
        let dist 0.05 + random - float 0.1       ; 把二氧化碳留在天空中
        if [not shade - of? blue pcolor] of patch - ahead dist [
          set heading 180 - heading
        ]
        fd dist       ; 向前移动一点
      ]
    end
```

9）创建云。删除云海龟，然后创建新的云海龟，加 1。为云随机找一个高度，但要确保它在天空区域。我们不关心云 id 是什么，只要这个集群中的所有海龟都具有相同的 id，并且它在云集群中是唯一的。每个较大的云中的所有云海龟都应该在附近，但不应该直接在其他云的上面，所以在 x 和 ycors 中增加一点活动空间。

```
to add – cloud
   let sky – height sky – top – earth – top
   let y earth – top + (random – float (sky – height – 4)) + 2
   let speed (random – float 0. 1) + 0. 01       ；云的速度应该大于 0
   let x random – xcor
   let id 0
      if any? Clouds    [
      set id max [cloud – id] of clouds + 1
   ]
   create – clouds 3 + random 20 [
      set cloud – speed speed
      set cloud – id id
      setxy x + random 9 – 4      ；云一般应该围绕中心聚集，偶尔会有较大的变化
      y + 2. 5 + random – float 2 – random – float 2
      set color white
      set size 2 + random 2    ；改变大小纯粹是为了可视化，因为我们只做基于块的碰撞
      set heading 90
   ]
end
```

10）删除云。擦掉云朵，然后创建新的云海龟，减去 1。

```
to remove – cloud
   if any? clouds [
      let doomed – id one – of remove – duplicates [cloud – id] of clouds
      ask clouds with [cloud – id = doomed – id]      [
         die
      ]
   ]
end
```

11）增加 CO_2。随机加入 25 个二氧化碳分子到大气中。

```
to add – CO2
   let sky – height sky – top – earth – top
   create – CO2s 25 [
      set color green
      setxy random – xcor     ；在天空中随机选择一个位置
      earth – top + random – float sky – height
   ]
end
```

12）擦除 CO_2。随机移除 25 个二氧化碳分子。

```
to remove – CO2。
```

```
repeat 25 [
    if any? CO2s [
        ask one – of CO2s [die]
    ]
]
end
```

5.5 习题

1. 对于城市污染模型，回答下列问题：

1）污染的数量、人口和树木的数量之间有什么关系？运行模型几次，看人直到你看到延迟。然而，有时树木的数量减少了污染，人口增加了，哪个是原因，哪个是结果？

2）随着时间的推移，发电厂的位置和分组如何影响人口？发电厂是靠得近一些好，还是靠得远一些好？

3）在默认设置下，种群最终会灭绝，但它们存活的时间长短却有很大差异。试着稍微提高或降低出生率，然后做几次模型。这个种群能存活多久？

4）将 BIRTH – RATE 重置为 0.1，然后多次运行，同时改变 POWER – PLANTS 和 POLLUTION – RATE。

5）设置 POWER – PLANTS 为 0，PLANTING – RATE 为 0。运行模型几次，同时改变 BIRTH – RATE，为什么在 50tick 时会有一个尖峰？如果你运行这个模型几次，你会发现它有时会在 50tick 时达到峰值，然后消失，但有时它会继续运行数百次，在 50tick 时人口会增加一倍多。

6）扩展模型，使污染率取决于人数。

2. 对于城市蔓延模型，回答下列问题：

1）要了解单个代理的行为，请尝试将总体大小设置为 1，并观察其行为。世界上形成的模式与人口合理增长时形成的模式相比如何？

2）尝试将 SEEKER – PATIENCE 搜索者 – 耐心设置为 0。会发生什么呢？你能解释一下吗？这是你所期望的吗？如果您将 SEEKER – PATIENCE 设置为 1 会怎样？如果 SEEKER – PATIENCE 很大，比如 120，形成的模式是否不同？

3）一旦达到某个吸引力阈值，吸引力就会直线下降到零，这似乎有些不合理。试着修改这个模型，这样吸引力的下降就会逐渐发生。

4）目前，方格的地价不受相邻方格地价的影响（至少是直接影响）。如果一个地区变成了一个充满犯罪的肮脏垃圾场，那么附近是否有可能拥有极具吸引力的豪华共管公寓呢？修改这个模型，使吸引力在模型运行时在相邻的 patch 之间扩散（非常缓慢）。

3. 对于气候变化模型，回答下列问题：

1）运行模型。更改反照率并运行模型。在模型中添加云层和二氧化碳，然后观察一个阳光箭头。你能生产的最高地球温度是多少？

2）在明亮的太阳下运行模型，但不要云层和二氧化碳。温度会发生什么变化？它应该会迅速上升，然后在37°左右稳定下来。为什么停止上升？为什么温度会继续反弹？记住，温度反映了地球上红点的数量。当温度恒定时，射入的黄色箭头数量与射入的红外箭头数量相当。为什么？

3）探索保持其他条件不变时的反照率的影响。反照率的增加会增加或减少地球温度吗？当你进行实验时，一定要让模型运行足够长的时间，使温度稳定下来。

4）探索云层保持其他一切不变的效果。

5）探索添加100个二氧化碳分子的效果。你观察到的变化的原因是什么？现在跟着一个阳光箭头走。

6）试着添加一些其他影响地球温度的因素。例如：你可以添加一小块一小块的植被，然后看看当它们被人类占用时发生了什么。此外，你还可以尝试向模型中添加可变反照率，而不是为整个行星添加一个值。你可以有高反照率的冰川和低反照率的海洋，然后评估冰川融化入海时会发生什么。

4. 运行水循环模型，在此基础上，建立一个智慧海绵城市模型。

参 考 文 献

[1] MARSDEN G, MCDONALD M, BRACKSTONE M . Towards an understanding of adaptive cruise control [J]. Transportation Research Part C: Emerging Technologies, 2001, 9 (1): 33 –51.

[2] WEN K C. An Evaluation of Disaster Prevention Escape in Urban Scale by Multiagent Model: Siji City for Example in Taiwan [C]. 北京：国际数字地球会议，2009.

[3] ZHOU Shuli, Tao Haiyan. ZHOU Li, et al. Vector – based multi – agent simulation of urban expansion: a case study in Panyu District in Guangzhou City [J]. Progress in Geography, 2014, 33 (2).

[4] AN G. Dynamic Knowledge Representation Using Agent – Based Modeling: Ontology Instantiation and Verification of Conceptual Models [J]. Methods in Molecular Biology, 2009, 500 (1): 445 –468.

[5] ARIFOVIC J. Genetic algorithm learning and the cobweb model [J]. Journal of Economic Dynamics & Control, 1994, 18 (1): 3 –28.

[6] JIANG Zhijian, LI Guanghui, ZHAO Chunxiao. Research for Mobile Robot Visual SLAM Navigation Mapping [C]. Shenyang: Proceedings of the International Conference on Image Processing, Computer Vision, and Pattern Recognition (IPCV), 2012.

[7] TESFATSION L. Agent – Based Computational Economics [J]. Computing in Economics & Finance, 2006.

[8] MICHAEL B. Agents, cells, and cities: new representational models for simulating multiscale urban dynamics [J]. Environment & Planning A, 2005.

[9] 张康之. 走向智慧城市的城市发展史 [J]. 智慧城市评论，2017，000（002）：2 –3.

[10] 吴志强. 未来城市与智能规划的趋势 [C]. 深圳：2019 年中国城市规划信息化年会，2019.

第 6 章

智 能 交 通

Chapter **6**

伴随着科技时代的飞速发展和信息全球化的趋势，传统的交通方式已经不能适应当今社会发展的需求，交通变革势在必行。智能交通系统的出现既是科技时代的一种体现，也是社会进步的象征。智能交通系统的使用，不仅改善了交通问题，还解决了环境问题，为此，各个发达国家都相继使用智能交通系统，其必将成为 21 世纪交通发展的主流。

本章在介绍了智能交通的基本概念基础上，讨论了智能交通中的智能停车管理、出租车服务、垃圾收运和城市交通等案例模型。

6.1 智能交通模型

1. 什么是智能交通

智能交通系统（Intelligent Transportation System，ITS）是未来交通系统的发展方向，它是将先进的信息技术、数据通信传输技术、电子传感技术、控制技术及计算机技术等有效地集成运用于整个地面交通管理系统而建立的一种在大范围内、全方位发挥作用的，并且实时、准确、高效的综合交通运输管理系统。

2. 智能交通系统的组成

（1）先进的交通信息系统（ATIS）

先进的交通信息系统（Advanced Traffic Information System，ATIS）是建立在完善的信息网络基础上的。交通参与者通过装备在道路上、车上、换乘站上、停车场上以及气象中心的传感器和传输设备，向交通信息中心提供各地的实时交通信息；ATIS 得到这些信息并通过处理后，实时地向交通参与者提供道路交通信息、公共交通信息、换乘信息、交通气象信息、停车场信息以及与出行相关的其他信息；出行者根据这些信息确定自己的出行方式、选择路线。更进一步，当车上装备了自动定位和导航系统时，该系统可以帮助驾驶员自动选择行驶路线。

（2）先进的交通管理系统（ATMS）

先进的交通管理系统（Advanced Traffic Management System，ATMS）有一部分内容与

ATIS 共用信息采集、处理和传输系统，但是 ATMS 主要是给交通管理者使用的，用于检测控制和管理公路交通，在道路、车辆和驾驶员之间提供通信联系。它将对道路系统中的交通状况、交通事故、气象状况和交通环境进行实时的监视，依靠先进的车辆检测技术和计算机信息处理技术，获得有关交通状况的信息，并根据收集到的信息对交通进行控制，如信号灯、发布诱导信息、道路管制、事故处理与救援等。

（3）先进的公共交通系统（APTS）

先进的公共交通系统（Advanced Public Transport System，APTS）的主要目的是采用各种智能技术促进公共运输业的发展，使公交系统实现安全便捷、经济、运量大的目标。如通过个人计算机、闭路电视等向公众就出行方式和事件、路线及车次选择等提供咨询，在公交车站通过显示器向候车者提供车辆的实时运行信息。在公交车辆管理中心，可以根据车辆的实时状态合理安排发车、收车等计划，提高工作效率和服务质量。

（4）先进的车辆控制系统（AVCS）

先进的车辆控制系统（Advanced Vehicle Control System，AVCS）的目的是开发、帮助驾驶员实行本车辆控制的各种技术，从而使汽车行驶安全、高效。AVCS 包括对驾驶员的警告和帮助，障碍物避免等自动驾驶技术。

（5）货运管理系统（FMS）

货运管理系统（Freight Management System，FMS）指以高速道路网和信息管理系统为基础，利用物流理论进行管理的智能化的物流管理系统。综合利用卫星定位、地理信息系统、物流信息及网络技术，有效地组织货物运输，提高货运效率。

（6）电子收费系统（ETC）

电子收费系统（Electronic Toll Collection，ETC）通过安装在车辆挡风玻璃上的车载器与在收费站 ETC 车道上的微波天线之间的微波专用短程通信，利用计算机联网技术与银行进行后台结算处理，从而达到车辆通过路桥收费站不需停车而能交纳路桥费的目的，且所交纳的费用经过后台处理后清分给相关的收益业主。

（7）紧急救援系统

紧急救援系统（Emergency Management System，EMS）是一个特殊的系统，它的基础是ATIS、ATMS 和有关的救援机构和设施，通过 ATIS 和 ATMS 将交通监控中心与职业的救援机构联成有机的整体，为道路使用者提供车辆故障现场紧急处置、拖车、现场救护和排除事故车辆等服务。具体包括：

1）车主可通过电话、短信、卡车联网三种方式了解车辆具体位置和行驶轨迹等信息；

2）车辆失盗处理：此系统可对被盗车辆进行远程断油、锁电操作并追踪车辆位置；

3）车辆故障处理：接通救援专线，协助救援机构展开援助工作；

4）交通意外处理：此系统会在 10s 后自动发出求救信号，通知救援机构进行救援。

3. 智能交通系统的主要应用

智能交通系统的主要应用如下：

（1）道路交通监控

在地面道路交通流量大的交叉路口、人流集中的路段、枢纽、场站等，监控中心可以实时地观察各节点的交通情况。在常态下，减少了交警巡逻出勤的辛劳，降低了管理成本。在异常情况下，可以接警后第一时间调取现场事件图像，为应急处置做充分的准备。总体来说，交通监控的作用体现在降低管理人力成本，提高交通管理服务水平。

（2）交通信号控制

信号灯控制严格意义上来讲早于智能交通系统的出现，如今，除了在某些支路－次路相交、次路－次路相交以及其他流量很小的交叉口之外，所以，交叉口信号控制已经越来越成为城市道路交叉点的标准配置。交通信号控制在城市中的作用是规范机动车、行人交通秩序，保障交叉口的安全。

（3）交通信息采集和诱导

基于电子、计算机、网络和通信等现代技术，根据出行者的起讫点向道路使用者提供最优路径引导指令或是通过获得实时交通信息帮助道路使用者找到一条从出发点到目的地的最优路径。这种系统的特点是将人、车、路综合起来考虑，通过诱导道路使用者的出行行为来改善路面交通系统，防止交通阻塞的发生，减少车辆在道路上的逗留时间，并且最终实现交通流在路网中各个路段上的合理分配。总体上，交通信息采集和诱导作用主要体现在为出行者交通提供参考，辅助交通路径的选择，为管理者积累城市交通数据，为规划、管理提供决策支持。

（4）停车诱导

停车诱导其实应属于交通信息采集和诱导的范畴，只是为了区分其针对停车难的问题，其目标很明确，就是诱导驾驶员寻找到合理的停车位，提高停车服务水平，同时也能起到避免空驶，降低碳排放的效果。

（5）综合交通信息平台

平台，字面上理解，是各方交汇的空间，综合交通信息平台也就是各类交通信息汇聚的空间。所以，各地在建设的综合交通信息平台，应该不同于之前建设的综合交通监控应急指挥系统，也有些城市考虑到管理模式、系统搭建而合二为一的。综合交通信息平台属于城市信息的一个分支，主要汇聚交通类的各种信息，并将汇聚后的信息进行处理、应用。

（6）智能公共交通

即公共交通的智能化，包括公交车GPS定位实时掌握公交车辆在途信息，公交优化调度，合理配车，公交站台实时车辆到达信息发布，网络及其他智能终端的公交换乘查询等信息服务。

可以看出，智能公共交通主要为两类群体服务，一是公共交通运营商，通过掌握客流信息，合理地安排发车间隔，最大化利用资源；二是为公共交通出行者服务，使得乘坐公交便捷、舒适。

4. 车联网与基于智能体建模

单个智能汽车由于其具有感知、规划和决策能力，而其本身软硬件平台是由多个复杂的模块构成，非常适合使用Agent技术对其进行建模，用于处理类似多传感器数据融合等任务，从而保证系统可靠工作，降低能耗。基于智能体的方法，由于在地理分布上的特性和周期性忙闲操作的特点，非常适合用于交通和运输管理系统。

车与人、车与车、车与道路基础设施等构成的车联网系统，进一步扩大了 Agent 技术的应用。在通信的情况下，智能车 Agent，不再完全依赖与自身的环境感知系统，而是可以在云端 Agent 协同控制下与其他 Agent 系统进行必要信息的共享。基于 Agent 的智能交通系统使得智能汽车 Agent 拥有更多的环境信息，能够更准确地对环境中的不确定性因素进行分析，从而更好地、更安全地运行。

以车联网为通信管理平台可以实现智能交通。例如：交通信号灯智能控制、智慧停车、智能停车场管理、交通事故处理、公交车智能调度等方面都可以通过车联网实现。而随着交通的信息化和智能化，必然有助于智慧城市的构建。

未来的智能交通系统（Intelligent Traffic System，ITS）应当全部由智能化、自主化的智能体系统构成。这些智能体运行在交通控制中心、道路交叉口、高速、街道等之间，通过因特网、无线网和自组织网在合适的时间获取准确的信息并且做出最正确的决策，使交通系统最终实现智能化。

6.2 智能停车管理

1. 问题背景

该模型旨在研究智能停车信息系统和土地利用多样性对路边停车巡航的影响。

活动中心（场景中的商店）是出行或停车的驱动力，以周围有灰色停车位的红房子为代表。通过滑块分别设置商店数量和土地利用的多样性。商店的位置是随机设置的。

每个商店的灰色格子的数量代表停车场的大小，这也是随机设置的。灰格子属于最近的店铺。每个灰格子上的数字表示该位置的允许停车时间，该时间是随机设置的，最大限度由 Parking – Diversity 停车多样性滑块控制。灰色越深，停车时间越长。

每辆蓝车都被设置为向最近的活动中心（商店）移动。一旦它进入该商店的绿色停车场，它会随机选择一个空停车位，并停留在指定的停车位上。在那之后，它将移动到最近的目标商店，不包括它刚刚停的那一家，并重复这个过程（见图 6-1）。

如果它的目标商店的停车位在汽车到达停车场时已经满了，它将一直巡航直到成功地停在下一个目标商店的可用位置。图 6-2 中记录了所有车辆的平均巡航时间。注意，如果打开了信息系统开关，将应用 80% 的占用限制来停止停车场中的任何新停车。在车辆设定目标商店并开始移动之前，车辆将被告知占用信息（由每个商店上的数字表示）。

2. 模型界面

控制器（开关）：

InfoSystem？（信息系统？）打开：如果目标商店的停车位占用率超过 80%，汽车将不会停车。

开关关闭：智能停车信息系统的影响，即 80% 占用限制不被考虑。只有停车位满了，汽车才会停下来停车。

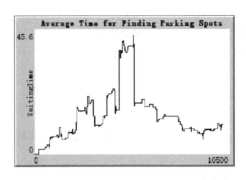

图 6-1　停车场模型　　　　　图 6-2　平均巡航时间

参数（滑块）：

NUMBER – OF – STORES（商店数量）：场景中的商店数量。

NUMBER – OF – CARS（汽车数量）：场景中的汽车数量。

Parking – Diversity（停车多样性）：停车的多样性水平，由分配给停车位的停车时间范围表示。

各参数的取值见表 6-1。

表 6-1　智能停车模型的参数

参数名	最小值	最大值	初始值
number – of – stores	1	10	5
number – of – cars	1	100	100
Parking – Diversity	1	10	7

3. 程序

（1）定义变量

```
globals [
    gstore          ;目标商店，为 agent
    target          ;目标，为商店编号
]
breed [cars car]
breed [stores store]
cars – own [
    satisfied       ;值为 1 满足，找到停车位
    waitingtime     ;巡航等待时间
    Alive           ;0 表示汽车静止，1 表示活动
    time1           ;巡航或者停车的起始时间
time2       ;当前时间
    staytime        ;车位停留时间
```

```
        ]
    stores – own [
      candidate                    ; 候选商店
      occupancy                    ; 占用率
]
    patches – own [
      ptype                        ; 停车类型
      ParkingTime                  ; 停车位允许的最长停车时间
    ]
```

（2）setup 函数

设置初始商店、停车位场景，放置汽车。基于行为描述，定义 setup 函数如下：

```
to setup
    clear – all
    setup – store                ; 设置商店 setup – store
    setup – parkingspots         ; 设置停车位
    setup – cars                 ; 设置汽车
    reset – ticks
end
```

1）设置商店。创建商店，设置商店颜色为红色，候选者，占用，并将其定位于其中的一个地块中。

```
to setup – store
    create – stores number – of – stores    [
      set shape " house"
      set color red
      set candidate 0        ; 没有被做候选者
      set occupancy 0
      move – to one – of patches with [ count turtles – here = 0]
    ]
end
```

2）设置停车位。每个商店的灰格子的数量代表停车场的大小，这也是随机设置的。灰格子属于最近的店铺。每个灰格子上的数字表示该位置的允许停车时间，该时间是随机设置的，最大限度由 Parking – Diversity 停车多样性控制。灰色越深，停车时间越长。

```
to setup – parkingspots
    ask patches [
      set ptype – 1              ; 设置所有地块停车类型为 – 1（不是停车位）
      set ParkingTime 0          ; 设置所有地块停车时间为 0
    ]
    ask stores [            ; 设置商店的停车场的灰色格子   Tstores – P 交互
      ask patches with [ count stores – here = 0] in – radius ( random 5 + 1) [
```

```
                set ptype 0                                        ;设置停车停车场的灰色格子类型为0（是停车位）
                set ParkingTime（random Parking – Diversity + 1）   ;根据停车多样性设置停车时间
                set plabel ParkingTime                             ;将plabel设置为停车时间
                set pcolor（60 – ParkingTime）                      ;设置颜色
            ]
        ]
        ask patches with［ptype = 0］［    ;对于灰格子停车场地块，将距最近的商店编号做ptype
            set ptype［who］of min – one – of stores［distance myself］
        ]
    end
```

3）设置汽车。初始化汽车形状、颜色、等待时间、满意度、活动状态、时间1、时间2，随机定位于某个地点。

```
    to setup – cars
        create – cars number – of – cars      ［
            set shape " car"
            set color blue
            set waitingtime 0
            set satisfied 1          ;目标商店车位占用率小于1，满足为1；否则为0
            set alive 1              ;1表示车辆处于活动状态
            set time1 0             ;巡航或者停车的起始时间
            set time2 0             ;当前时间
            move – to one – of patches with［pcolor = black and count turtles – here = 0］
        ]
    end
```

（3）go 函数

设置候选商店，每个汽车找停车位，已经停的车辆计算停车时间。

```
    to go
        ifelse InfoSystem?［  ;如果打开了信息系统开关，智能停车信息系统将起作用
            ask stores with［occupancy < 0.8］     ;要求占用小于80%的商店，将其作为候选商店
                ［set candidate 1］
        ]［
            ask stores［set candidate 1］;如果没有打开信息系统开关，所有商店都作为候选商店
        ]
        find – spots              ;找停车位
        stayin – spots            ;计算停车时间
        tick
    end
```

go 函数主要行为如下：

1）找停车位。根据汽车，确定商店，通过 T – T 交互，找停车位，计算巡航等待时间。

面向商店每次前进 1 步，判断当前汽车所在车位和目标车位相同，目标商店车位占用率小于 1，移动车辆到空闲停车位。

```
to find – spots
  ask cars with [alive = 1] [                    ；针对移动车辆，随机确定一家商店
    set gstore one – of stores with [candidate = 1 and ([who] of stores ! = target)]
    face gstore                                   ；面向商店
    fd 1                                          ；前进 1
    count – occupancy                             ；占用率计算
    set target [who] of gstore                    ；车辆设定目标商店 target 为 gstore 的编号
    if [ptype] of patch – here = target [         ；汽车所在地块的 ptype 和目标相同
      ifelse [occupancy] of gstore < 1 [          ；目标商店车位占用率小于 1
        move – to one – of patches with           ；移动车辆到 ptype 和商店编号相同的停车场
          [ptype = [who] of gstore and not any? cars – here with [alive = 0]]
          if satisfied = 0 [                      ；之前处于未满足状态
            set time2 ticks                       ；设置当前时刻 ticks
            set waitingtime time2 – time1         ；计算巡航等待时间
            set satisfied 1                       ；设置已经满足
          ]
          set alive 0                             ；停车
          set staytime [ParkingTime] of patch – here   ；计算停留时间为停车位的停车时间
          set time1 ticks                         ；停车起始时刻为当前 ticks
      ] [set heading heading + 180                ；目标商店车位占用率等于 1，转向 180°
          fd 1                                    ；向相反方向前进
          set time1 ticks                         ；巡航等待起始时间 time1
          set satisfied 0                         ；设置未满足
      ]
    ]
  ]
end
```

2）占用率计算。商店计算车位占用率。

```
to count – occupancy
  ask stores [
    let parkingspots patches with [ptype = [who] of myself]；自己编号和 ptype 相同计算停车位
    let totalspots count parkingspots             ；总停车位数量
    let filledspots count parkingspots with [any? cars – here with [alive = 0]]；已占用
    set occupancy filledspots / totalspots        ；占用率为已经占用/总停车位数
    set label occupancy                           ；商店标记为占用率
  ]
end
```

3）计算停车时间。每个已经停止的汽车如果达到了最长停车时间，设置 alive 状态为 1。

```
to stayin－spots
    ask cars with ［alive＝0］      ［           ；已经停止的汽车
        set time2 ticks                        ；设置车辆当前时刻为 time2
        if time2－time1＝staytime     ［         ；停车时间已经达到停车位的最长停车时间
            set alive 1
            set time1 0
            set time2 0
        ］
    ］
end
```

6.3 出租车智能调度

1. 问题背景

模型使用手动燃油车和电动汽车（ABETs）组成的组合来模拟出租车服务。每个车辆代理都是基于目标的，试图导航道路来接载乘客，并将他们运送到相关目的地。此外，在行驶过程中，每辆车的内部能量储备都会消耗殆尽，需要加油或充电。

每个车辆代理都被分配一个随机位置的乘客和一个相应的随机目的地，当前一个乘客到达目的地时，就会生成一个新的乘客和目的地。在车辆代理接受行程之前，代理会评估行程的总行程距离，并决定是否有足够的能量安全完成行程而不会陷入困境。

2. 模型界面

下面将解释每个滑块、按钮和开关的使用：

1）num－manual、num－abet：滑块控制燃油车数量和电动车数量；

2）max_ABET_range、max_manual_range：燃油车和电动车最大行驶范围；

3）car_speed：行驶速度；

4）recharge－rate：充电率；

5）manual－veh－price、abet－veh－price：车辆价格；

6）electricity－cost、gas－cost：充电成本和加油成本。

各参数的取值见表 6-2。

表 6-2　电动出租车模型的参数

参数名	最小值	最大值	初始值
num－manual	0	20	0
num－abet	0	20	0
max_ABET_range	40	500	500
max_manual_range	40	500	300

（续）

参数名	最小值	最大值	初始值
car_speed	0.1	2	0.9
recharge – rate	1	10	3
manual – veh – price	10000	100000	18000
abet – veh – price	20000	100000	20000
electricity – cost	0	0.05	0.027
gas – cost	0	1	0.1

出租车服务模型如图 6-3 所示，总成本和距离如图 6-4、图 6-5 所示。

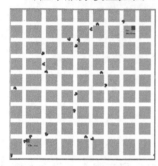

图 6-3　出租车服务模型

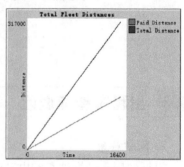

图 6-4　车队总成本　　　　图 6-5　车队距离

3. 程序

（1）定义变量

```
globals      [                 ; 设置全局变量
    grid – size – x            ; x 方向的街道网格数
    grid – size – y            ; y 方向的街道网格数
    grid – x – inc             ; x 方向两条道路之间的地块数量
    grid – y – inc             ; y 方向两条道路之间的地块数量
    num – passengers           ; 下车人数
    roads                      ; 包含道路地块的代理集
    watch – a – car – true?    ; 启用或禁用观察汽车功能
    chargers                   ; 包含充电站地块的代理集
    gas_stations               ; 包含加油站地块的代理集
    initial – manual – cost    ; 燃油车辆的初始购买成本
    initial – abet – cost      ; 自动电池电动汽车的初步购置费用
]
breed [abet a – abet]          ; 一种 Agent 品种的电动车辆
breed [manual a – manual]      ; 一种 Agent 品种的燃油车辆
turtles – own    [             ; 所有的海龟的属性
    speed                      ; 速度
    destination                ; 乘客想去的目的地
```

passenger	; 乘客当前所在位置地块（源地址）
goal	; turtles 现在要去哪里（乘客、目的地、充电站、加油站）
trip − status	; 行程状态（0 = 前往乘客，1 = 前往目的地，2 = 到达）
travel − distance	; 车辆行驶的距离
paid − distance	; 载客距离
energy_level	; 车辆有一定的能量水平（电池或燃料）
recharge − cost	; 车辆充电或加满汽油的费用

]

abet − own　　[	; 电动车辆 abets 属性
charge	; 充电站目标地址
charging_state	; 自动车 abets 的充电状态

]

manual − own [	; 燃油车辆属性
refuel	; 加油站目标地址
refueling_state	; 燃油车的加油状态

]

patches − own　　[	; patches 属性
my − row	; 从世界的左上角开始计算十字路口的那一行。−1 用于非十字路口地块
my − column	; 从世界的左上角开始计算十字路口的那一列。−1 用于非十字路口地块

]

（2）初始化函数 to setup

定义全局变量，设置道路背景，创建燃油车辆和电动车辆。

```
to setup
  clear − all
  setup − globals          ;定义全局变量
  setup − patches          ;设置道路背景
  if (num − manual + num − abet > count roads) [      ;警告信息，如果太多的汽车被创建来适应
    user − message (word " There are too many cars to fit on the road. ")
    Stop
  ]
  create − manual num − manual [                    ;创建燃油车辆
    set shape " car"                              ;设置 turtle 形状为汽车
    set color blue                                ;设置汽车颜色为蓝色
    set travel − distance 0                       ;设置初始旅行距离为0
    set paid − distance 0                         ;设置初始付费距离为0
    move − to one − of roads with [ not any? turtles − on self] ;找一条空路，把 turtle 放在那里
    record − data
    set − passenger − destination                 ;设置乘客的目的地
    set goal passenger                            ;设定目标为乘客所在位置地块
```

```
        set energy_level random (max_manual_range - max_manual_range / 2 + 1)
        max_manual_range / 2                              ;将初始能量水平设置在50% ~100%之间
        set refueling_state 0                             ;将初始的refueling_state设置为0
        set initial - manual - cost manual - veh - price * num - manual   ;计算购买燃油车辆的初始成本
    ]
    create - abet num - abet [                            ;创建电动车辆
        set shape " car"                                  ;设置turtle形状为汽车
        set color red                                     ;设置汽车颜色为红色
        set travel - distance 0                           ;设置初始旅行距离为0
        set paid - distance 0                             ;设置初始付费距离为0
        move - to one - of roads with [not any? turtles - on self]   ;找一条空路,把turtle放在那里
        record - data
        set - passenger - destination                     ;设置乘客的目的地
        set goal passenger                                ;设定目标为乘客所在位置地块
        set energy_level random (max_ABET_range - max_ABET_range/2 + 1)
        + max_ABET_range / 2                              ;将初始能量水平设置在50% ~100%之间
        set charging_state 0                              ;初始充电状态为0
        set initial - abet - cost abet - veh - price * num - abet   ;计算购买电动车辆的初步成本
    ]
    reset - ticks
end
```

1）定义全局变量setup – globals。将全局变量初始化为适当的值，初始化环境的道路网格数。设置两条道路之间的地块数量。

```
to setup - globals
    set watch - a - car - true? 0
    set num - passengers 0
    set grid - size - x 9                  ;环境用道路网格尺寸grid - size - x
    set grid - size - y 9                  ;环境用道路网格尺寸grid - size - x
    set grid - x - inc world - width/grid - size - x     ;两条道路之间的地块数量 = 世界宽度/网络数
    set grid - y - inc world - height/grid - size - y
end
```

2）设置道路背景setup – patches。设置道路和充电站/加油站代理，用颜色区别。

```
to setup - patches
    ask patches [                          ;初始化地块拥有的变量并将地块颜色设置为棕色
        set my - row  - 1
        set my - column  - 1
        set pcolor brown + 3
    ]
    set roads patches with [               ;定义道路大小地块
```

```
    (floor ( ( pxcor + max - pxcor - floor ( grid - x - inc - 1 ) ) mod grid - x - inc )  = 0)
    or ( floor ( ( pycor + max - pycor) mod grid - y - inc )  = 0)
  ]
  ask roads [ set pcolor white ]                               ; 设置道路地块颜色为白色
  set chargers patches with [ pxcor = - 14 and pycor = - 14 ]  ; 用位置（ - 14， - 14）定义充电站
  ask chargers [ set pcolor red ]                              ; 设置充电站为红色
  set gas_stations patches with [ pxcor = 13 and pycor = 14 ]  ; 定义位置（13、14）为加油站
  ask gas_stations [ set pcolor blue ]                         ; 加油站颜色为蓝色
end
```

3）前往接乘客，设置乘客和目的地

```
to set - passenger - destination          ; 创建乘客和目的地
  set trip - status 0                     ; 将行程状态设置为0，表示状态为前往接乘客
  let goal - candidates patches with [;   找到所有可能有乘客或目的地（不在路上）的地块
    pcolor = 38 and any? neighbors with [ pcolor = white ] ]
  set passenger one - of goal - candidates                  ; 随机为乘客选择一个当前位置
  set destination one - of goal - candidates with [         ; 随机选择目的地的位置
    self ! = [ passenger ] of myself]
  if watch - a - car - true?  = 1                           ; 是否监视车辆
    [update - labels]
end
```

（3）运行函数 go

对于电动车和燃油车，根据其当前不同状态，执行每一步的行为。

```
to go
  ask abet [                              ; 对于电动车
    if charging_state = 0 [               ; 如果电动车当前没有充电
      if energy_level < = 0 [             ; ABET 电池没电了
        facexy 0 0                        ; 将车面向 0 0
        fd 0                              ; 不要移动汽车
        record - data                     ; 记录绘图数据
      ]
      if energy_level > 0 [               ; ABET 有剩余电量
        face next - patch                 ; 调整汽车下一个目标方向朝向 agent
        fd car_speed                      ; 以汽车速度 car_speed 向前移动汽车
        set energy_level energy_level - 1 ; 电池电量降低设定值
        record - data                     ; 记录绘图数据
      ]
    ]
    if charging_state = 1 [               ; 如果电动车正在充电
      facexy 0 0                          ; 车面向 0 0
```

```
                fd 0                                        ; 不要移动汽车（充电）
                set recharge - cost recharge - cost + （recharge - rate ＊ electricity - cost）
                                                            ; 用电价累计充电成本
                set energy_level energy_level + recharge - rate    ; 能量水平以充电速率增加
                record - data                               ; 记录绘图数据
            ]
        ]
        ask manual [                                        ; 对于手动燃油车
            if refueling_state = 0 [                        ; 如果燃油车辆目前没有加油
                if energy_level < = 0 [                     ; 燃油车辆燃油不足
                    facexy 0 0                              ; 车面向 0 0
                    fd 0                                    ; 不要移动汽车
                    record - data                           ; 记录绘图数据
                ]
                if energy_level > 0 [                       ; 燃油车辆有剩余燃油
                    face next - patch                       ; 面向下一个目标
                    fd car_speed                            ; 以汽车速度 car_speed 向前移动汽车
                    set energy_level energy_level - 1       ; 能量水平降低
                    record - data                           ; 记录绘图数据
                ]
            ]
            if refueling_state = 1 [                        ; 如果燃油车辆正在加油
                facexy 0 0                                  ; 车面向 0 0
                fd 0                                        ; 不要移动汽车（加油）
                set recharge - cost recharge - cost + （recharge - rate ＊ 25 ＊ gas - cost）
                                                            ; 用气率累计充值成本
                set energy_level energy_level + recharge - rate ＊ 25
                                                            ; 如果充气速度比充电速度快 25 倍，则在充电速
                                                              度下能量水平会增加
                record - data                               ; 记录数据绘图
            ]
        ]
        label - subject                                     ; 如果监视车，贴上标签
    tick
end
```

1）记录数据绘图。车辆移动时记录增加距离和增加付费距离。

```
to record - data
    set travel - distance travel - distance + 1            ; 移动时，增加距离
    if trip - status = 1 [
```

```
    set paid - distance paid - distance + 1          ; 乘客随车移动, 增加付费距离
  ]
end
```

2）返回下一个地块。定义车辆目标为乘客所在地或者乘客目的地或充电/加油站。

```
to - report next - patch
  ask abet [                                         ; 对于电动车已经接到乘客, 前往目的地
    if goal = passenger and (member? patch - here [neighbors4] of passenger)
      and charging_state = 0 [                       ; 如果目标 goal 是乘客所在地块
        set trip - status 1                          ; 设置状态 1: 乘客在车上
        set goal destination                         ; 将目的地 destination 设置为新目标 goal
      ]
    if goal = destination and (member? patch - here [neighbors4] of destination)
      and charging_state = 0 [                        ; 目标是目的地, 乘客已经到达
        set trip - status 2                           ; 设置状态 2 为非车载乘客状态
        set num - passengers num - passengers + 1     ; 统计运送旅客总数
        set - passenger - destination                 ; 执行设置乘客和目的地功能
        let Passenger_X_Cor [pxcor] of passenger      ; 找到新乘客的 X 坐标
        let Passenger_Y_Cor [pycor] of passenger      ; 找到新乘客的 Y 坐标
        let Destination_X_Cor [pxcor] of destination  ; 查找新目的地的 X 坐标
        let Destination_Y_Cor [pycor] of destination  ; 查找新目的地的 Y 坐标
        let Charger_X_Cor [pxcor] of one - of chargers ; 查找其中一个充电站的 X 坐标
        let Charger_Y_Cor [pycor] of one - of chargers ; 查找其中一个充电站的 Y 坐标
        let required_range 1.5 * (  ; 找到下一次行程所需的最小范围, 并添加 50% 的安全系数
          abs (Passenger_X_Cor - [xcor] of myself) +
          abs (Destination_X_Cor - Passenger_X_Cor) +
          abs (Charger_X_Cor - Destination_X_Cor) +
          abs (Passenger_Y_Cor - [ycor] of myself) +
          abs (Destination_Y_Cor - Passenger_Y_Cor) +
          abs (Charger_Y_Cor - Destination_Y_Cor) )
        if required_range < energy_level [
          set goal passenger          ; 查找所需范围小于能量级, 分配乘客目标
        ]
        if required_range > = energy_level [          ; 如果要求的范围大于能量水平
          set charge one - of chargers                ; 设置充电站位置
          set goal charge]                            ; 设定目标为充电站地址
      ]
    if goal = charge and (member? patch - here [neighbors] of charge)
      and energy_level < max_ABET_range [
        ; 目标是充电站且 patch - here 在充电站 charge 的邻居之中同时能量水平不足
```

```
      set charging_state 1                       ; 将充电状态设置为 1
      set goal charge                            ; 将目标重置为充电
    ]
    if goal = charge and energy_level > = max_ABET_range [
                                                 ; 如果目标是充电站，电池电量充足
      set charging_state 0                       ; 将充电状态设置为 0
      set goal passenger                         ; 为乘客设定目标
    ]
  ]
  ask manual [
    if goal = passenger and (member? patch – here [neighbors4] of passenger)
      and refueling_state = 0 [                  ; 如果目标是附近的乘客
      set trip – status 1                        ; 设置状态 1 乘客在车上
      set goal destination                       ; 将目的地 destination 设置为目标 goal
    ]
    if goal = destination and (member? patch – here [neighbors4] of destination)
      and refueling_state = 0 [                  ; 如果目标是附近的目的地
      set trip – status 2                        ; 设置状态 2 为非车载乘客
      set num – passengers num – passengers + 1  ; 统计运送旅客总数
      set – passenger – destination              ; 执行设置乘客目的地功能
      let Passenger_X_Cor [pxcor] of passenger   ; 找到新乘客的 X 坐标
      let Passenger_Y_Cor [pycor] of passenger   ; 找到新乘客的 Y 坐标
      let Destination_X_Cor [pxcor] of destination  ; 查找新目的地的 X 坐标
      let Destination_Y_Cor [pycor] of destination  ; 查找新目的地的 Y 坐标
      let Gas_Station_X_Cor [pxcor] of one – of gas_stations
                                                 ; 查找其中一个加油站的 X 坐标
      let Gas_Station_Y_Cor [pycor] of one – of gas_stations
                                                 ; 查找其中一个充电站的 X 坐标
      let required_range 1.5 * (                 ; 找到下一次行程所需的最小范围，并添加
                                                   50% 的安全系数
        abs (Passenger_X_Cor –   [xcor] of myself) +
        abs (Destination_X_Cor – Passenger_X_Cor) +
        abs (Gas_Station_X_Cor – Destination_X_Cor) +
        abs (Passenger_Y_Cor –   [ycor] of myself) +
        abs (Destination_Y_Cor – Passenger_Y_Cor) +
        abs (Gas_Station_Y_Cor – Destination_Y_Cor))
      if required_range < energy_level [set goal passenger]
                                                 ; 查找所需范围小于能量级，分配乘客目标
      if required_range > = energy_level [        ; 所需范围大于能量级
```

```
        set refuel one – of gas_stations              ; 设置加油位置
          set goal refuel]                            ; 设置目标为加油站
      ]
    if goal = refuel and (member? patch – here [neighbors] of refuel)
      and energy_level < max_manual_range [          ; 如果目标是加油，而不是在能源水平和附近
                                                        加油站
      set refueling_state 1                          ; 将加油状态设置为 1
      set goal refuel                                ; 将目标重置为加油站
      ]
    if goal = refuel and energy_level > = max_manual_range [
      set refueling_state 0                          ; 已经加完油，将加油状态设置为 0
      set goal passenger                             ; 为乘客设定目标
      ]
  ]
  let choices neighbors with [pcolor = white   ]
          ; 定义选项代理集，它限制车辆只能在路面地块上行驶
  let choice min – one – of choices [distance [goal] of myself]
          ; 选择目标和车辆之间距离最小的选项
  report choice                                      ; 报告所选地块
end
```

3）观看汽车状态设置 watch – a – car – button。设置是否监控汽车的状态。

```
to watch – a – car – button
  ifelse watch – a – car – true?  = 0    [
    set watch – a – car – true? 1
    watch – a – car
]
[set watch – a – car – true? 0
    stop – watching
  ]
end
```

4）观看汽车。观看汽车功能。

```
to watch – a – car
  stop – watching            ; 以防以前看到另一辆车
  watch one – of turtles
  update – labels
end
```

5）刷新标记。更新被监视车辆的标签。

```
to update – labels
```

```
    if subject ! = nobody [
      ask subject [
        ask passenger [
          set pcolor yellow              ;把乘客区涂成黄色
          set plabel – color yellow      ;用黄色字体标记乘客
          set plabel" passenger"         ;给旅客贴标签
        ]
        ask destination [
          set pcolor orange              ;将目标地块涂成橙色
          set plabel – color orange      ;用橙色字体标记目标
          set plabel" destination"       ;标记目的地
        ]
        set label [plabel] of goal       ;汽车展示它的目标
      ]
    ]
end
```

6）停止观看汽车

```
to stop – watching
  ask patches with [pcolor = yellow or pcolor = orange] [        ;重置地块颜色/标签
    stop – inspecting self
    set pcolor 38
    set plabel" "
  ]
  ask turtles [
    set label " "
    stop – inspecting self
  ]
  reset – perspective
end
```

7）标记监视车

```
to label – subject
  if subject ! = nobody [
    ask subject [
      set label energy_level        ;标签观察车辆的能量水平
      set label – color black        ;着色标签为黑色
    ]
  ]
end
```

6.4 垃圾收运

1. 问题背景

垃圾收运属于逆物流操作, 逆物流 (reverse logistics) 的定义如下: "通过产源减量 (source reduction)、再生 (recycling)、替代 (substitution)、再利用 (reuse) 及清理 (disposal) 等方法进行的物流活动, 在物流程序中扮演产品退回、维修与再制、物品再处理、物品再生、废弃物清理 (waste disposal) 及有害物质 (hazardous materials) 管理的角色。"

相对于正物流程序, 逆物流活动的有效进行对企业的营运绩效将具有重大的影响。例如: 导入产源减量、物料替代、再生物料的使用等项目, 将可减少制造过程中废弃物品的产生; 强化公司产品退回的处理效率, 可以提高客户满意度, 降低退货处理成本; 运用物品在利用、再处理与再制的程序, 可延长物品的生命周期, 增加物品的使用效率; 做好废弃物清理的步骤, 除了降低企业的处理成本外, 同时也降低对环境的伤害。

该模型模拟城市网格中的垃圾收集操作。

位于城市街区角落的垃圾箱接收当地居民的垃圾。可以对箱体的负载增加步骤和对最大容量进行修改。Bin 内容在负载增加步骤定义的范围内按小时随机增加。当垃圾箱达到 (略微超过) 容量时, 它会变黑, 不再接收更多垃圾。

垃圾收集由两个不同的垃圾车车队 (代理品种) 承担。所有卡车在城市公路网中以每分钟 1 个路段的速度行驶, 并根据其类型具有最大的承载能力。公共 (红色) 货车的营运成本是按时间计算的, 而私人 (蓝色) 货车的营运成本则与收集的废物单位成比例。

一辆垃圾车装满垃圾, 它的颜色就会变黑, 并 "传送" 到城市的东北部 (黄色区域), 在那里它会倾倒垃圾。所有空垃圾车返回工作岗位。

在开始执行模型之前, 用户应该定义城市的维度以及垃圾箱和垃圾车的参数。

在运行时, 用于评估操作的工具是显示垃圾收集成本 (Total Cost) 的图表, 以及每辆卡车收集的垃圾量 (Total Waste Collected), 以及目前仍有多少垃圾单元在整个城市的垃圾箱中, 以 h 为单位。

每天更新一个文本输出区域, 以便提供某些关键性能指标的值, 例如: "收集的每个废物单位的成本" 和 "废物单位的百分比 (在垃圾箱内) / (垃圾箱 + 卡车)"。

当垃圾车开始落后时, 距离垃圾桶较远 (黄色区域) 的垃圾桶最先达到最大容量, 因为它们距离较远。

2. 模型界面

下面将解释每个滑块、按钮和开关的使用。

在这个模型中, 有 10 个滑块作为模型的参数控制:

1) grid – size – x: x 方向网格大小。

2) grid – size – y: y 方向网格大小。

3) load – inc – step: 每步增加垃圾负载。

4）max – capacity – of – bins：垃圾箱最大容量。

5）num – private – trucks：个人卡车数量。

6）cost – per – waste – unit：每垃圾单位成本。

7）max – capacity – of – private – trucks：最大的私人卡车运力。

8）num – public – trucks：公共卡车数量。

9）cost – per – hour：每小时成本。

10）max – capacity – of – public – trucks：公共卡车的最大容量。

各参数的取值见表6-3。

表6-3　垃圾收运模型的参数

参数名	最小值	最大值	初始值
load – inc – step	1	50	18
max – capacity – of – bins	0	100	60
num – private – trucks	0	20	6
cost – per – waste – unit	0	50	5
max – capacity – of – private – trucks	0	500	200
num – public – trucks	0	20	0
cost – per – hour	0	50	11
max – capacity – of – public – trucks	0	500	200

开关：

1）show – bin – load？：显示垃圾箱装载量；

2）show – truck – load？：显示卡车装载量。

本模型设置了3种 Agent：垃圾箱、公共垃圾货车和个人垃圾货车。运行结果如图6-6～图6-8所示。

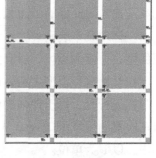

图 6-6　垃圾收运

3. 程序

（1）定义变量

breed［bins bin］

breed［pritrucks pritruck］

breed［pubtrucks pubtruck］

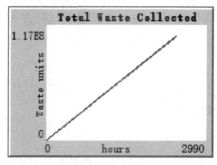

图 6-7　收集垃圾

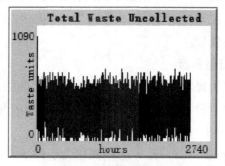

图 6-8　未收集垃圾

```
globals [
    grid – x – inc                      ; 在 x 方向上两条路之间的地块数量
    grid – y – inc                      ; 在 y 方向上两条路之间的地块数量
    bin – population                    ; 垃圾箱数量
    new – load                          ; 每个 tick 每箱增加垃圾量
    total – waste – coll – pri          ; 加载在私人卡车的总垃圾量
    total – waste – coll – pub          ; 加载在公共卡车的总垃圾量
    total – waste – uncoll              ; 垃圾箱的总垃圾量
    intersections                       ; 十字路口 agentset 包含的地块
    roads                               ; 道路 agentset 包含的地块
    bin – spots                         ; 垃圾箱位置 agentset 包含的地块
]

bins – own [
    bin – load                          ; 垃圾箱的垃圾量
]

patches – own [
    intersection?                       ; 如果地块位于两条路的交叉口，则为真
]

pritrucks – own [
    up – car?                           ; 如果卡车往下移动，则为真；如果卡车往右移动，则为假
    load                                ; 目前卡车上的垃圾量
    cost                                ; 经营成本
    full?                               ; 如果卡车上的垃圾已经达到最大容量，则为真
]

pubtrucks – own [
    up – car?                           ; 如果卡车往下移动，则为真；如果卡车往右移动，则为假
    load                                ; 目前卡车上的垃圾量
    cost                                ; 经营成本
    full?                               ; 如果卡车上的垃圾已经达到最大容量，则为真
]
```

（2）初始化设置

通过给全局变量和地块变量初始值来初始化显示。如果每条道路上有足够的路面，每片土地上就会有一个卡车被创建。

```
to setup
    clear – all
    setup – globals                     ; 设置全局变量
    setup – patches                     ; 设置地块
    setup – bins                        ; 设置垃圾箱
    if ( num – private – trucks + num – public – trucks > 4 * ( grid – size – x + grid – size – y ) )    [
```

```
        user – message ( word "  There are too many trucks for the amount of "
"  road.    Either increase the amount of roads "
"  by increasing the GRID – SIZE – X or "
"  GRID – SIZE – Y sliders, or decrease the "
"  number of trucks by lowering the NUMBER slider. \ n"
"  The setup has stopped. " )
        stop
    ]
    create – pritrucks num – private – trucks       [ ; 让每个卡车调用 setup – pritrucks
        setup – pritrucks
    ]
    create – pubtrucks num – public – trucks        [ ; 让每个卡车调用 setup – pubtrucks
        setup – pubtrucks
    ]
    reset – ticks
end
```

1）设置全局变量。首先，将全局变量初始化为适当的值。

```
to setup – globals
    set grid – x – inc world – width/grid – size – x
    set grid – y – inc world – height/grid – size – y
    set total – waste – coll – pri 0
    set total – waste – coll – pub 0
    set total – waste – uncoll 0
end
```

2）设置地块。初始化地块拥有的变量，使地块具有适当的颜色，设置道路和十字路口代理集，并初始化交通灯到一个设置。

```
to setup – patches
    ask patches [
        set intersection? false
        set pcolor brown  + 3
    ]
    set roads patches with
        [ (floor ( (pxcor + max – pxcor – floor (grid – x – inc – 1) ) mod grid – x – inc)  = 0) or
        (floor ( (pycor + max – pycor) mod grid – y – inc)  = 0) ]
    set intersections roads with
        [ (floor ( (pxcor + max – pxcor – floor (grid – x – inc – 1) ) mod grid – x – inc)  = 0) and
        (floor ( (pycor + max – pycor) mod grid – y – inc)  = 0) ]
    set bin – spots patches with [
        (floor ( (pxcor + max – pxcor – floor (grid – x – inc – 1) ) mod grid – x – inc)  = 1) and
```

$$(\text{floor}\ (\ (\text{pycor} + \text{max} - \text{pycor})\ \text{mod}\ \text{grid} - \text{y} - \text{inc})\ = 1\ ))$$

$$\text{or}\ (\text{floor}\ (\ (\text{pxcor} + \text{max} - \text{pxcor} - \text{floor}\ (\text{grid} - \text{x} - \text{inc} - 1\ ))\ \text{mod}\ \text{grid} - \text{x} - \text{inc})$$

$$= \text{grid} - \text{x} - \text{inc} - 1)\ \text{and}\ (\text{floor}\ (\ (\text{pycor} + \text{max} - \text{pycor})\ \text{mod}\ \text{grid} - \text{y} - \text{inc})\ = 1\ ))$$

$$\text{or}\ (\text{floor}\ (\ (\text{pxcor} + \text{max} - \text{pxcor} - \text{floor}\ (\text{grid} - \text{x} - \text{inc} - 1\ ))\ \text{mod}\ \text{grid} - \text{x} - \text{inc})\ = 1)\ \text{and}$$

$$(\text{floor}\ (\ (\text{pycor} + \text{max} - \text{pycor})\ \text{mod}\ \text{grid} - \text{y} - \text{inc})\ = \text{grid} - \text{y} - \text{inc} - 1\ ))$$

$$\text{or}\ (\ (\text{floor}\ (\ (\text{pxcor} + \text{max} - \text{pxcor} - \text{floor}\ (\text{grid} - \text{x} - \text{inc} - 1\ ))\ \text{mod}\ \text{grid} - \text{x} - \text{inc})$$

$$= \text{grid} - \text{x} - \text{inc} - 1)\ \text{and}\ (\text{floor}\ (\ (\text{pycor} + \text{max} - \text{pycor})\ \text{mod}\ \text{grid} - \text{y} - \text{inc})$$

$$= \text{grid} - \text{y} - \text{inc} - 1\ ))]$$

```
ask roads [set pcolor white]
ask intersections [set pcolor gray + 3]
ask bin - spots [set pcolor 58]
ask roads with [ ( pxcor = 16 ) and ( pycor = 16 )] [
    set pcolor yellow        ; 垃圾处理场地块为黄色
]
set bin - population count patches with [pcolor = 58]
setup - intersections        ; 设置十字路口
end
```

3）设置十字路口。给十字路口适当的值。

```
to setup - intersections
  ask intersections    [
      set intersection? true
  ]
end
```

4）设置垃圾箱

```
to setup - bins
  create - bins bin - population [
      move - to one - of bin - spots with [not any? turtles - on self]
      set shape " box"
      set color green
      set size 1
      set bin - load random load - inc - step
      display - waste - in - bins
  ]
end
```

5）设置私人货车。将卡车变量初始化为适当的值，并将其放置在空的道路地块上。

```
to setup - pritrucks
  set color blue
  set shape " truck"
  put - on - empty - road
```

```
        set load 0
        set cost 0
        set full? false
    set label " "
  ifelse intersection? [
  ifelse random 2 = 0 [
            set up – car? true
        ] [
            set up – car? false
        ]
    ] [ ;如果货车在一个垂直的道路上（而不是一个水平道路上）
      ifelse (floor ( ( pxcor + max – pxcor – floor ( grid – x – inc – 1 ) ) mod grid – x – inc ) = 0 [
        set up – car? true
      ] [
        set up – car? false
      ]
    ]
    ifelse up – car? [
      set heading 180
    ] [
      set heading 90
    ]
  end
```

6）设置公共货车。将货车变量初始化为适当的值，并将其放置在空的道路地块上。

```
to setup – pubtrucks
    set color red
    set shape " truck"
    put – on – empty – road
    set load 0
    set cost 0
    set full? false
    set label " "
  ifelse intersection? [
    ifelse random 2 = 0 [
            set up – car? true
        ] [
            set up – car? false]
    ] [ ;如果货车一个垂直的道路上（而不是一个水平道路上）
    ifelse (floor ( ( pxcor + max – pxcor – floor ( grid – x – inc – 1 ) ) mod grid – x – inc ) = 0 [
```

```
            set up - car? true
    ] [
            set up - car? false]
    ]
    ifelse up - car?      [
        set heading 180
    ] [
        set heading 90
    ]
end
```

7）创建车辆。找一块没有车辆的路，创建车辆并放置。

```
to put - on - empty - road
    move - to one - of roads with [not any? turtles - on self]
end
```

（3）运行

运行垃圾箱、个人垃圾车和公共垃圾车。

```
to go
    if（ticks mod 60 = 0）[                        ;改变箱子的内容每小时 = 60 分钟（ticks）
        set new - load random load - inc - step    ;"更新"垃圾箱中处理的垃圾
        ask bins [
        ifelse（bin - load ＜ max - capacity - of - bins）[
            set bin - load bin - load ＋ new - load ;如果垃圾量少于 100，则增加装桶量
            set color green                       ;未装满的垃圾桶保持绿色
            ] [
            set color black                       ;满的垃圾桶（等于 100 个以上的垃圾单位）变黑
            ]
        ]
    ]
        display - waste - in - bins                ;显示垃圾箱的垃圾
        ask pritrucks [advance - trucks]           ;移动个人垃圾车
        ask pubtrucks [advance - trucks]           ;移动公共垃圾车
        ask pritrucks [check - and - collect - waste] ;个人垃圾车检查和收集垃圾桶里的垃圾
        ask pritrucks [display - truck - load]     ;显示每辆垃圾车的装载量
        ask pritrucks [check - capacity]           ;容量检查
        ask pubtrucks [check - and - collect - waste] ;公共垃圾车检查和收集垃圾桶里的垃圾
        ask pubtrucks [display - truck - load]     ;显示每辆垃圾车的装载量
        ask pubtrucks [check - capacity]           ;容量检查
        ;;计算主要工作表现指标
        set total - waste - coll - pri total - waste - coll - pri ＋ sum [load] of pritrucks
```

```
      set total - waste - coll - pub total - waste - coll - pub + sum [load] of pubtrucks
      set total - waste - uncoll sum [bin - load] of bins
      if ( ticks mod 60 = 0 ) [    ；每小时 = 60 分钟（ticks）刷新一次绘图
        do - plotting
      ]
      if ( ticks mod 1440 = 0 ) [；每 24 小时 = 1440 分钟（ticks）刷新一次输出
        report - kpis
      ]
      tick
    end
```

1）显示垃圾箱的垃圾

```
to display - waste - in - bins
  ask bins [set label " "]
  if show - bin - load? [
    ask bins [set label round bin - load]
  ]
end
```

2）卡车向前运行。决定卡车在十字路口的新路线，前进一个地块。

```
to advance - trucks
  if intersection? [；决定十字路口的方向
    let new - heading random 3    ；new - heading = 0 维持当前方向
      if ( new - heading = 1 ) [；new - heading = 1 向右转
        rt 90
      ]
      if ( new - heading = 2 ) [；new - heading = 2 向左转
        lt 90
      ]
  ]
  if ( not full? ) [
    fd 1        ；向前进一个地块
    if ( member? self pubtrucks ) [；增加公共卡车的成本
      set cost cost + ( cost - per - hour/60 )
    ]
  ]
end
```

3）检查和收集垃圾。检查垃圾收运车附近的垃圾桶，检查和收集垃圾桶里的垃圾。

```
to check - and - collect - waste
  let bins - around ( bins in - radius 1 )；检查附近是否有垃圾桶
  let waste - around sum [bin - load] of bins - around        ；计算邻近垃圾箱的负载
```

```
        set load load + waste - around                        ; 将垃圾箱的垃圾收集到卡车上
        ask bins - around [
            set bin - load 0                                  ; 邻近的垃圾箱应清空
        ]
        if ( member? self pritrucks ) [                       ; 在垃圾处理单位的基础上增加私家货车的成本
            set cost cost + ( waste - around * cost - per - waste - unit )
        ]
end
```

注：agentset in - radius number

返回原主体集合 agentset 中那些与调用者距离小于等于 number 的主体形成的集合。（可能包含调用者自身）

```
bins in - radius 1
```

返回主体集合 binsagentset 中那些与调用者距离小于等于 1 的主体形成的集合。

4）显示垃圾车的装载量。设置 label 显示每辆垃圾车的装载量。

```
to display - truck - load
    set label " "
    if ( show - truck - load? ) [
        set label load
    ]
end
```

5）垃圾车容量检查。检查每辆垃圾车的当前负载与最大容量。

```
to check - capacity
    if ( member? self pritrucks ) [;是私人（蓝色）货车
        if ( load > max - capacity - of - private - trucks ) [;私人货车已满
            set full? true
            set color 0
            move - to - depot         ; 运往垃圾处理场
        ]
    ]
    if ( member? self pubtrucks ) [;是公共（红色）货车
        if ( load > max - capacity - of - public - trucks ) [;公共（红色）货车已满
            set full? true
            set color 0
            move - to - depot         ; 运往垃圾处理场
        ]
    ]
end
```

6）运往垃圾处理场。把一辆装满垃圾的卡车运到垃圾处理场去。

```
to move - to - depot
```

```
    setxy 16 16        ；移动到坐标为（16，16）的右上角 patch
    set heading 180
    set load 0    ；卸载垃圾
    set full? false
    if（member? self pritrucks）[    ；恢复原来的颜色
        set color blue
    ]
    if（member? self pubtrucks）[
        set color red
    ]
end
```

7）绘制调用。显示公共货车的总成本和收集废物总数，个人货车的总成本和收集废物总数，未收集废物总数。

```
to do – plotting
    plot – new – value " Total Cost"" public – cost – pen" sum [cost] of pubtrucks
    plot – new – value " Total Cost"" private – cost – pen" sum [cost] of pritrucks
    plot – new – value " Total Waste Collected"" public – waste – collected – pen" total – waste – coll – pub
    plot – new – value " Total Waste Collected"" private – waste – collected – pen" total – waste – coll – pri
    plot – new – value " Total Waste Uncollected"" waste – uncollected – pen" total – waste – uncoll
end
```

8）绘制输出

```
to plot – new – value [name – of – plot pen value]
    set – current – plot name – of – plot
    set – current – plot – pen pen
    plot value
end
```

9）输出基本统计信息。报告输出区域的基本统计信息，以监视和评估垃圾收集过程。

```
to report – kpis
    output – type " Day：" output – print ticks/1440
    output – type " Cost per waste unit collected          [Euro]    "
    output – print precision（（sum [cost] of pubtrucks + sum [cost] of pritrucks）
        /（total – waste – coll – pub + total – waste – coll – pri））3
    output – type " Waste units（inside bins）/（bins + trucks）    [%]    "
    output – print round（100 * total – waste – uncoll/（sum [load] of pubtrucks
        + sum [load] of pritrucks + total – waste – uncoll））
    output – print " – – – – – – – – – – – – – – – – – – – – – – – – – – – – "
end
```

6.5 习题

1. 对于智能停车管理模型，回答下列问题：

1）打开或关闭信息系统开关，比较两者的区别。

2）注意，商店的初始位置对于结果的影响。

3）比较和总结调整 Parking – Diversity 参数滑块时的不同之处。

4）如果考虑开关，这里实际上有 4 个参数来控制结果。试着控制 3 个，只调整 1 个，看看有什么不同。

5）考虑到路边停车系统的复杂性，根据研究目标，这里有几种方法可以改进这个模型。例如：为绘制巡航时间提供更好的指示器或定义，添加对商店位置的控制，提供街道场景设置或添加交通影响。

2. 对于垃圾收运模型，考虑下列问题：

1）调整网格大小，看一下运行效果。

2）增加垃圾处理场的数量，比较与原来的一个处理场有什么不同。

3）增加卡车的数量和运力，对作业效率有什么影响，对成本什么影响。

4）一个额外的功能是可以灵活地将垃圾桶放置在角落以外的地方。此外，还可以添加一个新的垃圾箱种群来收集可回收的垃圾，这些垃圾应该分配给专门处理这类垃圾的卡车的第三个车队品种。

3. 将出租车服务和城市交通模型相结合，创建新的模型

4. 将垃圾收运模型和城市交通模型相结合，创建新的模型

参 考 文 献

[1] Cao Shan, WANG Jiadao, LI Dangguo, et al. Ecological and social modeling for migration and adhesion pattern of a benthic diatom [J]. Ecological Modelling, 2013, 250: 269 – 278.

[2] LIU Chun, SIBLY R M, GRIMM V, et al. Linking pesticide exposure and spatial dynamics: An individual – based model of wood mouse (Apodemus sylvaticus) populations in agricultural landscapes [J]. Ecological Modelling, 2013, 43 (06): 92 – 102.

[3] GONG Chengzhu, LI Lanlan, ZHU Kejun, et al. Evolutionary Model of Coal Mine Water Hazards Based on Multi – Agent [J]. Journal of China Coal Society, 2011, 2 (6): 358 – 365.

[4] HE X. Exploration on Building of Visualization Platform to Innovate Business Operation Pattern of Supply Chain Finance [J]. Physics Procedia, 26 (27): 1886 – 1893.

[5] SU Yueliang, NAN Lu. Simulation of Game Model for Supply Chain Finance Credit Risk Based on Multi – Agent [J]. Open Journal of Social Sciences, 2015, 03 (1): 31 – 36.

[6] SU Yueliang, NAN Lu. Supply Chain Finance Credit Risk Evaluation Method Based on Self – Adaption Weight [J]. Journal of Computer & Communications, 2015, 03 (7): 13 – 21.

[7] MORE D, BASU P. Challenges of supply chain finance: A detailed study and a hierarchical model based on

the experiences of an Indian firm [J]. Business Process Management Journal, 2013, 19 (4): 624 – 647.

[8] YAN Nina, SUN Baowen. Coordinating loan strategies for supply chain financing with limited credit [J]. Or Spectrum, 2013, 35 (4): 1039 – 1058.

[9] AXELROD R, TESFATSION L. A Guide for Newcomers to Agent – Based Modeling in the Social Sciences [J]. Staff General Research Papers Archive, 2006, 2 (5): 1647 – 1659.

[10] AXELROD R. Advancing the art of simulation in the social sciences [J]. Complexity, 1997, 3 (2): 21 – 40.

[11] 赵春晓, 王光兴. 稠密自组网的网关选举策略 [J]. 计算机学报, 2005, 28 (2): 195 – 200.

[12] 赵春晓, 王光兴, 高路, 等. 一种可靠路由的解析及仿真性能分析 [J]. 控制与决策, 2007, 22 (1): 49 – 52.

[13] 沈宇, 王晓, 韩双双, 等. 代理技术 Agent 在智能车辆与驾驶中的应用现状 [J]. 指挥与控制学报, 2019, 5 (2): 87 – 98.

第 7 章

地理信息与空间智能

经典的基于代理的模型，使用非常简单的关于世界如何运作的想法来探索简单行为规则可能产生的复杂结构。如果想要建立在现实地理环境中运行的模型，需要找到一种将地理数据与模型集成的方法。本章将讨论如何使用 Netlogo 进行此操作。Netlogo 的地理信息系统（Geographic Information System，GIS）扩展允许将现实世界的地理或人口数据纳入 Netlogo 项目。当地理信息系统与 Netlogo 相结合时，模拟可以从一个基本的表示转换为一个精确复制地图或人口要素的表示。

本章在介绍了地理空间智能的基本概念基础上，介绍地理信息系统扩展、暴雨洪灾、人口统计、人员疏散、共享单车等案例模型。

7.1 地理空间智能

1. GIS 概念及应用

（1）地理信息系统的定义

随着时代的发展，我们几乎每天都能够与 GIS 接触。例如：

外卖类的：美团、饿了吗可以实时看到配送小哥位置。

购物类：淘宝、京东可以看到配送员实时位置。

出行类：滴滴汽车和共享单车的实时位置。

导航类：百度地图和高德地图 APP，出行非常方便。

地图是 GIS 的表现形式，但是 GIS 深层是空间信息的处理，所以，我们不但可以从 GIS 地图上获取地理空间信息的直观印象，还可以通过 GIS 获取大量的其他信息，如地物与周边地物的关系（主要是拓扑关系、相邻、包含、相离）和地物的某一属性的影响范围，如公路对周边多大范围有噪声污染等。

GIS 让你可以所见即所得，获取地图上的大量信息。而且，由于 GIS 将属性信息和空间信息相结合，你可以更加直观地获取这些信息。

地理信息系统（Geographic Information System 或 Geo - Information system，GIS）有时又

称为"地学信息系统"。它是一种特定的十分重要的空间信息系统。它是在计算机硬、软件系统支持下，对整个或部分地球表层（包括大气层）空间中的有关地理分布数据进行采集、存储、管理、运算、分析、显示和描述的技术系统。

简单来说，GIS 就是一堆坐标相关的数据的组织和渲染展示。

它的定义主要包含三个方面的内容：

1）GIS 使用的工具：计算机软硬件系统。地理信息系统首先是一种计算机系统。该系统通常又由若干个相互关联的子系统构成，如地理数据采集子系统、地理数据管理子系统、地理数据处理和分析子系统、地理数据可视化表达与输出子系统等。这些子系统的构成影响着地理信息系统硬件的配置、功能与效率、数据处理的方式和产品输出的类型等。

2）GIS 研究对象：空间物体的地理分布数据及属性。地理信息系统的操作对象是地理数据或称空间数据（spatial data）。空间数据通常可以抽象成点、线和面等方式进行编码，并以空间坐标形式存储，或者以一系列栅格单元来表达连续的地理现象。空间数据的最根本特点是每一个地理实体都按统一的地理坐标进行记录，实现对其定位、定性、定量等信息的描述。

地理信息系统以空间数据作为处理和操作的主要对象，这是它区别于其他类型信息系统的主要标志，也是其技术难点之所在。一般信息系统和地理信息系统的差别是：一般地理信息系统，如医院的病人管理系统、车站售票系统等，只能存储、管理数据，而 GIS 除了一般地理信息系统的功能外，还能显示数据的空间分布。

3）GIS 数据建立过程：采集、存储、管理、处理、检索、分析和显示。地理信息系统的优势在于它的空间数据结构和有效的数据集成、独特的地理空间分析能力、快速的空间定位搜索和复杂的空间查询功能、强大的图形生成和可视化表达手段，以及地理过程的演化模拟和空间决策支持功能等。其中，通过地理信息系统的空间分析功能可以产生常规方法难以获得的地理信息，实现在分析功能支撑下的管理与辅助决策支持，这就是地理信息系统的研究核心，也是地理信息系统的主要贡献。

地理信息系统的外观，表现为计算机软硬件系统；其内涵却是由计算机程序和地理数据组织而成的地理空间信息模型。当具有一定地学知识的用户使用地理信息系统时，他所面对的数据不再是毫无意义的，而是把客观世界抽象为模型化的空间数据，用户可以按应用的目的观测这个现实世界模型的各个方面的内容，取得自然过程的分析和预测的信息，用于管理和决策，这就是地理信息系统的意义。

一个逻辑缩小的、高度信息化的地理系统，从视觉、计量和逻辑上对地理系统在功能方面进行模拟，信息的流动以及信息流动的结果，完全由计算机程序的运行和数据的变换来仿真。地理学家可以在地理信息系统支持下提取地理系统各不同侧面、不同层次的空间和时间特征，也可以快速地模拟自然过程的演变或思维过程的结果，取得地理预测或"实验"的结果，选择优化方案，用于管理与决策。

（2）GIS 应用

地理信息只是一堆数据记录，需要有合适的软件去把它表示出来；GIS 操作应用领域非常广阔，P. A. Longley 等归纳 GIS 的操作性应用领域包括基础设施、城市应急与城市规划、土地、交通、军事、社会、环境、健康与保健、农林、景观保护、图书馆管理等多个方面。从应用范围看，包括：

1）资源管理。利用 GIS 管理土地资源与资产。可以清查土地存量与土地利用，评价土地质量、分析土地、估算地价，规划可持续土地利用，查找土地利用/覆盖变化。

GIS 用于土壤分类与类型。制图、分析土壤水分、有机质、全氮、有效磷等土壤物理、化学要素的空间分布，判断土壤流失量，进行土壤侵蚀分区与土壤退化研究。

2）城市管理。城市基础设施管理。GIS 网线分析用于城市供水、排水、煤气、供暖、供电、电信、计算机网络、人防、交通等基础设施管理与规划。

商业网点与服务设施的布局。借助 GIS，合理配置银行、学校、商业、医疗等服务设施。

城市应急与公共安全。GIS 可以快速地处理地震、水灾、火灾等突发事件，提供决策支持预案。在公共安全领域，考虑危害、易受灾性、风险要素，评估风险等级，GIS 可以在风险缓解、防灾准备、灾后响应与恢复等方面，提供快速支持。

从应用层次看，包括：

① 纯互联网应用。点线面覆盖物在地图上的展示、属性绑定、事件查询、可视化渲染。

② 空间分析。这也是 GIS 系统与其他信息系统不一样的、独特的地方，如叠置分析、几何分析、缓冲区分析、网络分析、路径分析、最佳选址分析、服务区分析，以及更专业些的克里金分析等。

③ 数字城市以及数字地球。日益发展与普及的 GIS 和计算机技术已经让人们获取信息的方式从电视、纸质报纸等这些传统的信息媒介过渡到更方便、更快捷的计算机网络，在此基础上发展起来的"数字地球"和"数字城市"在人们的生产和生活中发挥着越来越重要的作用。本质上就是对现实的复杂世界的抽象化、数字化的数据获取和储存、数字化的数据展示。这样就可以利用计算机技术，达成对城市的一个直观了解。

④ 智慧城市和智慧地球。在数字城市和数字地球的基础上，加入一些智能分析系统的产物。有着一定的智能，需要用到物联网和云计算的相关技术来实现。物联网主要是终端的传感器和数据的收集采集，而云计算平台提供大数据的储存和处理服务。GIS 将实现应用云化和移动化，向更贴近大众日常生活的方向发展。我们现在已经越来越能感觉到 GIS 为我们生活带来的各种便利，而未来我们将更加离不开 GIS。

⑤ 基于 GIS 的城市大脑。这是一种数字城市的终极状态。城市大脑，模仿人脑，有着各种感受器（传感器），其中主要还是摄像头提供的视觉感知，然后通过云计算技术，进行实时的视觉信息处理，得到数据结果，一面写入云数据库，同时自动地根据算法，给出反馈，作用到相关的终端（效应器）上。交通方面就是"摄像头—云计算大脑—红绿灯"系统模型。城市大脑的一种解决方案是融合 GIS + BIM + 大数据 + 云计算的基础技术框架。

2. GIS 空间数据

（1）GIS 空间数据

数据是 GIS 的重要内容，也是 GIS 系统的灵魂和生命。数据组织和处理是 GIS 应用系统建设中的关键环节。

地理信息作为一种特殊的信息，来源于地理数据。地理数据是各种地理特征和现象间关系的符号化表示，是指表征地理环境中要素的数量、质量、分布特征及其规律的数字、文字、图像等的总和。要完整地描述空间实体或现象的状态，一般需要同时有空间数据和属性数据。如果要描述空间实体或现象的变化，还需记录空间实体或现象在某一个时间的状态。所以，一般认为空间数据具有三个基本特征：

1）空间特征。表示现象的空间位置或现在所处的地理位置。空间特征又称为几何特征或定位特征，一般以坐标数据表示。

2）属性特征。表示现象的特征，例如：变量、分类、数量特征和名称等。

3）时间特征。指现象或物体随时间的变化。

空间数据和属性数据相对于时间来说，常常呈相互独立的变化，即在不同的时间，空间位置不变，但是属性类型可能已经发生变化，或者相反。因此，空间数据的管理是十分复杂的。

有效的空间数据管理要求位置数据和非位置数据互相作为单独的变量存放，并分别采用不同的软件来处理这两类数据。这种数据组织方法，对于随时间而变化的数据，具有更大的灵活性。一般地，表示地理现象的空间数据可以细分为：

类型数据：例如：考古地点、道路线和土壤类型的分布等；

面域数据：例如：随机多边形的中心点、行政区域界线和行政单元等；

网络数据：例如：道路交点、街道和街区等；

样本数据：例如：气象站、航线和野外样方的分布区等；

曲面数据：例如：高程点、等高线和等值区域；

文本数据：例如：地名、河流名称和区域名称；

符号数据：例如：点状符号、线状符号和面状符号（晕线）等。

（2）GIS 数据的组织和管理

地理空间上按图幅来组织和管理。同一幅图内按图层来组织和管理，即图层来组织和管理空间数据。通常由底图 + 业务图层。比如：道路图层、边界线图层、信息点图层叠加在一起成一个地图。

GIS 中的地理要素通常按照其类型和相互关系以要素集合的方式进行管理，例如：土地利用类型、道路、政区、行政中心等，每个要素集还可以进一步细分为多个子集。

另一方面，G1S 中的地图是由若干"透明"图层组成的，图层与各种要素集合一一对应。要素集合和图层实际上是同一个问题不同的方面。

在 GIS 中，一般按照地理要素的特点，将其划分为点、线、面等类型，然后按照把同类要素放在一个图层中，不同类要素分别放在不同图层中的原则来组成地理数据。如点状对象（电杆、水井）、线状对象（公路、沟渠）与面状对象（水体、用地），分别存放成电杆层、水井层、公路层、沟渠层、水体层、用地层。这样做的目的主要基于下面的考虑：

1）有利于空间数据与属性数据的连接。GIS 的属性数据大多用关系数据模型进行管理，这样，相同性质的地理实体可拥有同一张关系表，从而有利于 GIS 的数据管理。

2）有利于组织所需要的各种专题地图。不同的专题地图对地图要素的取舍有一定的要求，GIS 按要素组织图层的管理方式，有利于制作不同形式和内容的专题地图。

3）有利于提高图形的显示速度。好的 GIS 系统，图形显示速度是需要考虑的一个重要方面。关闭不需要显示的地图图层或者根据显示范围控制图层的显示与否，都有利于提高计算机图形的显示速度。

feature：要素，可以理解为数据库一条记录，一个地物信息，是 layer 子元素。

（3）GIS 数据存储格式

在日常使用中，常用的数据有两种即矢量数据和栅格数据，都可直接导入到 GIS 软件（ArcMap、SuperMapIDeskTop、Udig、QGIS）中对其作相应的处理。

1）矢量数据格式。矢量数据是利用欧几里德几何学中点、线、面及其组合体来表示地理实体空间分布的一种数据组织方式。

例如：在直角坐标系中，用 X、Y 坐标表示地图图形或地理实体的位置的数据。矢量数据一般通过记录坐标的方式来尽可能将地理实体的空间位置表现得准确无误。

点实体：可直接用一对坐标（X，Y）来确定位置；

线实体：线是由一系列点组成的曲线，用坐标串的集合（X1，Y1；X2，Y2；…；Xn，Yn）来记录；

面实体：面也是由点组成的，只是在用坐标串集合表示时要使曲线闭合（X1，Y1；X2，Y2；…；Xn，Yn；X1，Y1）。

图层中的矢量数据主要是指保存了点、线、面坐标信息和属性信息的文件，这种文件一般是 . shp 格式。若将 . shp 文件在 ArcGIS 中打开，则称其为图层。

2）影像数据格式（栅格数据格式）。栅格数据就是将空间分割成有规律的网格，每一个网格称为一个单元（像素），并在各单元上赋予相应的属性值来表示实体的一种数据形式。

点实体：由一个栅格像元来表示，一个点对应着一个像元；

线实体：由一定方向上连接成串的相邻栅格像元表示；

面实体（区域）：由具有相同属性的相邻栅格像元的块集合来表示。

3. 空间参考（坐标系）

空间参考（Spatial Reference）是 GIS 数据的骨骼框架，能够将我们的数据定位到相应的位置，为地图中的每一点提供准确的坐标。在同一个地图上显示的地图数据的空间参考必须是一致的，如果两个图层的空间参考不一致，往往会导致两幅地图无法正确拼合，因此开发一个 GIS 系统时，为数据选择正确的空间参考非常重要。

地理坐标系为球面坐标。参考平面地是椭球面，坐标单位：经纬度。

国际标准的经纬度坐标是 WGS84，Open Street Map；外国版的 Google Map 都是采用 WGS84；高德地图使用的坐标系是 GCJ - 02；百度地图使用的坐标系是 BD - 09。

投影坐标系为平面坐标。参考平面地是水平面，坐标单位：米、千米等；

地理坐标转换到投影坐标的过程可理解为投影。将地球椭球面上的点映射到平面上的方法，称为地图投影。

为什么要进行投影？

地理坐标为球面坐标，不方便进行距离、方位、面积等参数的量算。

地球椭球体为不可展曲面。地图为平面，符合视觉心理，并易于进行距离、方位、面积等量算和各种空间分析。

投影的实质：经纬度坐标→笛卡儿平面直角坐标系。

4. GIS 和 BIM

BIM（Building Information Modeling）就是建筑物的数字化信息模型，BIM 技术便是以这些信息为基础开发数字模型并对项目进行设计、建造及运营管理的一项技术。

BIM 与 GIS 之间不是替代关系，而是倾向于一种互补关系。

GIS 的出现为城市的智慧化发展奠定了基础，BIM 的出现附着了城市建筑物的整体信息，两者的结合创建了一个附着了大量城市信息的虚拟城市模型，而这正是智慧城市的基础。

总体来说，BIM 是用来整合和管理建筑物本身所有阶段信息，GIS 则是整合及管理建筑外部环境信息。

把微观领域的 BIM 信息和宏观领域的 GIS 信息进行交换和结合，对实现智慧城市建设发挥了不可替代的作用。

这两个系统整合以后的应用领域很广，包括城市和景观规划、城市交通分析、城市微环境分析、市政管网管理、住宅小区规划、数字防灾、既有建筑改造等诸多领域有所应用。与各自单独应用相比，在建模质量、分析准确度、决策效率、成本控制水平等方面都有明显提高。

5. GIS、BIM 和 ABM 集成

Netlogo 平台具有地理信息系统的几个基本要素，即它以系统的方式跟踪空间数据，并可用于创建空间数据的可视化。然而，对于大多数应用程序来说，Netlogo 模型生成的空间数据是简单抽象的。经典的基于代理的模型，比如谢林的隔离模型，使用非常简单的关于世界如何运作的想法来探索简单行为规则可能产生的复杂结构。在处理像隔离这样的一般问题时，这当然是有用的。如果我们想要建立在现实地理环境中运行的模型，就需要找到一种将地理数据与模型集成的方法。在本书中，将讨论如何使用 Netlogo 进行此操作。

Netlogo 的 GIS 扩展为用户提供了导入 GIS 矢量和栅格数据的能力，这些数据将与 Netlogo 中已有的无数标准功能结合使用。典型的 Netlogo 模拟使用海龟和方形地块，它们使用预先定义的规则进行交互。海龟和地块彼此了解，并且能够随着条件/变量的变化相互作用。这些代理可以要求其他代理执行任务或过程。虽然这些特性对许多任务都很适用，但是 GIS 扩展是创建基于代理的模型的强大工具，这些模型被扩展到包括使用精确地图和真实数据集。这个扩展创建了矢量数据与 Netlogo 中的代理交互的能力，就像地块和海龟的交互一样。

本文重点介绍使用 GIS 扩展导入和操作 Netlogo 模型内的矢量数据集所需的基本过程。

开始使用 GIS 扩展需要创建或查找地图及其相关数据。完成这项任务有几种可用的选项，包括 ArcGIS（付费服务）和 QGIS（开源且免费使用）。使用 GIS 应用程序，用户可以修改在线地图，只包含运行 Netlogo 模型所需的信息。这些应用程序还允许用户使其映射与 Netlogo 空间兼容。一些映射必须转换为受支持的扩展。目前，GIS 扩展支持使用 ESRI 形状文件（.shp）用于支持矢量文件，ASCII 网格文件用于支持栅格数据。

许多政府机构提供免费和开源地图，包括美国地质调查局和美国人口普查局。这两种 GIS 资源在 Netlogo 中是非常宝贵的，因为查找要使用的质量矢量或栅格图并不总是一项简单的任务。美国人口普查局提供的地图和数据也很有价值，因为这些地图和数据包含了大量有关美国人口的真实数据，这些数据有助于建立极其详细和现实的基于代理的模型。通过这种方式，地理信息系统的扩展提供了在现实和代表性框架内探索问题和解决方案的机会。

一旦 GIS 命令可用，就需要设计一个或多个全局变量来保存导入的数据。Netlogo 要求在开始时，在任何函数被设计之前声明全局变量。这些变量能够被模拟中的每个地块和代理访问和使用。

为了完成任务，必须使用一些 GIS 扩展原语。原语执行特定于 GIS 扩展的预定功能。有了这些，用户可以查询向量要素或整个数据集，以确定一个多边形是否包含另一个多边形，一个地块是否与特定的矢量要素相交，或其他有限数量的 GIS 操作。

目前支持两种类型的数据文件：

1）".shp"（ESRI shapefile）：包含矢量数据，由点、线或多边形组成。当目标文件是一个 shapefile 时，load-dataset 报告一个 VectorDataset。

2）".asc" or ".grd"（ESRI ASCII 网格）：包含栅格数据，由一个值网格组成。当目标文件是 ASCII 网格文件时，load-dataset 报告一个栅格数据集。

7.2 GIS 扩展

1. 问题背景

Netlogo 强大的内置扩展之一是地理信息系统（GIS）扩展，它允许将矢量和栅格 GIS 数据导入 Netlogo 仿真模型。这对于构建真实人口的模拟（以及允许导入诸如地形数据之类的东西）特别有用。

该模型的建立是为了测试和演示 GIS Netlogo 扩展的功能。

在该模型中，我们将讨论 Uri Wilensky 的"GIS 通用示例"模型，本教程示例需要与该模型关联的 GIS 的 data 文件夹的副本（可以在 Netlogo 安装目录的"Models"文件夹中找到）。

栅格结构和矢量结构是模拟地理信息的两种不同的方法。栅格数据结构类型具有"属性明显、位置隐含"的特点，它易于实现，且操作简单，有利于基于栅格的空间信息模型的分析，如在给定区域内计算多边形面积、线密度，栅格结构可以很快算得结果，而采用矢量数据结构则麻烦得多；但栅格数据表达准确度不高、数据存储量大、工作效率较低。如要提高一倍的表达准确度（栅格单元减小一半），数据量就需增加3倍，同时也增加了数据的冗余。因此，对于基于栅格数据结构的应用来说，需要根据应用项目的自身特点及其准确度要求来恰当地平衡栅格数据的表达准确度和工作效率两者之间的关系。另外，因为栅格数据格式的简单性（不经过压缩编码），其数据格式容易为大多数程序设计人员和用户所理解，基于栅格数据基础之上的信息共享也较矢量数据容易。

矢量结构的特点是：定位明显、属性隐含，其定位是根据坐标直接存储的，而属性则一般存于文件头或数据结构中某些特定的位置上，这种特点使得其图形运算的算法总体上比栅格数据结构复杂得多，有些甚至难以实现，当然有些地方也有所便利和独到之处，在计算长度、面积、形状和图形编辑、几何变换操作中，矢量结构有很高的效率和准确度，而在叠加运算、邻域搜索等操作时则比较困难。

该模型加载了4个不同的GIS数据集：世界城市点文件、世界河流折线文件、国家多边形文件和地表高程栅格文件。它提供了一组显示和查询数据的不同方法，以演示GIS扩展的功能。

首先，从投影菜单中选择一个地图投影，然后单击setup按钮。之后，您可以单击任何其他按钮来显示数据。有关不同按钮如何工作的特定信息，请参阅code选项卡。

Shapefiles（.shp）或矢量数据可以相当简单地导入到Netlogo中，但是因为Netlogo世界一开始就是网格化的，所以Shapefiles和代理/地块之间的拓扑关系可能有点麻烦，通常需要很好地理解列表是如何工作的。

2. 模型界面

在这个模型中，有3个开关量label-cities、label-rivers、label-countries。一个选择器Projection：取值为"WGS_84_Geographic"、"US_Orthographic"和"Lambert_Conformal_Conic"

3. 程序

（1）定义变量

```
extensions [gis]
globals [cities-dataset
          rivers-dataset
          countries-dataset
          elevation-dataset]
breed [city-labels city-label]              ;城市标签
breed [country-labels country-label]
breed [country-vertices country-vertex]
breed [river-labels river-label]
patches-own [population country-name elevation]
```

（2）初始化函数setup

与许多Netlogo特性一样，"底层"相当复杂，这使得GIS数据导入相对容易。这里设置坐标系统是可选的，只要所有数据集使用相同的坐标系统。

首先设置 GIS 数据集到 Netlogo 世界的映射，然后，加载所有 GIS 数据集到全局变量。

```
to setup
  clear - all
  gis：load - coordinate - system（word " data/" projection " . prj"）
  set cities - dataset gis：load - dataset " data/cities. shp"        ；加载所有数据集
  set rivers - dataset gis：load - dataset " data/rivers. shp"
  set countries - dataset gis：load - dataset " data/countries. shp"
  set elevation - dataset gis：load - dataset " data/world - elevation. asc"
            ；将 NETLOTO 世界矩形区域设置为所有 GIS 数据集矩形区域的并集。
  gis：set - world - envelope（gis：envelope - union - of（gis：envelope - of cities - dataset）
                                （gis：envelope - of rivers - dataset）
                                （gis：envelope - of countries - dataset）
                                （gis：envelope - of elevation - dataset））
  reset - ticks
end
```

（3）展示城市

代理是否可以与数据交互取决于它与 shapefile 的关系，更重要的是，取决于它的要素和顶点。在这个阶段，代理能直接与数据交互。

通过使用特征列表（gis：feature - list - of）命令，可以获得 shapefile 的各个要素。

从一个 shapefile 中绘制点数据，如果 label - cities 为真，则可选择将数据加载到 turtle 中。

```
to display - cities        ；展示城市
  ask city - labels［die］        ；清除之前的城市标签
  foreach gis：feature - list - of cities - dataset［；城市数据集的每个矢量要素
                        ；根据 POPULATION 的值，绘制城市颜色
    vector - feature - > gis：set - drawing - color scale - color red
        （gis：property - value vector - feature " POPULATION"）5000000 1000   ；绘制城市颜色
    gis：fill vector - feature 2. 0          ；用 2 填充给定矢量数据
    if label - cities［；label - cities 为真，显示城市名。对于顶点列表，需要在这里使用 first 两次
      let location gis：location - of（first（first（gis：vertex - lists - of vector - feature）））
      if not empty? Location［；点位于当前坐标转换 Netlogo 世界边界内，location 非空
        create - city - labels 1［        ；创建城市标记名 Agent，设置其行列坐标和城市名，显示
          set xcor item 0 location
          set ycor item 1 location
          set size 0
          set label gis：property - value vector - feature " NAME"
        ]
      ]
  ]
```

```
        ]
    ]
end
```
gis：feature – list – of cities – dataset 命令报告城市数据集中所有 VectorFeatures 的列表

gis：property – value vector – feature " POPULATION" 命令报告" POPULATION" 属性值

试着在命令行中输入这段代码：

```
        gis：feature – list – of cities – dataset
```

它应该生成一个类似如下的特征列表：

〔｛｛gis：VectorFeature ［" POPULATION"：" 468000. 0"］ ［" COUNTRY"：" Russia"］ ［" CAP-ITAL"：" N"］

［" NAME"：" Murmansk"］｝｝ ｛｛gis：VectorFeature ［" POPULATION"：" 416000. 0"］ ［" COUN-TRY"：" Russia"］

［" CAPITAL"：" N"］ ［" NAME"：" Arkhangelsk"］｝｝ ...〕

每一组双花括号 ｛｛｝｝ 都包含一个矢量要素 VectorFeature。

我们还可以使用 gis：vertex – lists – of 命令来获取城市的顶点数据（可以将 gis：features – list – of 作为 Netlogo 列表来访问）；例如：

```
    show gis：location – of (first (first (gis：vertex – lists – of (item 0 gis：feature – list – of cities – data-set))))
```

observer：〔16. 3713700050642227 25. 987491289774578〕

这在处理点数据时特别有用，因为每个点都是它自己的顶点。

（4）显示河流

从一个 shapefile 中绘制折线数据，如果 label – rivers 为真，还可以选择将一些数据加载到 turtle 中。

```
to display – rivers            ; 显示河流
  ask river – labels ［die］
  gis：set – drawing – color blue                ; 绘制蓝色河流
  gis：draw rivers – dataset 1                   ; 使用绘图颜色，以给定的线条粗细 1 绘制河流
  if label – rivers ［                           ; 河流标记为真，显示河流名。显示于质心位置
    foreach gis：feature – list – of rivers – dataset ［   ; 河流数据集的每个矢量要素
      vector – feature  – > let centroid gis：location – of gis：centroid – of vector – feature
        if not empty? centroid ［                 ; 质心位于当前 Netlogo 世界的边界之内
          create – river – labels 1 ［            ; 创建河流标记 Agent，设置其位于质心位置，大小
                                                     为 0，河流名，显示
            set xcor item 0 centroid
            set ycor item 1 centroid
            set size 0
            set label gis：property – value vector – feature " NAME"
          ]
```

```
            ]
        ]
    ]
end
```

（5）展示国家

从一个形状文件中绘制多边形数据，如果标签国家为真，还可以选择将一些数据加载到 turtle 中。

```
to display – countries        ；展示国家
    ask country – labels ［die］
    gis：set – drawing – color white                ；绘制白色国家
    gis：draw countries – dataset 1                 ；使用绘图颜色，以给定的线条粗细1绘制国家
    if label – countries ［       ；国家标记为真，显示国家名。显示于质心位置
        foreach gis：feature – list – of countries – dataset ［；国家数据集的每个矢量要素
            vector – feature – > let centroid gis：location – of gis：centroid – of vector – feature
            ；如果质心位于当前 Netlogo 世界的边界之外，则质心将为空列表，这是由当前 GIS 坐标转换定
                义的
            if not empty? centroid ［；质心位于当前 Netlogo 世界的边界之内，则质心非空列表
                create – country – labels 1 ［；创建国家标记 Agent，设置其位于质心位置，大小为 0，国家名
显示
                    set xcor item 0 centroid
                    set ycor item 1 centroid
                    set size 0
                    set label gis：property – value vector – feature " CNTRY_NAME"
                ]
            ]
        ]
    ]
end
```

（6）显示与河流相交的地块

使用 gis：intersecting 查找与给定河流矢量要素相交的一组 patches。

```
to display – rivers – in – patches        ；显示地块中的河流
    ask patches ［set pcolor black］
    ask patches gis：intersecting rivers – dataset ［
        set pcolor cyan
    ]
end
```

（7）以不同颜色显示国家人口

使用 gis：apply – coverage 将值从多边形数据集 countries – dataset 中复制到地块变量 population。

```
to display – population – in – patches      ；基于地块显示人口
   gis：apply – coverage countries – dataset " POP_CNTRY" population
   ask patches [
   Ifel
se（population > 0）[
        set pcolor scale – color red population 500000000 100000
     ] [
        set pcolor blue]
   ]
end
```

（8）绘制绿色河流

使用 gis：find – one – of 查找特定的矢量要素" CNTRY_NAME"，然后使用 gis：inter-sects? 用另一个数据集 rivers – dataset 中与该要素" CNTRY_NAME" 相交的所有要素 vector – feature 绘制绿色河流。

```
to draw – us – rivers – in – green
   let united – states gis：find – one – feature countries – dataset " CNTRY_NAME" " United States"
   gis：set – drawing – color green                ；绘制绿色河流
   foreach gis：feature – list – of rivers – dataset [        ；河流数据集的每个矢量要素
     vector – feature  – > if gis：intersects? vector – feature united – states [
                  gis：draw vector – feature 1；使用绿颜色，以给定的线条粗细 1 绘制河流
                      ]
      ]
end
```

（9）突出显示大城市

使用 gis：find – greater – than 按值查找 VectorFeatures 列表。

```
to highlight – large – cities
   gis：set – drawing – color yellow            ;；配置绘制颜色为黄色
   foreach gis：find – greater – than cities – dataset " POPULATION" 10000000 [
     vector – feature  – > gis：draw vector – feature 3      ；按照大小 3 绘制城市
      ]
end
```

（10）显示高程地形

将栅格数据集绘制到 Netlogo 绘图层，该层位于地块的顶部（并使其变得模糊）。

```
to display – elevation    ；显示高程
   gis：paint elevation – dataset 0    ；将栅格数据 elevation – dataset 绘制到 Netlogo 绘图层
end
```

（11）显示带地块的样本高程地形

这是从栅格数据集中复制值到地块变量的首选方法：只需一步，使用 gis：apply – ras-ter。

```
to display – elevation – in – patches
```

```
gis：apply – raster elevation – dataset elevation
let min – elevation gis：minimum – of elevation – dataset
let max – elevation gis：maximum – of elevation – dataset
ask patches［；根据它的高程值为每个 patch 上色
    if ( elevation ＜ ＝ 0) or ( elevation ＞ ＝ 0)［；注意使用"＜ ＝ 0 或 ＞ ＝ 0"技术过滤掉"not a
number"
        set pcolor scale – color black elevation min – elevation max – elevation］］
end
```

（12）显示带地块的样本高程地形

这是将栅格数据集中的值复制到地块中的第二种方法，方法是在每个地块中请求栅格的矩形样本。这稍微慢一些，但它确实产生了更平滑的子抽样，这对于某些类型的数据是可取的。

```
to sample – elevation – with – patches
    let min – elevation gis：minimum – of elevation – dataset
    let max – elevation gis：maximum – of elevation – dataset
    ask patches［
        set elevation gis：raster – sample elevation – dataset self
        if ( elevation ＜ ＝ 0) or ( elevation ＞ ＝ 0)［
            set pcolor scale – color black elevation min – elevation max – elevation
        ］
    ］
end
```

（13）将单元格匹配到地块

这是一个如何选择栅格数据集子集的示例，该子集的大小和形状与 Netlogo 世界的维度相匹配。实际上没有画任何东西；它只是修改坐标变换，使 patch 边界与栅格单元格边界对齐。您需要在调用此命令之后调用其他命令之一，以查看其效果。

```
to match – cells – to – patches
    gis：set – world – envelope gis：raster – world – envelope elevation – dataset 0 0
    clear – drawing
    clear – turtles
end
```

（14）Sobel 梯度

这个命令还演示了创建一个新的、空的栅格数据集并用计算值填充它的技术。

这个命令使用 gis：convolve 原语来计算海拔数据集的水平和垂直 Sobel 梯度，然后使用它们的二次方和的二次方根来组合它们来计算整体的"图像梯度"。这更像是一种图像处理技术，而不是 GIS 技术，但在这里将它包括进来，以展示如何使用 GIS 扩展可以很容易地做到这一点。

```
to display – gradient – in – patches    ；显示地块梯度
```

```
let horizontal – gradient gis：convolve elevation – dataset 3 3 ［1 0 –1 2 0 –2 1 0 –1］1 1
let vertical – gradient gis：convolve elevation – dataset 3 3 ［1 2 1 0 0 0 –1 –2 –1］1 1
let gradient gis：create – raster gis：width – of elevation – dataset gis：height – of elevation – dataset
              gis：envelope – of elevation – dataset   ；创建并报告一个新的、空的栅格数据集
let x 0
repeat（gis：width – of gradient）［    ；数据集中列的数目，这是从左到右的单元格数
  let y 0
  repeat（gis：height – of gradient）［  ；数据集中的行数，这是从上到下的单元格行的数目
    let gx gis：raster – value horizontal – gradient x y    ；报告给定单元格中给定栅格数据集的值
    let gy gis：raster – value vertical – gradient x y      ；报告给定单元格中给定栅格数据集的值
    if（（gx < = 0）or（gx > = 0））and（（gy < = 0）or（gy > = 0））［
      gis：set – raster – value gradient x y sqrt（（gx * gx）+（gy * gy））；计算整体的图像梯度
    ]
      set y y + 1
  ]
set x x + 1
]
let min – g gis：minimum – of gradient
let max – g gis：maximum – of gradient
gis：apply – raster gradient elevation   ；从栅格数据集 gradient 中复制值到地块变量 elevation
ask patches ［
  if（elevation < = 0）or（elevation > = 0）［；按 Sobel 梯度显示地形
    set pcolor scale – color black elevation min – g max – g
  ]
]
end
```

7.3　暴雨洪灾

1. 问题背景

洪涝灾害系统是一个典型的复杂系统。自然灾害的暴雨环境主要包括大气环境、水文气象环境以及下垫面环境等，研究表明洪涝暴雨环境的稳定性主要与受灾区域的地形、河流湖泊分布、土地利用、植被覆盖及土壤的相关性比较大。基于地理信息系统（Geographic Information System，GIS）进行洪涝灾害研究，包括经济损失、人口损失、建筑物损失和绘制洪水风险图等。

自然环境是复杂而多变的，具有一定的随机性和动态性。自然环境中各组成部分相互作用、相互影响，整个系统一直处于一种动态平衡之中。传统的研究方法通常着眼于自然环境中某一个小的方面，对于宏观现象的模拟无能为力。而多主体仿真（MAS）具有高度的智能性，能够模拟复杂的自然现象，诸如降雨汇聚成河流的模拟，该多主体仿真（MAS）模

型模拟了自然地形的高低起伏，通过在表面设置均匀分布的雨水，通过雨水的汇集趋势来表达地形。虽然实际情况可能会有其他影响因素，但是多主体仿真（MAS）模型对于宏观趋势的预测与模拟是较为准确的。

该模型的建立是为了测试和演示 GIS Netlogo 扩展的功能。它模拟雨滴在地球表面向下流动。

这个模型加载了美国俄亥俄州辛辛那提附近一个小区域的表面高程栅格文件。它结合了"gis：convolve"原语和简单的 Netlogo 代码，利用地表高程数据计算出地表的坡度（垂直角度）和坡向（水平角度）。然后，它通过让海龟不断调整方向，同时以恒定的速度向前移动，来模拟雨滴在该表面向下流动。

雨滴落在随机的位置或用户选择的位置，然后向下流动。如果附近没有海拔较低的地块，雨滴就会停留在原地。雨滴汇聚在一起，直到它们流过附近的土地。有些雨滴可能永远停留在高处的水潭里。其他的将从系统边缘流出，如图 7-1 所示。

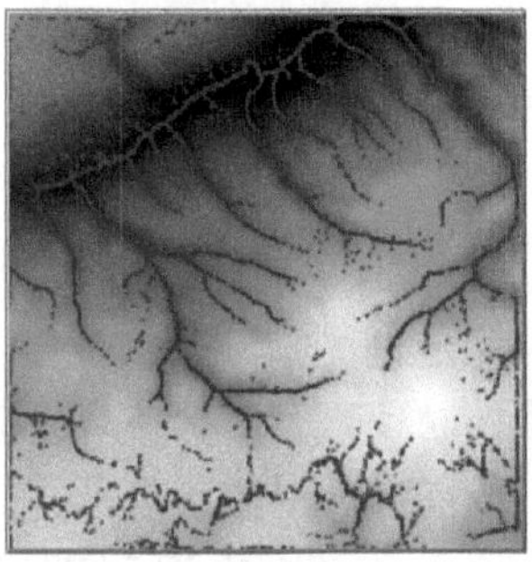

图 7-1　雨滴流动

2. 模型界面

界面只包括 5 个按钮：setup、go、display – slope、display – aspect、display – elevation。

3. 程序

（1）全局变量

全局变量 elevation 标高将是栅格数据集存储在模型中的位置。

```
globals [
    Elevation    ; 地表高程数据
    slope        ; 地表坡度（垂直角度）
    aspect       ; 坡向（水平角度）
]
```

（2）启动程序 setup

本文暴雨环境 Patches 的初始化地形 elevation 栅格（网格）数据。数据直接作为 data/local – elevation. asc 文件导入 Netlogo，文件附带一个投影文件 local – elevation. prj。

我们要做的不仅仅是查看 elevation 栅格数据，而是还要允许代理与它交互。方法是要求代理在使用栅格的任何地方取样（gis：raster – sample 命令）。使用 gis：paint 命令对地块进行着色，以与栅格数据相对应。

```
to setup
    clear – all
    set elevation gis：load – dataset " data/local – elevation. asc"    ; 加载数据到 elevation
    gis：set – world – envelope gis：envelope – of elevation
            ; 设置 Netlogo 世界的矩形区域以匹配 GIS 数据集的矩形区域
    let horizontal – gradient gis：convolve elevation 3 3 [1 1 1 0 0 0 –1 –1 –1] 1 1
            ; 通过 Sobel 算子计算水平梯度
```

```
let vertical – gradient gis：convolve elevation 3 3 ［1 0 –1 1 0 –1 1 0 –1］ 1 1
        ；通过 Sobel 算子计算垂直梯度
set slope gis：create – raster gis：width – of elevation gis：height – of elevation
        gis：envelope – of elevation        ；创建 slope 栅格
set aspect gis：create – raster gis：width – of elevation gis：height – of elevation
        gis：envelope – of elevation        ；创建 aspect 栅格
let x 0
repeat（gis：width – of slope）［
  let y 0
    repeat（gis：height – of slope）［
      let gx gis：raster – value horizontal – gradient x y
      let gy gis：raster – value vertical – gradient x y
      if（（gx < = 0）or（gx > = 0））and（（gy < = 0）or（gy > = 0））［
        let s sqrt（（gx * gx）+（gy * gy））        ；计算整体的图像梯度 s
        gis：set – raster – value slope x y s  ；设置 slope 的 x y 单元栅格值为 s
        ifelse（gx！= 0）or（gy！= 0）［    ；设置 aspect 的 x y 单元栅格值 atan gy gx
        gis：set – raster – value aspect x y atan gy gx
      ］［；设置 aspect 的 x y 单元栅格值 0
        gis：set – raster – value aspect x y 0］］
      set y y + 1］
  set x x + 1］
gis：set – sampling – method aspect " bilinear"        ；设置采样方法
ask patches［
  sprout 1［                ；每个地块创建一个 Agent 表示雨滴
    set color blue
    let h gis：raster – sample aspect self
    ；给定栅格 aspect 在给定 self 位置上的值。代理从所处位置读取坡度 aspect 数据，并将其
    ；转换为它们自己的变量 h
    ifelse h > = –360［
      set heading subtract – headings h 180
    ］［
      die］
  ］
］
gis：paint elevation 0        ；将给定的栅格数据 elevation 绘制到 Netlogo 绘图层
reset – ticks
end
```

（3）go 函数

通过让海龟不断调整方向，同时以恒定的速度向前移动，来模拟雨滴在该表面向下

流动。

```
to go
    ask turtles [
        forward random – normal 0. 1 0. 1
        let h gis: raster – sample aspect self
        ifelse h >= -360 [
            set heading subtract – headings h 180
        ] [
            die
        ]
    ]
    tick
    if not any? turtles    [stop]
end
```

7.4 人口统计

1. 问题背景

在该模型中,我们将讨论 Uri Wilensky 的"GIS 通用示例"模型的修改版本,本教程示例需要与该模型关联的 data 文件夹的副本(可以在 Netlogo 安装目录的"Models"文件夹中找到)。特别地,示例导入了国家形状数据和国家人口数据,以便能够计算人口密度。

Netlogo 强大的内置扩展之一是地理信息系统(GIS)扩展,它允许将矢量和栅格 GIS 数据导入 Netlogo 仿真模型。这对于构建真实人口的模拟(以及允许导入诸如地形数据之类的东西)特别有用。这背后的数据见表 7-1。

表 7-1　国家人口数据示意图

CNTRY_NAME	POP_CNTRY	SQKM
Afghanistan	17250390	641358. 44
Albania	3416945	28798
Algeria	27459230	2323510. 25
...	...	...

除了按人口密度给国家上色,我们还将能够构建具有代表性的世界人口模型,其中,每个 Netlogo 代理代表现实世界中的 1000 万人,这些代理位于世界地图上相应的国家。例如:澳大利亚约 2000 万人口由 2 个代理代表,加拿大约 3000 万人口由 3 个代理代表。印度和中国稍微拥挤一些。

以这种方式构建代理群体允许代理具有依赖于国家的行为。同样的方法,使用不同的 GIS 数据集,允许单个国家、州或城市的模型,人口由 GIS 数据确定,例如:县或郊区。

2. 模型界面

在这个模型中，有 3 个按钮 setup、create – random 和 create – deterministic。

3. 程序

（1）定义变量

extensions［gis table］

globals［

    projection   ；投影变量

    countries – dataset   ；国家数据集变量

    patch – area – sqkm   ；每个 patch 对应的地表区域的 km^2 数，平均地块面积

    desired – people   ；期望的代理数

    patches – to – go   ；地块数表

    people – to – go   ；代理数表

］

breed［persons person］

patches – own［

    population   ；人口

    country – name   ；国家名

    area   ；区域

    population – density   ；人口密度

］

persons – own［agent – country – name］   ；Agent 代表的国家名

（2）初始化函数 to setup

从文件中加载 GIS 数据。加载 countries. shp 数据文件到 countries – dataset。设置世界矩形区域。使用当前的 GIS 绘图颜色，以给定的线条粗细，将给定的矢量数据绘制到 Netlogo 绘图层。计算每个 patch 对应的地表区域的平方公里数 patch – area – sqkm。

```
to setup
    ca
    set projection " WGS_84_Geographic"      ; projection 为全局变量
    gis：load – coordinate – system（word " data/" projection " . prj"）
    set countries – dataset gis：load – dataset " data/countries. shp"  ; 加载 countries. shp 数据集
    gis：set – world – envelope – ds［ – 180 180  – 90 90］
    gis：set – drawing – color white        ; 从一个 shapefile 中绘制国家边界颜色为白色
    gis：draw countries – dataset 1        ; 绘制大小为 1 的国家边界线
    set patch – area – sqkm（510000000/count patches）; 地球表面积 5. 1 亿 km²
setup – gis
    reset – ticks
end
```

设置 GIS。计算每个 patch 的人口密度，并对其进行适当地着色。

```
to setup – gis    ；在 patch 中设置人口密度数据
  show " Loading patches. . . "
  gis：apply – coverage countries – dataset " POP_CNTRY" population
    ；；从 gis 国家数据集中 POP_CNTRY 复制到指定的地块变量 population
  gis：apply – coverage countries – dataset " SQKM" area
    ；；从 gis 国家数据集中 SQKM 复制到指定的地块变量 area
  gis：apply – coverage countries – dataset " CNTRY_NAME" country – name
    ；；从 gis 国家数据集中 CNTRY_NAME 复制到指定的地块变量 country – name
  ask patches [   ；；计算每个 patch 的人口密度，并对其进行适当地着色
ifelse（area > 0 and population > 0）［；根据人口密度的设置地块颜色
    set population – density（population/area）    ；计算人口密度
    set pcolor（scale – color red population – density 400 0）］［；没有人口的地块着蓝色
    set population – density 0
    set pcolor blue］
  ]
```

使用 gis：apply – coverage 将值从国家数据集中复制到地块中。

scale – color color number range1 range2 返回明暗与 number 成正比的 color 色。

如果 range1 < range2，number 越大，颜色越亮。如果 range1 > range2，则相反。

如果 number < range1，则为最暗的 color 色。

如果 number > range1，则为最亮的 color 色。

（3）创建随机人口 create – random

根据地块人口密度创建海龟。

我们应该如何创建代理？最简单的答案是使用这些计算出的人口密度，并结合平均地块面积为 5. 10 亿/N（km^2）的事实，其中 N 是地块的数量（忽略了由于地图投影造成的实质性失真）。以印度为例，人口密度是每 $km^2$283. 7 人，每片 13671000 人，将有 1. 3671 个代理（这实际上是略有高估）。通过始终创建一个代理，并创建一个概率为 0. 3671 的附加代理，我们可以有效地为每个地块创建 1. 3671 个代理。

```
to create – random
  ask persons [die]    ；删除原有的人口
  ask patches [
    if（population – density > 0）[
        ；要创造多少人？（注：这是一个过高的估计，因为国家并不占据整个地区）
    let num – people（population – density ＊ patch – area – sqkm/10000000）
    sprout – persons（floor num – people）[agent – setup country – name]；直接创建整数
    let fractional – part（num – people –（floor num – people））；创建分数的概率
    if（fractional – part > random – float 1）[sprout – persons 1 [agent – setup country – name]]
    ]
  ]
```

```
        show（word " Randomly created "（count persons）" people"）
        tick
end
```

（4）创建确定性人口 to create – deterministic

对于确定性替代，我们还使用 Netlogo tables extension（Netlogo tables 扩展），它提供键值映射表（使用 put、get 和 has – key?）我们使用两个表：patches – to – go 和 people – to – go，前者将一个国家的名称映射到多个地块，后者将一个国家的名称映射到多个代理。第二个表是使用 GIS 属性上的循环创建的。

```
to create – deterministic
set patches – to – go table：make        ; 报告一个新的空表给 patches – to – go
set people – to – go table：make         ; 报告一个新的空表给 people – to – go
set desired – people 0
ask persons［die］          ; 删除原有人口
; 计算所需代理的数量数。即使人口 > 0，没有地块的国家将被忽略
foreach gis：feature – list – of countries – dataset［      ; 国家数据集中的要素列表
  let ctry gis：property – value ? " CNTRY_NAME"   ; 国家名
  let pop gis：property – value ? " POP_CNTRY"     ; 国家人口
  let desired（round（pop/10000000））          ; 期望人数
  table：put people – to – go ctry desired         ; 将键 ctry 映射到表中的值 desired
  ]
```

这就设置了 people – to – go 表来保存每个国家必须创建的代理的数量（问号指的是循环遍历的 "vector feature" 对象）。

另一方面，每个国家的地块数量则更为棘手。很容易使用多个调用 count patches with. 来计算地块，但这将是缓慢的。下面的可选替代方法对所有地块进行一次迭代，每次添加一个地块到表 patches – to – go 相应条目中（同时也积累了创建所需的总人员，不包括没有地块的国家）：

```
  ask patches［; 计算每个国家的地块数
    if（population – density > 0）［          ; 人口密度大于 0
ifelse（table：has – key? patches – to – go country – name）［; 我们以前见过这个国家吗？
              ; YES——为这个国家记录一个额外的地块数
    let n（table：get patches – to – go country – name）
              ; 读出这个国家原有的地块数给 n
    table：put patches – to – go country – name（n + 1）］［  ; 将这个国家原有的地块数 +1
    table：put patches – to – go country – name 1        ; NO，将国家的地块数 1 加到所需的总数中
    let desired（table：get people – to – go country – name）   ; 读出这个国家代理数给 desired
    set desired – people（desired – people + desired）］    ; 期望的代理数
    ]
  ]
```

；创建所需的人员数量 Create desired number of people

实际的创建过程关注的是 people – to – go 和 patches – to – go 条目的比例，当这个比例足够大时，就创建代理。创建的代理数量（558 个）少于预期的 570 个是因为零地块国家被排除在外，以及四舍五入的影响。使地块更小可以缓解这个问题（使用 1/10 面积的地块，创建了 563 个代理），但是会降低执行速度。

```
ask patches [
    if ( population – density > 0 ) [
    let n ( table：get patches – to – go country – name )；读出这个国家的地块数
    let people – needed ( table：get people – to – go country – name )；读出这个国家的代理数
    if ( people – needed > 0 ) [；这个国家需要更多的人
      table：put patches – to – go country – name ( n – 1 )          ；将这个国家的地块数设为 n – 1
      let num – people ( round ( people – needed/n ) )
      if ( num – people > 0 ) [      ；在这个地块需要人
        table：put people – to – go country – name ( people – needed – num – people )；
        sprout – persons num – people [    ；创建 num – people 个代理
          agent – setup country – name ]   ；设置代理
      ]
    ]
    ]
    ；报告创建的代理的数量 Report number of agents created ( 6 )
    show ( word " Created " ( count persons ) " people/desired " desired – people )
    tick
end
```

代理设置：

设置代理形状、大小和代表的国家名。

```
to agent – setup [ ctry ]      ；代理设置
    set shape " person"
    set size 3
    set color black
    set agent – country – name ctry
end
```

7.5 人员疏散

1. 问题背景

对多个群体中的每个个体运动都进行图形化的虚拟演练，从而可以准确确定每个个体在灾难发生时极佳逃生路径和逃生时间。

通过定义每一个人员的各种参数（人员数量、行走速度，以及距离出口的距离）来实现模拟过程中的各自独特的逃生路径和时间模拟。可以模拟灾难条件下人员的疏散路径，不同区域的人员的疏散时间。可以定义：某区域的人员的密度、人员距离出口的至近距离、人员走路的速度、支持内部建模、CAD 文件的导入、FDS 文件的导入。

场景建模；疏散模拟，分析结果显示，系统导入导出，角色定义，可视化分析。

这是一个行人模型，他们试图通过一个或两个出口离开地面。所使用的地图来自 GMU 的 Krasnow 研究所。该模型记录了每一个被选为路径的单元的频率，并将结果绘制成路径图，输出到 ArcGIS 中进行进一步分析。

每个 pacth 都有一个标高变量，标高由①到出口的最短距离决定；②如果是在房间内，离门越近海拔越低。如果有多个出口地块，则高程等于距离最近的出口地块最近的距离。

人们使用重力模型（如果有空间，总是流向较低的海拔）来移动到出口。

1）使用滑块调整出口的数量和人数。

2）按 setup 加载平面图，退出，并随机分配人员到地板上。

3）打开 show_path? 开关以显示路径频率。

4）如果路径可用，按下 go 让人们移动一个地块。

5）使用导出函数将路径频率图导出到 asc 文件。

在这个模型中，一个 patch 的"标高"是由它到出口的距离以及它离房间门的距离决定的，这样人们就可以跑出房间。当运行模型时，人们总是试图移动到较低的海拔。该算法也可用于建立降雨模型，分析雨滴在地面上的运动。

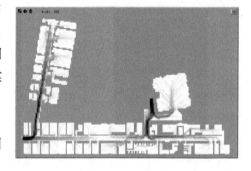

2. 模型界面

在这个模型中，有一个开关量 Show_path? 用于显示路径。

一个滑块 people 控制行人数量。

一个选择器 Number_of_exits：取值为 1 和 2。

行人疏散及统计结果如图 7-2 ~ 图 7-4 所示。

图 7-2　行人疏散

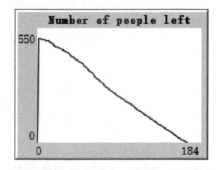

图 7-3　行人离开数量

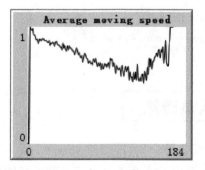

图 7-4　行人速度

3. 程序代码说明

（1）定义变量

```
extensions [gis]
globals [
    move - speed          ; 上个 tick 平均移动了多少 patches。最大值 = 1patches/tick
    alist                 ; 用于计算到出口的最短距离
    elevation - dataset   ; 高程数据集
]
turtles - own [
    moved?                ; 如果它在这里移动
]
patches - own [
    exit                  ; 1 如果是出口, 0 如果不是
    elevation             ; 这一点的海拔等于到出口的最短距离
    path                  ; 有多少次它被选为路径
]
```

（2）初始化

```
to setup
    ca
    reset - ticks
    file - close
    ifelse Number_of_exits = 2 [              ;; 有 2 个出口
        set elevation - dataset gis: load - dataset " data/mincosf1. asc" ] [      ; 加载双出口数据集
        set elevation - dataset gis: load - dataset " data/costdist_lower. asc" ]  ; 加载单出口数据集
    gis: apply - raster elevation - dataset elevation
        ;; 将栅格数据集 elevation - dataset 复制到地块变量 elevation
    ask patches with [elevation = 0] [set exit 1]
    show_elevation        ; 显示海拔
    ask n - of people patches with [elevation < 9999999 and exit ! = 1]
        [sprout 1 [set color red set shape " square"]]        ; 创建行人
end
```

显示海拔:

```
to show_elevation
    let min - e min [elevation] of patches with [elevation < 9999999]
    let max - e max [elevation] of patches with [elevation < 9999999]
    print min - e
    print max - e
    ask patches [
    ifelse elevation < 9999999 [
```

```
          set pcolor scale – color blue elevation max – e min – e] [set pcolor 65]]
end
```

（3）to go

```
to go
  if count turtles > 0 [
    set move – speed count turtles with [moved? = true] / count turtles]
  if count turtles = 0 [stop]
  ask patches with [exit = 1] [ask turtles – here [die]]
  ask turtles [
    set moved? false
    let target min – one – of neighbors [elevation + ( count turtles – here * 9999999)]
    if [elevation + (count turtles – here * 9999999)] of target < [elevation] of patch – here [
      face target
      move – to target
      set moved? true
      ask target [set path path + 1]]
  ]
  if Show_path? [      ; 显示路径的开关为 on 时
    ask patches with [elevation < 9999999] [
      let thecolor (9. 9 – (path * 0. 15))
      if thecolor < 0. 001 [
        set thecolor 0. 001
      ]
    set pcolor thecolor
    ]
  ]
  tick
end
```

7.6 习题

1. 对于 GIS 通用扩展模型，回答下列问题：

1）Netlogo 与 GIS 集成的一般步骤是什么？

2）GIS 栅格和矢量数据加载和显示的方法一样吗？

3）Netlogo 代理怎样和 GIS 数据交互？

4）地理坐标系、投影坐标系和 Netlogo 坐标系有什么不同？

2. 对于 GIS 梯度示例（暴雨洪灾）模型：

1）扩展这个模型，让"雨滴"龟在更陡峭的地形上流动得更快，可能会很有趣。

2）添加土地覆盖信息，并根据土地覆盖情况调整海龟流动的速度。

3）在实际暴雨发生过程，降雨量的大小具有时空非均匀性和随机性，降雨量的大小与区域坐标和概率相关，请模拟降雨量在空间上的非均匀性和时间上的动态变化性。为使模拟仿真的结果更接近实际情况，构建一次完整的降水过程。即暴雨刚刚开始，降雨量比较小，随着仿真时间的推进，降雨量逐步增大，当达到一定的时间后，降雨量逐步减少，暴雨停止。本文以 Ticks 来控制整个暴雨灾害的发生过程。

3. 对于人口统计模型，回答下列问题：

1）模型是怎样计算人口密度并给国家上色的？

2）模型是怎样用代理表示国家人口的？

3）用上述方法，使用不同的 GIS 数据集，允许单个国家、州或城市的模型，人口由 GIS 数据确定，例如：县或郊区。

4）用国家特有的经济数据或人口增长数据来扩展本教程示例。

4. 对于人员疏散模型，回答下列问题：

1）每个 pacth 都有一个标高变量，标高变量是怎样定义的？

2）你能在房间中间加个障碍物吗？这将如何影响结果？

3）该算法和降雨模型一样吗？试分析比较雨滴和行人的运动。

参 考 文 献

[1] SHAW S L. Geographic Information Systems for Transportation – An Introduction [J]. Journal of Transport Geography, 2011, 19 (3): 377 – 378.

[2] MILLER H J, SHAW S. Geographic Information Systems for Transportation in the 21st Century [J]. Geography Compass, 2015, 9: 180 – 189.

[3] MCNALLY M G. The Four – Step Model In Handbook of Transport Modelling [J]. Handbook of Transport Modelling, 2000: 35 – 52.

[4] WATERS N. Transportation GIS: GIS – T [J]. Geographical Information Systems, 1999: 827 – 844.

[5] MILLER H J. Potential Contributions of Spatial Analysis to Geographic Information Systems for Transportation (GIS – T) [J]. Geographical Analysis, 2010, 31 (4): 373 – 399.

[6] THILL J C. Geographic Information Systems for Transportation In Perspective [J]. Transportation Research Part C, 2000, 8 (1/6): 3 – 12.

[7] GOODCHILD M F. GIS and transportation: Status and Challenges [J]. Geoinformatica, 2000, 4 (2): 127 – 139.

[8] ORTÚZAR J D D, WILLUMSEN L G. Modelling Transport [M]. 4th ed. Chichester: John Wiley & Sons, 2011.

[9] PENG Z R, DUEKER K J. Geographic Information Systems for Transport (GIS – T) [M]. In Handbook of Transport Modelling, Amsterdam: Elsevier, 2008.

[10] MILLER H J, GOODCHILD M F. Data – driven geography [J]. GeoJournal, 2015, 80 (4): 449 – 461.

第 8 章

智能社会

基于 Agent 的建模与仿真方法被应用到社会科学研究领域，形成了基于 Agent 的社会学仿真这一新的交叉研究领域。研究的目标是在计算机上创建一个人工社会来观察个体交互涌现的社会现象。利用计算机模拟手段测试和验证社会经济政策的效果，已成为一个公共政策领域的迫切需求，这些需求催生了"人工社会"等诸多相关领域的研究。将成千上万的 AI 链接、整合起来，甚至创造出 AI 自己的文明，才可能为每一个个体 AI 赋能。

本章在介绍人工智能社会的基本概念基础上，讨论居住隔离、人工智能农场、谣言模型、社会力模型、近胖者胖等案例模型。

8.1 人工智能社会

1. 人工智能社会的来临

2016 年被称为人工智能元年，人类已经进入了人工智能时代。人工智能时代的到来，必然导致社会的变化，从而产生所谓的人工智能社会。

目前，人工智能已经应用到人类生活的各个领域，在经济金融、医疗卫生、教育文化、社会治理等众多领域的应用已全方位展开。像防火、看病、病虫害测报、天气预报、无人机植保、播种等，尤其在计算、检索、记录、下棋、记忆等方面更为突出。当前，人工智能以其强大的能力帮助或代替人类更快、更好地开展生活、学习、工作、娱乐等各种活动，史无前例地提高了人类的行为效率与生活质量。

人工智能是一个崭新的技术前沿，它将带来我们还不能完全理解的经济、政治、社会、文化的变革，会渗透和改变现有的所有行业。在这一过程中，人类的价值观念、思维习惯、行为方式、人际关系、自我认知与意识、情感体验与表达等在潜移默化地发生着多方面的改变。

2. 什么是人工智能社会

从社会科学的角度来看，目前尚没有人对人工智能社会给出明确的定义。人们对这个由人工智能的发展而兴起的新型社会也有不同的称谓，如人工智能社会、智能社会、人工社会、机器社会、智慧社会、超人类社会等。人工智能已经为学术界和社会大众广泛接受，由人工智能发展所产生的时代被称为人工智能时代，而由此演生出的社会也应顺理成章地称为人工智能社会。

人工智能社会是在一定地域中，一定数量的人与具有一定智能水平的非人类智能体（或人造智能机器）相互耦合，按照一定的文化与社会规范行动而共同组成的人机互联群体共同体。可见，人工智能社会是一个以人机耦合关系为基础的新的社会形态。人工智能社会管理以海量社会传感器为基础，以高性能分布式计算终端设备为支撑，以基于 ACP 的社会计算方法为指导，以知识自动化技术为核心，以目标系统的计算模型为驱动，以动态闭环实时反馈为执行机制，通过虚实交互的系统演化和情景涌现，实现对目标系统的"去中心化"计算引导、管理和控制。

3. 智慧城市与智慧社会的区别

智慧城市并非我们开创未来智能时代的目标，"智慧社会"概念为我们勾勒出更为宏大的远景蓝图。较之于智慧城市，智慧社会突显了城市中人的核心地位，重视城与城的互联，对智慧农村建设给予了特别关注。

（1）突出人的核心地位

智慧水电、智慧燃气、智慧交通、智慧建筑……对于当前的智慧城市建设，我们看到、感受到的多的是硬件方面的智能化进步。然而，城市的核心是人，所有的硬件设施终都要归结于为人服务。智慧社会较之于智慧城市，是一个更有温度的概念，突出人的核心地位。当前，智慧社会的理想已初步照进城市生活的现实，人工智能、大数据、云计算、物联网等新兴技术对于提升城市软实力的贡献越来越大。智慧法院、智慧社区等陆续出现提高了市政管理水平，城市公民因之获得了更高的社会生活参与度和幸福感。

（2）让城与城连起来

智慧城市建设是以一个城市个体为建设对象和评测对象的，当一个城市解决了交通拥堵、环境污染等城市问题，实现了公共服务便捷化、城市管理精细化等等智慧项目，可以说这个城市实现了智慧城市的建设。而智慧社会则不同，智慧社会是以整个"社会"作为评测对象的。没有哪一个人是一座孤岛，也没有哪一座城市是一座孤城。智慧城市职能的实现不止在于本身的智慧化改造，也离不开与其他智慧城市的互联。建设智慧社会的另一个重要意义，便是打破智慧城市建设工作单打独斗的局面，推进各城市之间标准的统一化，将城与城用先进技术连接起来，为将来的市际交流、资源共享打下基础。

（3）关注智慧农村建设

智慧城市是为了解决城镇化快速发展带来的交通拥堵、环境污染等问题。

智慧社会还关注"三农"领域，"智慧"的生产、生活、服务不仅仅是解决城市所需，也将在农业、农村的现代化以及农民对智慧生活迫切需求的过程中发挥重要作用。无人机授粉、机器人采摘、物联网环境监测、VR 农村电商……，农村的智慧化改造已经在路上。城市与农村之间的沟通交流也十分密切，无时无刻不在发生，唯有推动二者一起向智能化目标迈进，才能确保城乡之间的未来互动保持稳定通畅。

4. 社会计算：智慧社会的基础

一般而言，社会计算是指社会行为和计算系统交叉融合而成的一个研究领域，研究的是如何利用计算技术研究社会运行的规律与发展趋势，如何利用计算系统帮助人们进行沟通与协作。

所谓"利用计算技术研究社会运行的规律与发展趋势"，是指以社交网络和社会媒体为研究对象，从中发现社会关系、社会行为的规律，预测政策实施的可行性。社会学鼻祖奥古斯特·孔德最初定义社会学时，希望社会学能够使用类似物理学的方法，成为经得起科学规则考验的一门学科，互联网背景下的社会计算使这一理念具有了现实可行性。这方面的研究包括人工社会、内容计算、社会网络分析等。

所谓"利用计算系统帮助人们进行沟通与协作"是指帮助人们在互联网上建设虚拟社会，对现实社会中人与人的关系进行复制和重构，使人们更紧密地联系在一起，随时随地互相通信，以协作的方式生产知识。这方面的研究包括社会网络服务、群体智慧等。

（1）人工社会（Artificial Society）

人工社会是一种研究社会科学的新方法。其基本思路：由于人类社会是由大量的个人构成的复杂系统，因而可以在计算机中建立每个人的个体模型，这样的计算机中的人模型被称为 Agent；然后让这些 Agent 遵循一定的简单规则相互作用；最后通过观察这群 Agent 整体作用的涌现属性找到人工社会的规律，并用这些规律解释和理解现实人类社会中的宏观现象。

（2）内容计算（Content Computing）

社会媒体是分析理解社会的重要素材，如新闻、论坛、博客、微博等。由于它们都以语言文字为主要展示形式，因此从事内容计算研究的学者需要掌握语言分析技术。当前内容计算的热点包括舆情分析、人际关系挖掘、微博应用等。

舆情分析：传统上，对舆情的研究主要有两种方法：一是观察思辨，二是问卷调查。前者缺乏数据支持，后者采集的数据量亦有限。互联网技术为舆情分析提供了全新的技术路线，通过对各种社会媒体的跟踪与挖掘，结合传统的舆论分析理论，可以有效地观察社会的状态，并能辅助决策，及时发出预警。

基于内容的人际关系挖掘：互联网中蕴含着大量公开的人名实体和人际关系信息。利用文本信息抽取技术可以自动地抽取人名，识别重名，自动计算出人物之间的关系，进而找出关系描述词，形成一个互联网世界的社会关系网。微软亚洲研究院的"人立方"就是一个典型系统。

微博应用："微博"同时具有"社会网络"和"媒体平台"的属性，它催生了信息生产和传播方式的革命，对社会事件和人们的意识已然产生了很大影响。"微博"明确地定位为平台，它提供开放的 API 接口，积极支持第三方应用的发展，基于"微博"的研究与开发必将成为未来一段时期互联网学术界和产业界的热点。

（3）社会网络分析（Social Network Analysis）

社会网络分析依据网络理论看待社会，节点是网络中的独立角色，边是社会关系，社会网络就是由节点和边构成的一张图。这张图往往非常复杂，节点之间的关系类型多种多样。

社会网络分析的典型例子是社区计算。社区是社会信息网络的普遍现象，大规模信息网络中的一些社会化特征在全局层面往往具有稳定的统计规律。如何度量、发现和利用这些规律是大规模社会信息网络分析与处理的一个基础问题。一般而言，社区结构是度量和利用这些特性的基本单元。因此，发现一个网络中有意义的、自然的、相对稳态的社区结构，对网络信息的搜索与挖掘、信息的推荐以及网络演化与扩散的预测具有重要价值。

（4）社交网络服务（Social Network Service，SNS）

谈到社交网络服务，就会让人想起时下最热门的 Facebook。社交网络服务研究的是利用信息技术构建虚拟空间，实现社会性的交互和通信。SNS 还有一种解释是社会网络软件（Social Network Software），电子邮件、网络论坛等许多传统网络工具都可以视为一种社会软件。

在社交网络服务的网站上，人们以认识朋友的朋友的方式，扩展自己的人脉。例如：Facebook Twitter、LinkedIn、微信、百度贴吧、知乎等网站。

（5）群体智慧（Collective Intelligence）

群体智慧的典型应用是"维基百科"和"百度知道"。这些互联网平台系统不仅帮助用户相互沟通联系，更重要的是将用户组织起来，发挥他们的群体智慧，以协作的方式一起创造、加工和分享知识。

2005 年，美国卡耐基梅隆大学的路易斯·冯·安（Luis Von Ahn）提出"人本计算（Human Computation）"的思想，用验证码、游戏等方式调动网民的热情，使众多的人脑自觉不自觉地参与到计算任务中，轻松地解决了本来非常耗时耗力的问题。这也是群体智慧的体现。

知识获取是一切智能系统的瓶颈，传统的依靠专家编辑知识的方式效率太低，无法满足大规模真实信息处理的需求。在网络社会的大背景下，群体智慧的出现为知识获取提供了一条崭新的充满希望的道路。如何巧妙地设计用户界面以激发用户的参与热情，如何克服人脑计算的不精确性，如何将人脑和电脑最佳地结合起来，都是值得深入研究的问题。

5. 社会计算方法 ACP

王飞跃提出"面向社会科学的计算理论和方法"的社会计算的概念，并指出可采用基于 ACP 的社会计算方法对社会科学进行"软"建模来解决实际社会过程系统及其决策分析问题。

ACP 核心思路为：针对复杂社会系统，构造人工社会系统与实际社会系统虚实交互、协同演化和闭环反馈的平行系统，通过在软件定义的"社会实验室"中对已发生及可能发生的事件进行试验和计算，为真实社会场景的管理与决策提供可靠支持。即人工社会（artificial societies）、计算实验（computational experiments）、平行执行（parallel execution）的有机结合。ACP 方法可利用充足的社会信号及信息情报，实现从定性到定量的社会群体智慧转化，从而以计算的手段引导、管理与控制复杂社会系统。其中，从社会数据、信号、情报到社会智慧的转化及量化是智慧社会的核心目标。

基于 ACP 的社会计算方法以人为中心，充分考虑物理世界、网络世界与社会的融合，以自底向上的人工社会建模方法对基础设施、楼宇、街道、社区、城市逐层建模，同时以真实社会的统计特征为参数进行人口合成、场景搭建以及"社会实验室"的设计；在以软件定义的"社会实验室"中对社会系统中由个体因素引发的群体行为、社会过程以及社会影响等宏观现象进行计算、实验及解析，从而有效并合理地预测社会系统中的"蝴蝶效应"（如单个城市的大规模停电会导致该城市人群恐慌、交通阻塞、经济活动受阻，甚至影响城市的工业及社会生产过程，引起宏观层面的经济振荡，此类影响可蔓延至其他城市，产生严重的经济及社会效应），尽早发现社会系统中潜在的各种问题。同时，通过构造由实际系统和人工系统组成的平行系统，通过虚实系统的互动演化、反馈调节，为社会系统的管理和控制提供决策依据和智慧支持。

6. 基于智能体建模（ABM）与人工社会

基于智能体建模（ABM）（Agent – Based Modeling）的社会学仿真开辟了一条认识社会、理解社会的新路。自然科学强调科学实验的方法，然而在社会科学中，实验的方法几乎不可能进行。现在有了基于智能体建模（ABM）方法的社会学仿真，人们可以通过研究现实社会在计算机世界中的"硅替身"，通过方便地修改人工社会所遵循的规则、参数，进行各种各样的社会学实验。因此也有人说，人工社会就是研究各种各样可能的社会。

从个体层面来说，今天的你并不比古希腊人聪明多少，然而现代人类整体的能力却是古人所无法企及的。是科技——这个人类集体的创造物赋予了每个人类个体更强大的能力。同样的道理，个体层面的人工智能存在着能力上的天花板，只有将成千上万的 AI 链接、整合起来，甚至创造出 AI 自己的文明，才可能为每一个个体 AI 赋能。

8.2 居住隔离

1. 问题背景

为何会有富人区和穷人区？诺贝尔经济学奖得主托马斯·谢林曾经提出过一个著名的"居住隔离模型"。谢林的居住隔离模型是这样的，假设有两类不同的人（如收入或种族不同），这些人都更愿意和自己同类人生活在一起。起初，这些人是杂居在一起的，但一旦有人发现在自己的邻居中，与自己同类的人数低于某个临界值，他就会进行搬迁。如此，一段时间后，原本杂居在一起的两类人就自发地隔离开来了。

在实践中，"区隔模型"有着极为强大的解释力。例如：在美国的一些城市里，富人区和穷人区泾渭分明。其实这种现象未必出于规划，而是自发演化的结果。因此，在设计社区时，我们应尽可能尊重这种"人以群分"的规律，把不同类的人放在一起可能是出于善意，但未必能达到预期结果。

假设一个社区，我们挑选住得很靠近的 9 户人家，形成下面的这个九宫格（见图 8-1），白格代表白人家，深色格子代表黑人家，浅色格子是可以搬进来的空房子。

那么，住在中间的白人称之为"×"，他有 7 个邻居，其中 4 个黑人，3 个白人邻居，正常人心里总是不希望周围都是其他种族，那么此时，他到底搬家还是不搬家呢？

谢林引进了一个"人群相似度"的阈值，指 X 愿意接受
的"周围白人邻居比例的最低接受度"，如果周围的白人邻居
低于这个阈值，他就会搬家；如果高于这个阈值，他就继续
住着。谢林的居住隔离模型可以描述为：在一个连通的 2 维
网格区域内，居住着两种类型的 Agent，每种类型的 Agent 都
有相邻的 8 个邻居（边界情况除外）。每个 Agent 都希望拥有
不少于 t 的同类邻居，当同类邻居的数目小于 t 时，则该 A-
gent 不满足于现状并移动到一个未被占领的单元区域中。

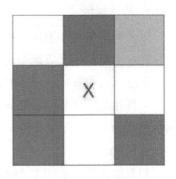

图 8-1　九宫格

该项目对社区中两种类型的 Agent 的行为建模。橙色的
Agent 和蓝色的 Agent 相处得很好。但是每个 Agent 都想确保
它住在"自己的"附近。也就是说，每个橙色 Agent 想要住在至少一些橙色 Agent 附近，每
个蓝色 agent 想要住在至少一些蓝色 agent 附近。仿真显示了这些个人偏好如何在社区中产
生涟漪，从而导致模式的涌现。

当你执行安装时，橙色和蓝色的 Agent 在整个社区中随机分布。但是许多 Agent "不高
兴"，因为他们没有足够多的同肤色邻居。不开心的 Agent 们搬到了附近的新地方。但在新
地点，他们可能会改变当地人口的平衡，促使其他 Agent 离开。如果一些 Agent 进入一个区
域，本地的蓝色 Agent 可能会离开。但是当蓝色 Agent 移动到一个新区域时，它们可能会提
示橙色 Agent 离开该区域（见图 8-2）。

随着时间的推移，不快乐的 Agent 人的数量会减少。但是社区变得更加隔离，出现橙色
的 Agent 集群和蓝色的 Agent 集群。

在每个 Agent 都想要至少 30% 的同色邻居的情况下，Agent 最终得到（平均）70% 的同
色邻居。因此，相对较小的个人偏好可能导致明显的整体隔离。

模型的运行结果如图 8-3 所示。

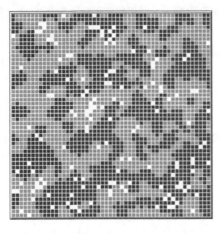

图 8-2　谢林的居住隔离模型

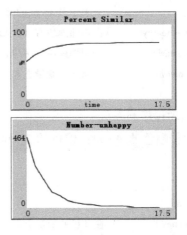

图 8-3　模型的运行结果

2. 模型界面

下面将解释每个滑块、按钮和开关的使用。

在这个模型中，有两个滑块作为模型的参数控制，可以影响居住隔离模型。

密度（density）——控制社区的占用密度（从而控制 Agent 的总数）。

人群相似度（% – similar – wanted）滑块控制每个 Agent 在其相邻 Agent 之间想要的相同颜色 Agent 的百分比。例如：如果将滑块设置为30，每个深色 Agent 都希望至少30%的邻居是蓝色 Agent。

相似监视器显示每个 Agent 的相同颜色邻居的平均百分比。它从大约50%开始，因为每个 Agent 开始（平均）有相同数量的橙色和蓝色 Agent 作为邻居。不满意的监控器显示不满意的 Agent 的数量，不满意的监控器%显示与其想要的（因此想要移动）相同颜色的邻居较少的 Agent 的百分比。

居住隔离模型的参数见表8-1。

表8-1 居住隔离模型的参数

参数名	最小值	最大值	初始值
density	50	99	95
% – similar – wanted	0	100	34

3. 程序

（1）全局变量

```
globals [
    percent – similar          ;平均来说，一个 agent 的邻居中有百分之几的人的颜色和那个 agent 一样？
    percent – unhappy          ;有百分之几的 agent 不快乐？
]

turtles – own [
    happy?                     ;表示该 agent 的邻居中至少% – 人群相似度百分比是否与 agent 的颜色相同
    similar – nearby           ;相邻地块有多少和我一样颜色的 agent？
    other – nearby             ;相邻地块有多少其他颜色的 agent？
    total – nearby             ;前两个变量之和
]
```

（2）启动程序 to setup

设置两种颜色的 Agent：橙色的 Agent 和蓝色的 Agent。橙色和蓝色 Agent 的数量大致相等。

```
to setup
    clear – all
    ask patches [          ;在随机的地块上创建 agent
        set pcolor white
        if random 100 < density [          ;设置占用密度
            sprout 1 [
```

```
            set color one – of ［105 27］；105 是蓝色，27 是橙色
            set size 1
          ]
        ]
      ]
    update – turtles                ；更新 agent
    update – globals                ；更新全局变量
    reset – ticks
end
```

（3）go 函数

GO 开始模拟。如果 Agent 没有足够多的同色邻居，它们会迁移到附近的地块。

```
to go
    to go
    if all? turtles ［happy?］      ［stop］
    move – unhappy – turtles        ；不开心的 agent 准备搬家
    update – turtles                ；更新 agent
    update – globals                ；更新全局变量
    tick
end
```

1）不开心的 Agent 准备搬家

```
to move – unhappy – turtles
    ask turtles with［
      not happy?
      ]［
      find – new – spot
    ]
end
```

2）找新居住地 find – new – spot

```
to find – new – spot
    rt random – float 360
    fd random – float 10
    if any? other turtles – here ［
      find – new – spot    ；继续走，直到找到一块空地
    ]
    move – to patch – here                ；移动到地块中心
end
```

3）更新 Agent。使用 neighbor 测试围绕当前 Agent 的 8 个地块。计算 similar – nearby 和 other – nearby。

```
to update – turtles
```

```
ask turtles [

  set similar – nearby count (turtles – on neighbors)    with [color = [color] of myself]

  set other – nearby count (turtles – on neighbors) with [color ! = [color] of myself]

  set total – nearby similar – nearby + other – nearby

  set happy? similar – nearby > = (% – similar – wanted * total – nearby/100)

  if visualization = " old" [; 在此处添加可视化效果

    set shape " default" set size 1. 3]

  if visualization = " square – x" [

    ifelse happy? [set shape " square"] [set shape " X"]

  ]

]

end
```

4）更新全局变量

```
to update – globals

  let similar – neighbors sum [similar – nearby] of turtles

  let total – neighbors sum [total – nearby] of turtles

  set percent – similar (similar – neighbors/total – neighbors) * 100

  set percent – unhappy (count turtles with [not happy?]) / (count turtles) * 100

end
```

8.3 人工智能农场

1. 问题背景

1996 年，Epstein 和 Axtell 在计算机中构造了一个人工智能农场，称为 Sugarspace，其中可以时不时地有"糖果"（Sugar）或者"香料"（Spice）长出来。之后，他们将一系列人工智能体放到其中，并为这些 Agent 赋予简单的程序，让它们在这个开心农场中开采、交易、繁殖、社交……。所有这些有趣的实验结果被他们总结成了一本书，就称为"养殖人工社会"（Growing Artificial Societies）。

Sugarscape 的中文翻译就是糖域，这是一个由 Josh Epstein 和 Bob Axtell 两个人开发的人工社会模型。在一个二维的虚拟世界中分布着固定的被称为"糖"的资源。大量的 Agent 在二维世界中游走，并通过不断地收集"糖"来增加资源。由于每个 Agent 都会在一个周期中消耗一定单位的糖，所以当糖消耗光的时候它就死去。我们可以通过变化 Agent 所遵循的不同规则来研究包括环境变迁、遗传继承、贸易往来、市场机制等广泛的社会现象。下面我们从最简单的糖域模型开始探索这个人工社会。

Netlogo Sugarscape 套件中的第一个模型实现了 Epstein & Axtell 的 Sugarscape 即时增长模型，它模拟了具有有限的、空间分布的可用资源的人口。

每一块都含有一些糖，糖的最大含量是预先确定的。在每一次滴答中，每一块都会长成最大量的糖。目前一块糖的含量由它的颜色来表示；黄色越深，糖越多。

在初始设置时，Agent 被随机放置在世界中。每个 Agent 只能在水平和垂直方向上看到一定的距离。在每一次滴答中，每个 Agent 将移动到他们视野范围内最近的、糖分最多的空置位置，并在那里收集所有的糖分。如果当前位置的糖分比它能看到的任何空闲位置的糖分都要多，它就会留在原地。

根据 Agent 的新陈代谢速度，在每个 tick，Agents 会消耗（因此损失）一定量的糖。如果一个 Agent 耗尽了糖，它就会死亡。

大约 20 次 tick 之后，许多 Agent 不再移动，或者只移动了一点。这是因为 Agent 已经到达了世界上一些地方，在那里他们再也看不到附近更好的无人居住的地方。因为每次 tick 后，所有的糖都会立刻重新长回来，所以 Agent 往往会停留在同一块土地上，如图 8-3 所示。

Agent 倾向于聚集在边界附近的"层"，在那里糖的生产水平发生变化。这种意想不到的行为来自于 Agent 的视野范围的限制。不能越过目前制糖场地的 Agent 没有动力搬家，所以每个 Agent 只能搬到最近的有更多糖分的地方。这种影响在初始种群中不太明显。

所有的 Agent 就是遵循这些规则在世界中不停地移动，通过观察程序的运行结果，我们看到一方面 Agent 的数量在减少，另一方面大部分的 Agent 都集中到了糖含量比较高的两个区域。因为规则规定了仅有 Agent 消耗完所有的糖资源的时候才死去，所以遗留下来的 Agent 大部分都很长寿，而且由于他们总能吃到新的糖，所以能够长期的存活下去。

图 8-4 的 4 个图显示了世界人口随时间的变化，糖在各 Agent 间的分布，所有存活 Agent 随时间的平均视力，以及所有存活 Agent 随时间的平均代谢。

图 8-5 显示了糖域模型运行结果。

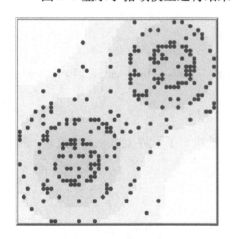

图 8-4　糖域模型运行

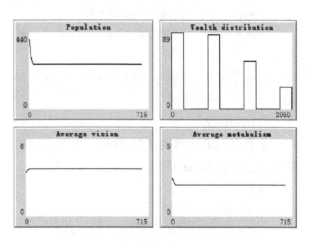

图 8-5　糖域模型运行结果

2. 模型界面

下面将解释每个滑块、按钮和开关的使用。

模型中只有一个 initial – population 滑块，表示初始种群数量。

各参数的取值见表 8-2。

表 8-2　糖域模型的参数

参数名	最小值	最大值	初始值
initial – population	10	1000	400

可视化选择器提供了不同的可视化选项，可以在按下 GO 按钮时进行更改。当选择 NO – VISUALIZATION（不显示）时，所有的 Agent 都是红色的。当选择 COLOR – AGENTS – BY – VISION（根据视觉着色 Agent）时，视觉时间最长的 Agent 为最暗，同样，当选择 COLOR – AGENTS – BY – METABOLISM（根据新陈代谢着色 Agent）时，新陈代谢时间最短的 Agent 为最暗。

3. 程序代码说明

（1）定义变量

每个 Agent 包含 4 个变量：糖含量、新陈代谢率、视力范围和视点。这 4 个变量当 Agent 一出生就固定了，并且决定了该 Agent 的行为表现。Agent 具有局部感知的能力，它仅仅能感觉到上下左右 4 个方向 vision 个单元内的世界情况。

```
turtles – own [
    sugar            ; 这只 Agent 的糖含量
    metabolism       ; 每只 Agent 每个 tick 失去的糖量，新陈代谢率
    vision           ; Agent 在水平和垂直方向上能看到的距离，视力范围
    vision – points  ; 这只 Agent 能看到的相对于它当前位置的点（基于视觉）
]

patches – own [
    psugar           ; 这个地块上的糖量
    max – psugar     ; 这个地块上最多可以放多少糖
]
```

全局变量 visualization 取值" no – visualization" 、" color – agents – by – vision" 和" color – agents – by – metabolism" 。

（2）初始化

在按 SETUP 之前设置 INITIAL – POPULATION 滑块。这决定了世界上 Agent 的数量。按 SETUP 以填充 Agent 并导入 sugar map 数据。

```
to setup
    clear – all
    create – turtles initial – population [turtle – setup]
    setup – patches
    reset – ticks
end
```

1）设置 Agent

```
to turtle – setup; ; turtle procedure
    set color red
```

```
      set shape" circle"
      move - to one - of patches with [not any? other turtles - here]
      set sugar random - in - range 5 25
      set metabolism random - in - range 1 4
      set vision random - in - range 1 6
      ;; Agent 可以水平和垂直地观察到视点，但根本看不到对角线
      set vision - points []
      foreach (range1 (vision + 1)) [n - >
        set vision - points
            sentence vision - points (list (list 0n) (list n0) (list 0 (-n))
                (list (-n) 0))
      ]
      run visualization
end
```

2) 随机范围

```
to - report random - in - range [low high]
    report low + random (high - low + 1)
end
```

3) 非可视化

```
to no - visualization;; turtle procedure
    set color red
end
```

4) 基于视觉着色 Agent

```
to color - agents - by - vision;; turtle procedure
    set color red - (vision - 3.5)
end
```

5) 基于代谢率着色 Agent

```
to color - agents - by - metabolism;; turtle procedure
    set color red + (metabolism - 2.5)
end
```

6) 初始化背景

```
to setup - patches
    file - open" sugar - map. txt"
    foreach sort patches [p - >
      ask p [
        set max - psugar file - read
        set psugar max - psugar
        patch - recolor
      ]
```

```
    ]
    file – close
 end
```

（3）运行 go

在每个仿真周期内，Agent 完成移动的同时还要消耗一定单位的能量，消耗的具体数值称为新陈代谢率。显然代谢率越大，这个 Agent 就越容易死亡。如果糖域中的糖数量不增加，那么我们可以预测到，所有的 Agent 将会很快地死去。因此我们还需要为环境制定糖的增加规则。

```
to go
  if not any? turtles [stop]
  ask patches [
     patch – growback
     patch – recolor
  ]
  ask turtles [
     turtle – move       ; Agent 移动
     turtle – eat        ; 吃糖
     if sugar < = 0
        [die]
     run visualization
  ]
  tick
end
```

1）地块生长。立刻把所有的糖都种回来。

① 每个单元格都对应一个固定的最大糖含量 max – psugar；

② 每个时间周期 tick，单元格会增加糖的容量直到达到 max – psugar 为止。

```
to patch – growback     ; patch procedure
  set psugar max – psugar
end
```

2）地块着色。根据糖分的多少来决定色块的颜色。

```
to patch – recolor ;; patch procedure
  set pcolor (yellow + 4.9 – psugar)
end
```

3）Agent 移动。考虑在 turtle 视野中移动到未占用的地块，并停留在当前地块上。Agent 移动规则：

① 观察 4 个方向中视力范围内的所有单元，并确定出拥有最大糖含量的单元；

② 如果有几个地块单元含有最大的糖含量，那么就选最近的一个；

③ 移动到这个地块；

```
to turtle – move        ; turtle procedure
let move – candidates
        (patch – set patch – here (patches at – points vision – points) with [ not any? turtles – here ])
    let possible – winners move – candidates with – max [ psugar ]
    if any? possible – winners [ ; 如果有任何这样的地块，移动到最近的地块之一
        move – to min – one – of possible – winners [ distance myself ]
    ]
end
```

4）吃糖。代谢一些糖，吃下当前地块上的所有糖。

```
to turtle – eat ; ; turtle procedure
    set sugar (sugar  –  metabolism  +  psugar)
    set psugar 0
end
```

8.4 谣言模型

1. 问题背景

今天你上当了吗？从本质上看，谣言只是一份未经确认的信息片段，我们将其在彼此间传播，以图搞清事情的真相。谣言总有办法在我们起疑之前就悄悄溜进我们的心理防线，最强的谣言能彻底让常识靠边站。大多数人觉得自己不会轻信他人。但是对于某些传言我们总会信以为真，并且极力传播，这些谣言正是瞄准了我们自以为最强悍的心理防线。

谣言传播是社会学里研究比较热的点，利用 Netlogo 对谣言传播过程模拟研究可以方便地实现。这个程序模拟谣言的传播。当一个知道谣言的人告诉他的邻居时，谣言就会传播开来。换句话说，空间距离是决定一个人多久会听到谣言的一个决定性因素（见图 8-6）。

运行结果有 3 个绘图输出（见图 8-7）：

RUMOR SPREAD（谣言传播）——绘制每一步知道谣言的人的百分比。

SUCCESSIVE DIFFERENCES（连续的差异）——在每一步中都有多少人听到了谣言。

SUCCESSIVE RATIOS（连续比率）——绘制现在听到谣言的人数与之前听到谣言的人数之比。

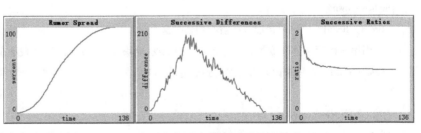

图 8-6 模型运行   图 8-7 模型运行结果

2. 模型界面

EIGHT – MODE 吗？是一个开关，它决定谣言是在每一步传播到随机选择的 4 个邻居之一，还是 8 个这样的邻居之一。

程序中先要有一个谣言发起者，就是地块中设立一个红色的地块，作为谣言的发起者，模型中有 3 种方式发起谣言（3 个按钮）：

与任何谣言一样，它必须从某个地方开始，从一个或多个个体开始。有 3 种方法可以控制谣言的开始：

方法 1，单一来源，按 SETUP – ONE 按钮。这在世界中心的某个地方引发了谣言。

方法 2，随机源，按 SETUP – RANDOM 按钮，将 INIT – CLIQUE 滑块设置为大于 0。通过从最初知道谣言的人群中随机抽取一个百分比来"播种"谣言。这个百分比是使用 INIT – CLIQUE 滑块设置的。

方法 3，用鼠标选择源，按 SETUP – ONE 或 SETUP – RANDOM，然后按 SPREAD – RU-MOR – WITH – MOUSE 按钮。当此按钮关闭时，单击视图中某个地块上的鼠标按钮将向该地块报告谣言。

monitor CLIQUE% 是听过谣言的人的百分比。

视图右侧的 3 个着色按钮提供了世界地形图。COLOR：WHEN HEARD 着色地块颜色，根据第一次听到的地点不同，地块的黄色色调不同。

The COLOR：TIMES HEARD 按钮着色地块颜色为不同深浅的绿色，根据听到传闻的次数而定。

谣言传播模型的参数见表 8-3。

表 8-3　谣言传播模型的参数

参数名	最小值	最大值	初始值
init – clique	0	10	0.1

3. 程序代码说明

（1）定义变量

```
globals [
  color – mode      ; 3 种着色类型：0 = 正常，1 = when heard，2 = times heard
]
patches – own [
  times – heard      ; 记录谣言已被听到多少次
  ; 当第一次听到这个传闻的时钟 tick。–1 表示地块没有听到谣言。0 表示在 setup 中被播种了谣言。
  first – heard    ; 用来记录第一次听到谣言的 tick
]
```

（2）初始化 setup

这个 setup 初始化函数和我们平常看到的不一样，一般情况下就直接是 setup，这里使用了参数［seed – one?］，函数里使用参数用方括号括起来，我们前面说到有 3 种方式发起谣言，带"?"结尾的参数取值为 true 和 false，说明还有一种方式没有使用这个 setup 函数。

到程序运行界面，右键选中 setup – one 按钮，点编辑，可以看到它的命令是 setup true，说明传递了一个 true 给 seed – one？。同理，在 setup – random 按钮的命令是 setup false，说明传递了 false。

```
to setup [seed – one?]
  clear – all
  set color – mode 0          ; 设置默认着色方法
  ask patches [
    set first – heard  – 1    ; first – heard 为第一次听到谣言的 tick，– 1 表示地块没有听到谣言
    set times – heard 0       ; 谣言已被听到 0 次
    recolor
  ]
  ifelse seed – one? [
    seed – one
  ] [
    seed – random
  ]
  reset – ticks
end
```

1）一个种子。让中心地块［0 0］发起谣言。

```
to seed – one
  ask patch 0 0 [
    hear – rumor
  ]
end
```

2）随机种子。谣言来源的随机数量由 init – clique 滑块控制。

```
to seed – random
  ask patches with [times – heard = 0] [
    if (random – float 100.0) < init – clique [; 随机选取地块
      hear – rumor
    ]
  ]
end
```

3）听到谣言。听到谣言，如果第一次听到，记录 first – heard 值为 0，如果不是第一次，那就直接记录 times – heard 和着色。如果未调用 RESET – TICKS，则需要将 FIRST – HEARD 设置为 0。要知道是否还没有调用 RESET – TICKS，唯一的方法是尝试获取 ticks 并捕捉随后的错误。对于普通 ticks，使用 ticks + 1，统计包含此地块的 ticks。

```
to hear – rumor    ; ; patch procedure
```

```
if not heard – rumor? [   ; 没有听到过谣言
  carefully [运行 first – heard 取值 ticks + 1, 如果出错, 抑制错误 first – heard 取值 0
    set first – heard ticks + 1
  ] [
    set first – heard 0      ; 未调用 RESET – TICKS, 则需要将 FIRST – HEARD 设置为 0
  ]
]
set times – heard times – heard + 1      ; 听到谣言次数加 1
Recolor
end
```

4) 报告是否听到过谣言

```
to – report heard – rumor?
  report first – heard > = 0
end
```

5) 重新着色。此函数是着色方案, 比较简单, 对应 color – mode 的不同的按钮。

```
to recolor   ;; patch procedure
  ifelse color – mode = 0 [
    recolor – normal
  ] [
    ifelse color – mode = 1 [
      recolor – by – when – heard
    ] [
      recolor – by – times – heard
    ]
  ]
end
```

6) 正常着色

```
to recolor – normal   ;; patch procedure
  ifelse heard – rumor? [
    set pcolor red
  ] [
    set pcolor blue
  ]
end
```

7) 听到时重新上色

```
to recolor – by – when – heard   ;; patch procedure
  ifelse heard – rumor? [
    set pcolor scale – color yellow first – heard world – width 0
  ] [
```

```
    set pcolor black
  ]
end
```

8）按时间重新上色

```
to recolor – by – times – heard    ;; patch procedure
  set pcolor scale – color green times – heard 0 world – width
end
```

（3）运行 go

```
to go
  if all? patches [times – heard > 0] [stop]；如果所有的地块都听到了谣言，停止运行
    ask patches with [times – heard > 0]
            [spread – rumor]；听到谣言次数大于 1，传播谣言
  tick
end
```

传播谣言。此函数传播谣言给邻居，对应两种邻居模式，先定义一个 neighbor 来暂时存储对应的邻居方式，然后请求邻居执行 hear – rumor。

```
to spread – rumor    ;; patch procedure
  let neighbor nobody
  ifelse eight – mode? [
    set neighbor one – of neighbors
  ] [
    set neighbor one – of neighbors4
  ]
  ask neighbor [hear – rumor]
end
```

（4）用鼠标传播谣言

```
to spread – rumor – with – mouse
  if mouse – down? [
    ask patch mouse – xcor mouse – ycor [
      hear – rumor
    ]
    display
  ]
end
```

8.5 习题

1. 对于谢林模型，回答下列问题：

1）谢林模型的社会意义是什么？

2）尝试对 % – SIMILAR – WANTED 使用不同的值。种族隔离的整体程度如何变化？

3）如果每个代理都想要至少 40% 的同肤色邻居，他们最终得到的平均比例是多少？

4）尝试不同的 DENSITY 密度值。初始入住率如何影响不满意的代理的百分比？它如何影响模型完成所需的时间？

5）find – new – spot（查找新点）过程让代理在本地移动，直到找到一个点。您能否重写这个过程，使代理直接移动到适当的新位置？

2. 对于糖域模型，回答下列问题：

1）尝试改变初始总体，初始种群对最终稳定种群有什么影响？它是否会影响诸如视力和新陈代谢等 Agent 属性的分布？

2）探讨模型库的第二个糖域模型 Sugarscape 2，糖的生长是渐进的，而不是瞬间的？

3）第二个糖域模型中，改变糖生长的数量或速度如何影响模型的行为？

3. 第三个糖域模型模拟了财富的分布。"富人越来越富，穷人越来越穷"表达了财富分配中的不平等。在这个模拟中，我们看到了帕累托定律，其中有大量的"穷人"或红色的人，更少的"中产阶级"或绿色的人，更少的"富人"或蓝色的人。回答或解决下列问题：

1）有没有什么设置不能证明帕累托定律？

2）改变 NUM – GRAIN – GROWN 滑块，看看它是如何影响财富分配的。

3）探索 LIFE – EXPECTANCY – MAX 的重要性？

4）更改 MAX – GRAIN 变量的值（在 Code 选项卡的"setup"过程中）。结果有何区别？

5）尝试使用 PERCENT – BEST – LAND 和 NUM – PEOPLE 滑块。这些因素如何影响财富分配的结果？

6）试着让所有人都从一个地方开始。看看会发生什么。

7）试着让每个人的初始财富相等。一个人的初始禀赋是否仍然达到财富分配的不平等？当为每个人随机设定初始财富时，情况会不会有所不同？

8）试着让每个人的财富和视野都平等。你还会得出财富分配不均的结论吗？在衡量基尼指数时，它是否比随机的视觉天赋更平等？

9）让每个新生儿继承父母一定比例的财富。

10）添加一个开关或滑块，使贴片恢复全部或一定比例的颗粒容量，而不是只增加一个颗粒单元。

11）允许谷物给它的载体带来优势或劣势，例如：每次食用或收获一些谷物时，都会产生污染。

12）如果财富是随机分布的（而不是梯度），这个模型会是相同的吗？尝试不同的风景，为每个新的风景设置按钮。

13）试着让新陈代谢、视觉或其他特征得以遗传。我们会看到任何形式的进化吗？适者生存？如果没有，为什么没有？

14）在模型中"没有财富的继承"，但这并不完全正确。新 Agent 和他们的父母出生在同一个地方。如果粮食相对于这个地区的人口来说是充足的，那么他们就继承了一个良好的开端。当 Agent 出生时，试着把他们移到一个随机的地方。这会导致更公平的财富分配吗？

15）试着在模型中加入季节。也就是说，在特定的时间，谷物在某一地区生长得较好，而在另一地区生长得较差。

16）如何改变这种模式来实现财富平等？

17）按照现在制定程序的方式，有时一个人会模仿另一个人。你可以通过设定相对较低的人口数量，比如 50 人或 100 人，以及较长的预期寿命来看到这一点。为什么会出现这种现象？尝试添加代码来防止这种情况发生。（提示：人们何时以及如何检查自己应该朝哪个方向前进？）

4. 对于谣言模型，回答下列问题：

1）改变世界的形状，看看谣言是如何在一个盒子或圆柱中传播的。

2）使用 SPREAD – RUMOR – WITH – MOUSE（鼠标散布谣言），将谣言的 4 个"种子"放置在网格的 4 个象限中。注意"重复讲述"的模式。把这 4 颗"种子"移到网格的中心。这种模式或"重复讲述"是如何改变的？将"种子"从网格中心移开。重复讲述的模式是如何变化的？

如果你打开或关闭"wrap"，它会发生什么变化？

3）探索散播谣言的其他模式及其对重复讲述模式的影响。

4）在模拟中引入物理屏障。这些空间障碍将成为谣言传播的障碍。我们可以想象一个只有一个单元格入口的房间。在这种情况下，需要多长时间才能到达整个人群？那么，当没有这样的障碍时，这条曲线（知道谣言的人数与时间的函数）与谣言的传播情况如何比较呢？

5）指定谣言被传播的概率。在目前的模型中，每当一个人遇到他/她的邻居，他/她告诉邻居这个谣言。如果谣言的传播只发生了 50% 的时间，那么谣言的传播会发生怎样的变化？还是 30% 的时间吗？

6）A 可能会将一个谣言一遍又一遍地告诉 B。如果没有人把谣言告诉他们已经告诉过的人或者告诉过他们的人，谣言传播的方式会有什么不同？

参 考 文 献

[1] 张江，李学伟. 人工社会——基于 Agent 的社会学仿真 [J]. 系统工程，2005（1）：13 – 20.
[2] 王飞跃，王晓，袁勇，等. 社会计算与计算社会：智慧社会的基础与必然 [J]. 科学通报，2015，60（5）：460 – 469.
[3] BAIL C A . The Configuration of Symbolic Boundaries against Immigrants in Europe [J]. American Sociological Review, 2008, 73（1）：37 – 59.
[4] AGAR M . My Kingdom for a Function：Modeling Misadventures of the Innumerate [J]. Journal of Artificial Societies & Social Simulation, 2003, 6（3）：8.
[5] TABER C S, TIMPONE R J. Beyond Simplicity：Focused Realism and Computational Modeling in International Relations [J]. Mershon International Studies Review, 1996, 40（1）：41 – 79.

[6] COHEN M, RIOLO R, AXELROD R. The role of social structure in the maintainance of cooperative regimes [J]. Rationality and Society, 2001, 13: 5 - 32.

[7] GARTZKE E, BOEHMER C. Investing in the Peace: Economic Interdependence and International Conflict [J]. International Organization, 2001, 55 (2): 391 - 438.

[8] PIERSON P. Increasing returns, path dependence, and the study of politics [J]. American Political Science Review, 2000, 94: 251 - 68.

[9] HELBING D, BUZNA L, JOHANSSON A, et al. Self - organized pedestrian crowd dynamics: Experiments, simulations, and design solutions [J], Transportation Science, 2005, 39: 1 - 24.

[10] HELBING D, FARKAS I, VICSEK T. Simulating Dynamical Features of Escape Panic [J]. Nature, 2000, 407 (6803): 487 - 90.

[11] HELBING D, JOHANSSON A, MATHIESEN J, et al. Analytical Approach to Continuous and Intermittent Bottleneck Flows [J]. Physical Review Letters, 2006, 97 (16): 168.

[12] 赵春晓, 钟宁, 郝莹. 基于 NetLogo 平台的 HIV 治疗模型 [J]. 计算机科学, 2008, 35 (004): 283 - 284.

[13] ZHAO Chunxiao, ZHONG Ning, HAO Ying. AOC - by - Self - discovery Modeling and Simulation for HIV [J]. Springer, B, 2007.

[14] 王丽君, 赵春晓. 课堂问题行为的 AOC 模型的可扩展性研究 [C]. 北京: 中国粒计算联合会议, 2008.

第9章

多智能体网络

网络就是节点的集合和节点连接方式的指定。本质上，对于一个节点可以是什么，或者这些节点如何连接，没有任何约束。同样的道理也适用于 Netlogo。任何可以是 Agent 的东西都可以作为节点，任何 Agent 都可以连接到任何其他 Agent，尽管节点不能通过链接连接到自己。此外，如果有不同的连接方式，您可以使用不同类型（或品种）的链接在 Netlogo 中显式地表示该特性。通过连接 Agent（节点）的链接显式地表示网络。在这种方法中，节点表示为 turtle，链接用于表示节点之间的连接。这是在 Netlogo 中构建网络的"默认"方法，也是 Netlogo 模型库中的示例所使用的方法。

本章主要讨论的是多智能体网络，包括 SIR 模型、小世界、优先连接等模型。

9.1　复杂多智能体网络模型

近年来，随着科学技术的飞速发展，人类的生产和生活日益离不开各种各样的网络，我们已经步入了网络化时代。当我们拿起手机给家人、朋友或者同事拨打电话时，就在不知不觉中参与到了社交网络形成的过程中；当我们登上高铁或者飞机时，就可以享受交通网络给我们带来的方便。即使当我们躺在床上什么也不干时，大脑中的神经元们也会形成巨大的复杂网络相互传递信号，帮助我们思考或者行动。网络化时代让人与人之间的关系更加紧密，也给人类的生活带来的极大的便捷。

1. 复杂网络模型

科学家们企图用一种通用的拓扑结构来将真实世界中的各种网络系统表示出来，在 200 多年的发展过程中，网络理论的研究先后经历了规则网络、随机网络和复杂网络 3 个阶段。

第一阶段：规则网络

在最初的 100 多年里，研究人员普遍认为真实系统各因素之间的关系可以用一些规则的结构表示。在这种类型的网络中，任意两个节点之间的连接遵循既定的规则，通常每个节点的近邻数目都相同。

第二阶段有：ER 随机网络

1960 年，数学家 Erdos 和 Renyi 提出了随机图理论，为构造网络提供了一种新的方法。在这种方法中，两个节点之间是否有边连接不再是确定的事情，而是根据一个概率决定，这样生成的网络称作随机网络。

随机图理论认为人与人之间互相认识是随机的，用中国的一个词来说就是"缘分"。他把这个问题用图论来解释，把人抽象成点，人与人之间的关系抽象成边，那么一个集体中的所有人就组成了一张图，而点与点之间的连接就好像掷骰子一样完全是随机的。

第三阶段：复杂网络

真实网络（例如：社会网络）既不是规则的也不是随机的，而是一种与前两种不同的统计特征网络，即复杂网络。

定义 9.1 复杂网络（Complex Network），具有自组织、自相似、吸引子、小世界、无尺度中部分或全部性质的网络，称为复杂网络。

复杂网络主要特征主要包括小世界效应、无尺度特性和高聚集性。

（1）六度分隔假说

现在我们地球上有 60 亿人，两个人之间需要跨过多少个人才能认识？我想你可以毫不犹豫地答出 6 个人。这就是著名的六度分隔假说。

邓肯·瓦特（Duncan Watts）的小世界（Small world）理论告诉了我们答案：在一个随机网络中，添加几个连接以后可以大大降低节点之间的距离（图论中的距离定义为连接两点最短路径的边数）。小世界特性（Small world theory）又被称之为是六度空间理论或者是六度分割理论（Six degrees of separation）。小世界特性指出：社交网络中的任何一个成员和任何一个陌生人之间所间隔的人不会超过 6 个。反映到人类社会网络中，就是有一类人特别擅长交往，他们认识很多人，正是由于他们的存在，才使得六度分隔成为可能。

在考虑网络特征的时候，通常使用两个特征来衡量网络：

定义 9.2 在网络中，任选两个节点，连通这两个节点的最少边数，定义为这两个节点的路径长度，网络中所有节点对的路径长度的平均值，定义为网络的平均路径长度（Average Path Length，APL）。

计算平均路径长度的方法是找到所有节点对之间的最短路径，将它们相加，然后除以节点对的总数。这是网络的全局特征。这向我们展示了从网络的一个成员到另一个成员所需要的平均步骤数。

定义 9.3 假设某个节点有 k 条边，则这 k 条边连接的节点（k 个）之间最多可能存在的边数为 k（k−1）/2，用实际存在的边数除以最多可能存在的边数得到的分数值，定义为这个节点的聚类系数。所有节点的聚类系数的均值定义为网络的聚类系数（Clustering Coefficient，CC）。

聚类系数（也称群聚系数、集聚系数）是用来描述一个图中的顶点之间集结成团的程度的系数。具体来说，是一个点与邻接点之间相互连接的程度。例如：生活社交网络中，你的朋友之间相互认识的程度。有证据表明，在各类反映真实世界的网络结构，特别是社交网络结构中，各个节点之间倾向于形成密度相对较高的群体。也就是说，相对于在两个节点之间随机连接而得到的网络，真实世界网络的集聚系数更高。

从一个人的角度来看，他们似乎不太可能与世界上的任何人只有几步之遥。这是因为他们的朋友或多或少都认识他们认识的人。聚类系数是对"我所有的朋友都互相认识"这一特性的度量。有时被描述为我的朋友的朋友就是我的朋友。更准确地说，节点的聚类系数是连接节点邻居的现有链接与此类链接的最大可能数量之比。聚类系数是网络的局部特征，反映了相邻两个人之间朋友圈子的重合度，即该节点的朋友之间也是朋友的程度。

对于规则网络，任意两个点（个体）之间的特征路径长度长（通过多个体联系在一起），但聚类系数高（你是朋友的朋友的朋友的概率高）。对于随机网络，任意两个点之间的特征路径长度短，但聚类系数低。而小世界网络，点之间特征路径长度小，接近随机网络，而聚类系数依旧相当高，接近规则网络。

复杂网络的小世界特性和网络中的信息传播有着密切的联系。实际的社会、生态等网络都是小世界网络。在这样的系统里，信息传递速度快，并且少量改变几个连接，就可以剧烈地改变网络的性能，如对已存在的网络进行调整，如蜂窝电话网，改动很少几条线路，就可以显著提高性能。

进一步的研究表明，在社会网络中，正是有了20%擅长交往的人，携带了80%的连接，所以产生了多出来的几个连接，才保证了六度分隔的成立，这也是二八定律的一个应用。

小世界网络的特征就是平均路径较短，而聚类系数较大。

（2）无尺度网络（Scale - free network）

如果六度分隔告诉我们人与人建立链接不是一个完全随机的过程，并且每个人认识的人数分布必须符合二八定律。那么，真实的社会网络的建立，又是一个什么过程呢？艾伯特 - 拉斯洛·巴拉巴西（Albert - László Barabási）提出了他的看法。我们知道，二八定律、长尾实际上是幂律分布（Power Law）的一个口头表述。

他给出了一个网络的构建过程，并把这种网络称之为无尺度网络。

网络是动态增长的，不断有新的节点加入，而不是随机网络中那样所有节点都已给出，仅仅是随机建立连接。

新增的点并不是如随机网络中那样和其他点有相同的概率建立连接，它会有更大的概率和已有很多连接的节点建立连接——优先情结。优先情结在现实中也是存在的，大多数的普通人总是期望和少数的活跃用户建立连接。

随机网络中每个节点的连接数是符合泊松分布的。简单说，人的身高就是一个泊松分布，绝大部分人处于150~190cm的中间部分，极少数很矮的，极少数很高的。因为有大多数节点的连接数居中，于是我们可以称这个中值为这个网络的尺度。而无尺度网络的分布符合幂律分布，大多数人只有很少的连接，而有少数人有很多的连接，这个网络没有一个尺度来衡量网络中节点的连接，于是称之为无尺度网络。

无尺度特性反映了复杂网络具有严重的异质性，其各节点之间的连接状况（度数）具有严重的不均匀分布性：网络中少数称之为Hub点的节点拥有极其多的连接，而大多数节点只有很少量的连接。少数Hub点对无尺度网络的运行起着主导的作用。从广义上说，无尺度网络的无尺度性是描述大量复杂系统整体上严重不均匀分布的一种内在性质。

无尺度网络告诉我们:

1)新用户建立连接时候的有优先情结。它更倾向于与活跃用户建立连接。

2)拥有有大量连接的活跃用户,随着网络规模的增加,连接会越来越多,也就是富者愈富。

3)建立一个完全草根化的社交网(Social Networking Services,SNS)是不现实的。人们需要活跃用户,活跃用户对 SNS 的拉动不容忽视。

4)SNS 中 20% 的人产生了 80% 的连接。这些人是整个网络的核心。关注这部分人的行为、喜好、特点,设计有针对性的产品会产生更好的效果。

5)另外 80% 的人在网络中处于失势的地位,虽然他们有出声的权利,但是他们的声音很难成为主流。

由 Watts 和 Strogatz 于 1998 年提出的 WS 小世界网络模型,刻画了现实世界中的网络所具有的大的凝聚系数和短的平均路径长度的小世界特性。1999 年,Barabasi 和 Albert 提出的无尺度网络模型,刻画了实际网络中普遍存在的"富者更富"的现象。小世界网络和无尺度网络的发现掀起了复杂网络的研究热潮。

(3)社区结构特性

物以类聚,人以群分。复杂网络中的节点往往也呈现出集群特性。例如:社会网络中总是存在熟人圈或朋友圈,其中每个成员都认识其他成员。集群程度的意义是网络集团化的程度,这是一种网络的内聚倾向。连通集团概念反映的是一个大网络中各集聚的小网络分布和相互联系的状况。例如:它可以反映这个朋友圈与另一个朋友圈的相互关系。

真实网络所表现出来的小世界特性、无尺度幂律分布或高聚集度等现象促使人们从理论上构造出多样的网络模型,以解释这些统计特性,探索形成这些网络的演化机制。复杂网络研究恰恰在这点上发现了各种真实网络都同时具有的三个主要特征:小世界效应、无尺度特性和高聚集性。

2. 复杂网络与 ABM

用最简单的术语来说,网络就是节点的集合和节点连接方式的指定。本质上,对于一个节点可以是什么,或者这些节点如何连接,没有任何约束。同样的道理也适用于 Netlogo。任何可以是 Agent 的东西都可以作为节点,任何 Agent 都可以连接到任何其他 Agent,尽管节点不能通过链接连接到自己。此外,如果有不同的连接方式,您可以使用不同类型(或品种)的链接在 Netlogo 中显式地表示该特性。

这是一个特别强大的特性,允许对社会现象进行非常丰富的建模。在我们开始学习一些网络示例之前,应该注意 Netlogo 中有两种使用网络的方法。第一个是本章的主题,通过连接 Agent(节点)的链接显式地表示网络。在这种方法中,节点表示为 turtle,链接用于表示节点之间的连接。这是在 Netlogo 中构建网络的"默认"方法,也是 Netlogo 模型库中的示例所使用的方法。

另一种表示网络的方法是通过链接隐式地表示没有显式连接的网络。当使用这种方法时，每个 turtle 通过列表或其他数据结构跟踪它们的连接。这种方法可能比显式表示更可取，因为它需要更少的代理（因为链接是代理的一种类型），并且在观察模型运行时，可能会使用更少的内存和资源来刷新屏幕。但是，这种方法使连接哪些节点变得不那么明显，因为所有链接都是在每个节点内部管理的，并且不容易看到。话虽如此，现在我们将把注意力转向使用链接来显式地表示 Netlogo 中的网络（尽管将有一个使用绘图而不是链接来描述网络的例子）。

9.2　SIR 模型

1. 问题背景

疾病自古到今都是威胁人类健康的重要因素之一，尤其是流行病，危害更大，像 SARS、霍乱、AIDS 等疾病，人们都会谈之色变，它们的流行给人类的生存和发展带来了巨大的灾难。正因为如此，才要对传染病进行深入的研究，利用数学模型来分析这些疾病的传播过程，进而抑制其传播。

SIR 流行病模型是流行病模型中较为简单的一种，这种模型可以对天花、流感、肝炎等传染病的传播过程进行很好的模拟。它把网络中的节点分为三类（可以理解为把处于不同感染阶段的人分离，并将同一感染阶段的归为一类）：易感期、传染期和移出期。易感期指节点患病之前，处于容易被邻居传染的时期，也称敏感期。这个时期的人还未患过该疾病，还没有针对这种疾病的抗体，免疫力较差，易患病。传染期指已患病的节点会以一定的概率把疾病传染给那些处于敏感期的邻居。移出期指当一个节点经历了完整的感染期，就不会再受感染，也不会对其他节点构成威胁，也称隔离期。移出期的人已经病愈，无法再传播疾病，由于其身体中已产生了此疾病的抗体，以后也不会再患这种疾病，因此在网络中不再考虑，属于无效节点。

在社交网络中，由于信息的传播方式与传染病在人群中的传播方式比较相像，SIR 流行病模型也可用于描述信息在社交网络中的传播。当信息在社交网络中的某一用户产生时，其余不知情的用户都处于易感期。接下来，信息会依赖网络中的好友关系在网络中传播，在这个时期，已经接收到并且传播过信息的用户将处于移出期，而刚刚接收到但还未传播信息的用户将处于传染期，而还未收到信息的用户依然处于易感期。最后网络中的所有用户都收到了这个消息，已经没有传播的必要，信息的传播过程到此结束。

病毒，可以是计算机病毒，也可以是我们通常说的生物之间传播的病毒，模型通过构建网络，模拟病毒传播。SIR 模型也应用于信息传播的研究。

传播过程大致如下：最初，所有的节点都处于易感染状态。然后，部分节点接触到信息后，变成感染状态，这些感染状态的节点试着去感染其他易感染状态的节点，或者进入恢复状态。感染一个节点即传递信息或者对某事的态度。恢复状态，即免疫，处于恢复状态的节点不再参与信息的传播。

这个模型演示了病毒通过网络传播。每个节点代表一台计算机，通过这个网络对计算机病毒（或蠕虫）的进程进行建模。每个节点可能处于三种状态之一：易感、感染或耐药。在学术文献中，这种模型有时被称为流行病的 SIR 模型。

每个时间步（滴答），每个受感染的节点（红色）都试图感染它的所有邻居。易受感染的邻居（蓝色）被感染的概率由 VIRUS – SPREAD – CHANCE（病毒传播机会）滑块给出。这可能与敏感系统上的某人实际执行受感染的电子邮件附件的概率相对应。

耐药节点（灰色）不能被感染。这可能对应于最新的杀毒软件和安全地块，使计算机对这种特殊病毒免疫。

受感染的节点不会立即意识到自己被感染。只有每隔一段时间（由病毒检查频率滑块决定）节点才会检查自己是否感染了病毒。这可能与定期安排的病毒扫描程序相对应，或者仅仅是一个人注意到计算机的某些可疑行为。当病毒被检测到，有一个可能性，病毒将被删除，由 RECOVERY – CHANCE（恢复机会）滑块决定。

如果一个节点确实恢复了，那么它很有可能在将来对这种病毒产生抗药性，由 GAIN – RESISTANCE – CHANCE（增益抵抗概率）滑块给出。

当一个节点变得具有耐药性时，它与相邻节点之间的链接就会变暗，因为它们不再是传播病毒的可能载体。

2. 模型界面

选择 NUMBER – OF – NODES（节点数）和 AVERAGE – NODE – DEGREE（平均节点度），即每个节点的平均链接数。

INITIAL – OUTBREAK – SIZE（初始爆发大小）滑块确定有多少节点将启动被病毒感染的模拟。

在按下 GO 之前或模型运行时，可以调整 VIRUS – SPREAD – CHANCE（病毒扩展机会）、VIRUS – CHECK – FREQUENCY（病毒检查频率）、RECOVERY – CHANCE（恢复机会）和 GAIN – RESISTANCE – CHANCE（增益抵抗机会滑块）。

NETWORK STATUS（网络状态）图显示了一段时间内每个状态（S、I、R）中的节点数量（见图 9-1、图 9-2）。

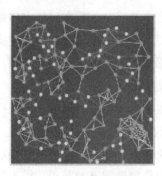
图 9-1　SIR 模型运行

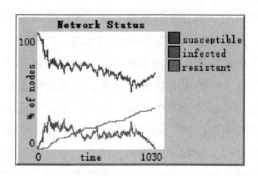
图 9-2　SIR 模型运行

SIR 模型的参数及取值见表 9-1。

表9-1 SIR 模型的参数

参数名	最小值	最大值	初始值
number – of – nodes	10	300	150
average – node – degree	1	number – of – nodes – 1	6
initial – outbreak – size	1	Number – of – nodes	3
virus – spread – chance	0	10	2.5
virus – check – frequency	1	20	1
recovery – chance	0	10	5
gain – resistance – chance	0	100	5

3. 程序代码说明

（1）定义变量

```
turtles – own [
    infected?              ; 如果是真的，Agent 是有传染性的
    resistant?             ; 如果是真的，Agent 就不会被感染
    virus – check – timer  ; 这个 Agent 最后一次检查病毒后的 ticks 数量
]
```

（2）初始化 setup

```
to setup
    clear – all
    setup – nodes                              ; 创建节点
    setup – spatially – clustered – network    ; 建立空间集群网络
    ask n – of initial – outbreak – size turtles
        [ become – infected ]                  ; 初始化被感染节点
    ask links [ set color white ]
    reset – ticks
end
```

1）创建节点 setup – nodes

```
to setup – nodes
    set – default – shape turtles "circle"
    create – turtles number – of – nodes [
        ; 由于视觉上的原因，我们没有将任何节点 "太" 靠近边缘
        setxy ( random – xcor * 0.95 ) ( random – ycor * 0.95 )
        become – susceptible
        set virus – check – timer random virus – check – frequency
    ]
end
```

2）易感染 become – susceptible

```
to become – susceptible    ;; turtle 函数，易受影响
    set infected? false     ; 感染为假
```

```
      set resistant? false      ; 抗体无
      set color blue
   end
```

3）建立空间集群网络 setup - spatially - clustered - network。所创建的网络基于节点之间的接近度（欧氏距离）。随机选择一个节点并将其连接到最近的尚未连接到的节点。此过程重复进行，直到网络具有正确的链接数，以给出指定的平均节点度。

```
   to setup - spatially - clustered - network
      let num - links (average - node - degree * number - of - nodes)/2    ; 控制创造链的数目
      while [count links < num - links] [; 模型中总体的链数目小于我们所要求的数目
        ask one - of turtles [; 随机选取模型中的一个主体
          let choice (min - one - of (other turtles with [not link - neighbor? myself])
            [distance myself]); 选取没有和上面那个主体有链的主体集中距离最近的主体
          if choice ! = nobody [create - link - with choice]; 存在主体, 创建链
        ]
      ]
      repeat 10 [   ; 重复十次, 使得模型布局优雅
        layout - spring turtles links 0. 3 (world - width/(sqrt number - of - nodes)) 1
      ]
   end
```

4）被感染 become - infected

```
   to become - infected        ; turtle 函数
      set infected? true        ; 感染设置为真
      set resistant? False       ; 抗体无
      set color red
   end
```

（3）运行 go

如果所有的主体都没有感染，说明不会有人感染了，模型结束。每次迭代，病毒检查时间间隔天数加 1。如果检查时间间隔超过病毒检查频率，那么就设置时间间隔为 0。之后传播病毒并做病毒检查。

```
   to go
      if all? turtles [not infected?] [stop]
      ask turtles [
        set virus - check - timer virus - check - timer + 1
        if virus - check - timer > = virus - check - frequency
          [set virus - check - timer 0]
      ]
      spread - virus        ; 病毒传播
      do - virus - checks     ; 进行病毒检查
      tick
   end
```

1) 病毒传播

```
to spread – virus
    ask turtles with [infected?] [；请求那些感染病毒的人
    ask link – neighbors with [not resistant?] [；请求和上面主体有链相连的主体
        if random – float 100 < virus – spread – chance [；随机数小于感染概率，这个人就被感染
        become – infected    ；感染
        ]
    ]
    ]
end
```

2）进行病毒检查。对人进行病毒检查，参加检查的人是那些被感染的，且检查跨度时间到了。

```
to do – virus – checks
    ask turtles with [infected? and virus – check – timer = 0] [
        ；感染病毒的人，当 virus – check – timer = 0，做病毒检测
        if random 100 < recovery – chance [    ；随机数控制，一定康复几率
            ifelse random 100 < gain – resistance – chance [随机数控制，接受抗体的几率
                become – resistant] [；接受抗体
                become – susceptible] ；没接受抗体，变成易受影响，从感染到易受影响被认为是康复
        ]
    ]
end
```

3）产生耐药性

```
to become – resistant        ；turtle 函数，有抗体
    set infected? false        ；有抗体，不可能被感染
    set resistant? true        ；有抗体
    set color gray
    ask my – links [set color gray – 2]
end
```

9.3 小世界模型

1. 问题背景

"世界这么大，我想去看看"，为什么我们生活的社会是小世界呢？

模型探索了导致"小世界"现象的网络的形成——即一个人与世界上其他任何一个人之间只有几个连接距离。

小世界现象的一个流行的例子是由出现在同一部电影中的演员组成的网络（例如："六度凯文培根"游戏），但是小世界并不局限于人的网络。其他的例子如从电网到蠕虫的神经

网络。这个模型说明了一些一般的理论条件，在这些条件下，人或物之间的小世界网络可能发生。

该模型是对 Duncan Watts 和 Steve Strogatz（1998）提出的模型的改编。它开始于一个网络，其中每个人（或"节点"）都连接到他两边的两个邻居。REWIRE - ONE 按钮选择一个随机连接（或"edge"）并重新连接它。通过重新布线，我们指的是改变一对连接节点的一端，并保持另一端不变（见图9-3）。

rewire - all 按钮创建网络，然后访问所有边缘并尝试重新连接它们。重连概率滑块决定边被重连的概率。在多个概率下运行 REWIRE - ALL 会产生一系列具有不同平均路径长度和聚类系数的可能网络。

为了识别小世界，在按下 REWIRE - ONE 或 REWIRE - ALL 按钮后，计算并绘制网络的"平均路径长度"（APL）和"聚类系数"（缩写为 CC）。这两个图是分开的，因为 x 轴略有不同。REWIRE - ONEx 轴表示到目前为止重新布线的边的比例（见图9-4），而 REWIRE - ALLx 轴表示重新布线的概率。短平均路径长度和高聚类系数的网络被认为是小世界网络。（注：聚类系数和平均路径长度均按初始网络值进行归一化处理。监视器给出了实际值。）

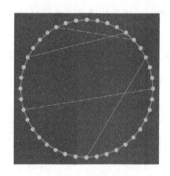

图9-3　小世界网络

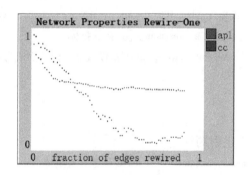

图9-4　网络属性

实际的社会、生态等网络都是小世界网络，在这样的系统里，信息传递速度快，并且少量改变几个连接，就可以剧烈地改变网络的性能，如对已存在的网络进行调整，如蜂窝电话网，改动很少几条线路，就可以显著提高性能。

1967年，哈佛大学的心理学教授 Stanley Milgram（1933 - 1984）想要描绘一个连接人与社区的人际联系网，结果发现了"六度分离"现象。简单地说："你和任何一个陌生人之间所间隔的人不会超过6个，也就是说，最多通过6个人你就能够认识任何一个陌生人。"而小世界网络模型推广了"六度分离"模型。例如：对于传染病模型，集聚系数对应于传播的广度，平均距离代表的是传播的深度。因此，如果实际网络同时存在宽的广度和深度的话，在这样的网络上的传染病传播显然要大大高于规则网络与随机网络，而我们的真实世界，一般为小世界模型。

瓦兹的证明思路很简单，他用两个基本概念来刻画"小世界网络"，即平均聚集系数（Clustering Coefficient，CC）和平均路径长度（Average Path Length，APL）。聚集系数是网络结构化程度的表征，人类社会的网络是一个结构化程度很高的网络，其平均聚集系数必然远大于随机网络，因此小世界网络必须同时满足平均聚集系数很大而且平均路径距离很小的条件。证明"小世界猜想"意味着要证明人类社会确实同时具备这两个条件，并且这样的网络能够以简单的方式产生（因为只有这样才可能在自然界里出现）。

如果你按下高亮按钮并单击一个节点，它会显示所有的邻居都是蓝色的，而连接这些邻居的边是黄色的。黄色链接越多，你要检查的节点（粉红色的节点）的聚类系数就越高。网络的高聚类系数是小世界的另一个标志。

2. 模型界面

下面将解释每个滑块、按钮和开关的使用。

num – nodes（数字节点）滑块控制网络的大小。选择一个大小并按设置。

rewiring – probability（重连概率）滑块决定边被重连的概率（见表9-2）。

相似监视器显示每个代理的相同颜色邻居的平均百分比。它从大约50%开始，因为每个代理开始（平均）有相同数量的橙色和蓝色代理作为邻居。不满意的监控器显示不满意的代理的数量，不满意的监控器百分比显示与其想要的（因此想要移动）相同颜色的邻居较少的代理的百分比。

小世界模型的参数及取值见表9-2。

表9-2　小世界模型的参数

参数名	最小值	最大值	初始值
num – nodes	10	125	40
rewiring – probability	0	1	0.3

3. 程序

（1）全局变量

turtles – own [
　node – clustering – coefficient　；节点聚类系数
　distance – from – other – turtles　；此节点与其他 Agent 的距离列表
]

links – own [
　rewired?　　　　　　　;; 跟踪链接是否已重新连接
]

globals [
　clustering – coefficient　　　　；网络的聚类系数；这是所有 Agent 的聚类系数的平均值
　average – path – length　　　　；网络的平均路径长度
　clustering – coefficient – of – lattice　；初始格的聚类系数
　average – path – length – of – lattice　；初始格的平均路径长度
　infinity　　　；一个非常大的数字表示两个 Agent 之间的距离，它们之间没有连接或不连接的路径
　highlight – string　　　　；出现在节点属性监视器上的消息
　number – rewired　　　　；已重新连接的边的数量。用于绘图

```
    rewire – one?                    ; 这两个变量记录了最后按哪个按钮
    rewire – all?
]
```

（2）启动程序 startup

```
to startup
    set highlight – string " "
end
```

（3）设置程序 setup

```
to setup
    clear – all
    set infinity 99999              ; 一个任意选择的大数
    set – default – shape turtles "circle"
    make – turtles   ; 创建节点并排列
    let success? false; 设置一个变量来确定我们是否仍然有一个连接的网络
    while [not success?] [
        wire – them    ; 连接节点
        set success? do – calculations   ; 计算网络的平均路径长度和聚类系数
    ]
    set clustering – coefficient – of – lattice clustering – coefficient   ; 设置初始网络的值
    set average – path – length – of – lattice average – path – length
    set number – rewired 0
    set highlight – string " "
end
```

1）创建节点并排列

```
to make – turtles
    create – turtles num – nodes [set color gray + 2]
    layout – circle (sort turtles) max – pxcor – 1      ; 按编号把它们排列成一个圆圈
end
```

2）连接节点

```
to wire – them
    let n 0
    while [n < count turtles] [      ; 遍历 Agent
        make – edge turtle n turtle [(n + 1) mod count turtles]   ; 和下两个邻居连接成边
        make – edge turtle n turtle [(n + 2) mod count turtles]   ; 形成平均度数为4的网络
        set n n + 1
    ]
end
```

3）生成边

```
to make – edge [node1 node2]
```

```
ask node1 [
    create – link – with node2      [
        set rewired? false
    ]]
end
```

4）计算网络的平均路径长度和聚类系数。在一个有 N 个节点的连通网络中，我们应该有 N（N−1）个对之间距离的测量值，这些距离都不应该是无穷大的。如果节点之间存在"无穷大"长度路径，则网络断开连接。在这种情况下，计算平均路径长度实际上没有意义。

```
to – report do – calculations
    let connected? True              ; 设置一个变量，以便在网络断开连接时报告
    find – path – lengths            ; 路径长度计算
    let num – connected – pairs
        sum [ length remove infinity（remove 0 distance – from – other – turtles）] of turtles
ifelse｛num – connected – pairs！= [ count turtles ＊（count turtles – 1）]｝      [
    set average – path – length infinity
    set connected? False            ; 报告网络未连接
] [
        set average – path – length ; 平均路径长度
            （sum [ sum distance – from – other – turtles ] of turtles）／（num – connected – pairs）
    ]
    find – clustering – coefficient  ; 找到聚类系数，并将其添加到所有迭代的聚合中
    report connected?                ; 报告网络是否连接
end
```

5）路径长度计算。实现所有对最短路径的 Floyd Warshall 算法。它是一种动态规划算法，使用记忆存储结果，从较小的子问题的解构建更大的解。如果有更短的路径通过第 k 个节点，它会不断地递增查找。因为它通过 k 遍历所有 Agent，所以最后我们得到了每个 i 和 j 可能的最短路径。

```
to find – path – lengths
    ask turtles [ ; 重置距离列表
        set distance – from – other – turtles [ ]
    ]
    let i 0     let j 0     let k 0
    let node1 one – of turtles      let node2 one – of turtles
    let node – count count turtles
    while [ i ＜ node – count ] [ ; 初始化距离列表
        set j 0
        while [ j ＜ node – count ] [
            set node1 turtle i
```

```
                set node2 turtle j
            ifelse i = j [;; 从一个节点到它自己是零
              ask node1 [
                  set distance – from – other – turtles lput 0 distance – from – other – turtles
              ]
            ] [
              ifelse [link – neighbor? node1] of node2 [
                  ask node1 [;; 从一个节点到它的邻居是1
                      set distance – from – other – turtles lput 1 distance – from – other – turtles
                  ]
              ] [
                  ask node1 [ [;; 从一个节点到其他邻居是无穷大
                      set distance – from – other – turtles lput infinity distance – from – other – turtles
                  ]
                ]
              ]
            ]
          set j j + 1
        ]
      set i i + 1
    ]
  set i 0    set j 0
  let dummy 0
  while [k < node – count]      [
    set i 0
    while [i < node – count] [
      set j 0
      while [j < node – count] [;; 通过第 k 个节点的备选路径长度
        set dummy ( (item k [distance – from – other – turtles] of turtle i) +
                      (item j [distance – from – other – turtles] of turtle k) )
        if dummy < (item j [distance – from – other – turtles] of turtle i) [
            ask turtle i [      ;; 备选路径更短吗?
              set distance – from – other – turtles
                    replace – item j distance – from – other – turtles dummy
            ]
        ]
      set j j + 1
    ]
    set i i + 1
  ]
```

```
      set k k + 1
    ]
 end
```

（4）重新连接一条边 rewire – one

rewire – one 随机选择一条边，重新连接，然后绘制结果网络属性。rewire – one 总是至少重新连接一条边（即忽略了 REWIRING – PROBABILITY 重新连接概率）。

```
to rewire – one
  if count turtles ! = num – nodes [setup];; 确保 num turtle 设置正确，否则先运行 setup
  set rewire – one? true    ; 记录下按下的是哪个按钮
  set rewire – all? false
  let potential – edges links with [not rewired?]
ifelse any? potential – edges [
    ask one – of potential – edges [
      let node1 end1    ;; a 保持不变
      if [count link – neighbors] of end1 < (count turtles – 1) [; 如果 a 没有连接到所有边
        let node2 one – of turtles with [(self ! = node1) and (not link – neighbor? node1)]
                        ; 找到一个与 node1 不同的节点，而不是 node1 的邻居
        ask node1 [
          create – link – with node2 [; 连接新边
            set color cyan set rewired? true]]
        set number – rewired number – rewired + 1        ; 重新布线计数
        die    ; 删除旧边
      ]
    ]
    let connected? do – calculations        ; 如果连通，平均路径长度和聚类系数
    update – plots                   ; 绘制结果
  ]
    [user – message "all edges have already been rewired once"]
end
```

（5）重新创建初始网络 rewire – all

rewire – all 将重新创建初始网络（每个节点连接到其每边的两个邻居，总共有 4 个邻居），并以当前的重新连接概率重新连接所有边缘，然后在 REWIRE – ALL plot 上绘制结果网络属性。更改重新连接概率滑块将更改每次运行后重新连接的链接的比例。

```
to rewire – all
  if count turtles ! = num – nodes [setup]    ; 确保 setup 设置正确；如果没有先运行
  set rewire – one? false ; 记录下按下的是哪个按钮
  set rewire – all? true
  let success? false    ; 设置一个变量，查看网络是否连接
  ;; 如果我们最终得到一个断开连接的网络，我们会继续尝试，因为 APL 距离对于一个断开连接的
```

网络没有意义

```
while [not success?] [
    ask links [die]        ; 删除旧格，重置邻居，创建新格
    wire - them
    set number - rewired 0
    ask links [
        if (random - float 1) < rewiring - probability [; 是否要重新布线?
            let node1 end1    ; a 保持不变
            if [count link - neighbors] of end1 < (count turtles - 1) [; 如果 a 没有连接到所有边
                let node2 one - of turtles with [ (self ! = node1) and (not link - neighbor? node1)]
                    ; 找到一个与 node1 不同的节点，而不是 node1 的邻居
                ask node1 [create - link - with node2 [set color cyan    set rewired? true]]; 连接新边
                set number - rewired number - rewired + 1              ; 重新连线计数
                set rewired? true
            ]
        ]
        if (rewired?) [die]        ; 删除旧边
    ]
    ; 检查新网络是否连接好，同时计算路径长度和聚类系数
    set success? do - calculations
]
update - plots    ; 绘制图表
end
```

（6）高亮显示 highlight

当您按下 highlight（高亮）并指向视图中的节点时，它会用颜色对节点和边缘进行编码。节点本身变成粉红色。邻居节点和连接这些邻居节点的边变成蓝色。邻居节点连接的边变成黄色。邻居之间的黄色数量可以显示该节点的聚类系数。节点属性监视器只显示突出显示的节点的平均路径长度和聚类系数。平均路径长度和聚类系数监视器显示整个网络的值。

```
to highlight
    ask turtles [set color gray + 2]; 删除之前的高亮显示
    ask links [set color gray + 2]
    if mouse - inside? [do - highlight]
    display
end
```

高亮显示：

```
to do - highlight
    let min - d min [distancexy mouse - xcor mouse - ycor] of turtles
    let node one - of turtles with [; 获取离鼠标最近的节点
        count link - neighbors > 0 and distancexy mouse - xcor mouse - ycor = min - d]
```

```
    if node！= nobody [
        ask node [;; 突出显示选择的节点
            set color pink - 1
            let pairs（length remove infinity distance - from - other - turtles）
            let local - val（sum remove infinity distance - from - other - turtles）/pairs
            set highlight - string（word "clustering coefficient = "
                precision node - clustering - coefficient 3
" and avg path length = " precision local - val 3
"（for " pairs " turtles )"）     ; 显示节点的聚类系数
        ]
        let neighbor - nodes [link - neighbors] of node
        let direct - links [my - links] of node
        ask neighbor - nodes [;; 高亮显示邻居
            set color blue - 1
            ask my - links [;; 突出显示连接所选节点与其邻居的边
                ifelse（end1 = node or end2 = node）[
                    set color blue - 1 ;
                ] [
                    if（member? end1 neighbor - nodes and member? end2 neighbor - nodes）
                        [set color yellow]
                ]
            ]
        ]
    ]
end
```

9.4 无尺度网络

1. 问题背景

相对而言，无尺度网络比较抽象，例如：网际网络上爱好者社群属于这种类型。这也是 face book 和 twitter、新浪微博这类工具的结构。少数人占了多数联结，多数人只有少数联结（某些人网络人际的能力比较好，富者越富，贫者越贫，人际关系越好的人吸引越多人）。有大量新联结等待开发。联结数找不到平均值（分布属于 Power Law 而非常态分布，例如：奥巴马在 twitter 上有 500 万粉丝，一般人都在 200 左右）。

这里有个很有趣的概念就是枢纽，这些人其实就是现实社会中的意见领袖，或许是政界人物，或许是明星，但是这些人确实可以促成趋势，引起时尚。想要引爆流行，就要了解枢纽的概念，例如：置入式营销、名人代言、记者会等手法，都有枢纽的概念。这是非密集型的网络（比起小世界网络，大多数人只有少量联结，整个网络密集度低），枢纽让网络恒久维持，枢纽也很容易影响弱势的多数。在一些网络中，一些枢纽有很多连接，而其他人只有很少的连接。这样的网络可以在现实世界中惊人地广泛存在，从网站之间的联结到演员之间的合作。

这个模型显示了这种网络产生的一种方式。这个模型通过一个"优先连接"的过程生成这些网络，在这个过程中，新的网络成员更喜欢连接到更受欢迎的现有成员。

该模型从由一条边连接的两个节点开始。

在每个步骤中，都会添加一个新节点。新节点随机选择要连接的现有节点，但带有一定的偏差。更具体地说，一个节点被选中的概率与它已经拥有的连接数量或程度成正比。这就是所谓的"优先依附"机制。

运行该模型产生的网络通常被称为无标度或幂律网络。在这些网络中，每个节点连接数的分布不是正态分布，而是遵循所谓的幂律分布。幂律分布不同于正态分布，因为它们在平均值处没有峰值，而且更可能包含极值（有关无标度网络的频率和重要性的进一步描述，请参见 Albert & Barabasi 2002）。Barabasi 和 Albert 最初描述了这种创建网络的机制，但还有其他创建无标度网络的机制，因此由该模型中实现的机制创建的网络称为 Barabasi 无标度网络。

图 9-5　无标度网络

通过查看图，可以在这个模型中看到网络的程度分布。顶部的图是每个节点度数的直方图。下图显示了相同的数据，但两个轴都是对数刻度。当度分布服从幂律时，在 log–log 图上呈现为一条直线。考虑幂律的一个简单方法是，如果有一个节点的度分布为 1000，那么就会有 10 个节点的度分布为 100，而 100 个节点的度分布为 10，如图 9-5 ~ 图 9-7 所示。

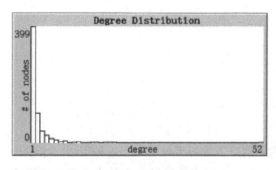

图 9-6　度分布曲线

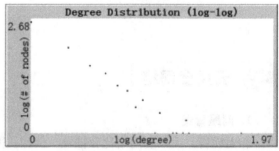

图 9-7　度分布对数曲线

2. 模型界面

下面将解释按钮和开关的使用。

LAYOUT？（布局？）switch 控制布局过程是否运行。此过程尝试移动节点，以使网络结构更容易看到。

如果你想让模型运行得更快，可以关闭 LAYOUT？和 PLOT？切换和冻结视图（使用视图上方控制条中的 on/off 按钮）。LAYOUT？开关对模型的速度影响最大。

如果你让 LAYOUT? 关闭，然后想要网络有一个更有吸引力的布局，按下 REDO – LAY-OUT（重做布局）按钮，它将运行布图步骤的过程，直到你再次按下按钮。你可以在任何时候按 REDO – LAYOUT（重做布局），即使你打开 LAYOUT?，它将使网络更容易看到。

PLOT 开关关闭了加速模型的 PLOT。

3. 程序

（1） to setup

使最初的网只有两个 Agent 和一条边。

```
to setup
  clear – all
  set – default – shape turtles "circle"
  make – node nobody          ; 创建第一个节点，未连接
  make – node turtle 0        ; 创建第二个节点，连接到第一个节点
  reset – ticks
end
```

创建节点。本函数用于创建新节点。

```
to make – node [old – node]
  create – turtles 1 [
    set color red
    if old – node ! = nobody [
      create – link – with old – node [set color green]
        move – to old – node    ; 将新节点定位在其合作伙伴附近
        fd 8
      ]
  ]
end
```

（2） 运行

执行 go once 按钮将添加一个新节点。要连续添加节点，请执行 go。

```
to go
  ask links [set color gray]        ; 新生成的边是绿色的，原来的边是灰色的
  make – node find – partner        ; 找到合作伙伴并将其用作新节点的附属点
  tick
  if layout? [layout]
end
```

查找合作伙伴。这段代码是"优先连接"机制的核心，它就像彩票一样，每个节点为它已经拥有的每个连接都获得一张彩票。这里是简单的事实，我们可以使用链接当作"门票"：我们首先选择一个随机的链接，然后选择一个链接两端之一。

```
to – report find – partner
  report [one – of both – ends] of one – of links
```

end

（3）调整节点大小 resize – nodes

RESIZE – NODES 按钮将使所有节点的大小代表它们的度分布。如果你再次按下它，节点将返回相等的大小。

节点是一个直径由大小变量决定的圆，使用 SQRT 使圆的面积与其度数成正比。

```
to resize – nodes
ifelse all? turtles [size < = 1] [
  ask turtles [set size sqrt count link – neighbors]
] [
  ask turtles [set size 1]
]
end
```

（4）调整布局 layout

该函数可以被 go 调用，在创建连接时当 layout? 为真时使用，也可能通过 redo layout 随时调整网络布局。

```
to layout
  repeat 3 [; 3 是任意的，更多的重复减缓了模型，太少布局差
    let factor sqrt count turtles
    layout – spring turtles links (1/factor) (7/factor) (1/factor) ; 数字随意选择
    display             ; 平滑动画
  ]
  let x – offset max [xcor] of turtles + min [xcor] of turtles   ; 不要撞到世界的边缘
  let y – offset max [ycor] of turtles + min [ycor] of turtles
  set x – offset limit – magnitude x – offset 0. 1   ; 大跳跃看起来很有趣，所以每次只调整一点
  set y – offset limit – magnitude y – offset 0. 1
  ask turtles [setxy (xcor – x – offset/2) (ycor – y – offset/2)]
end
```

限制大小：

```
to – report limit – magnitude [number limit]
  if number > limit [report limit]
  if number < ( – limit) [report ( – limit)]
  report number
end
```

9.5 习题

1. 规则网络、随机网络、小世界网络和无标度网络是什么关系？

2. 在随机网络 SIR 模型中，探索下列操作：

1）设置 GAIN – RESISTANCE – CHANCE 为 0。在什么情况下病毒仍然会灭绝？需要多长时间？病毒存活需要什么条件？

2）如果 RECOVERY – CHANCE 大于 0，即使 VIRUS – SPREAD – CHANCE 很高，你认为如果你能一直运行这个模型，病毒就能存活吗？

3）病毒在真实的计算机网络上传播通常不是基于空间邻近性，就像这个模型中的网络一样。真实的计算机网络通常表现出"无标度"的链接度分布，有点类似于使用优先连接模型创建的网络。尝试不同的网络结构，看看病毒的行为有何不同。

4）假设病毒通过电子邮件向计算机通信录中的每个人传播。由于在某人的地址簿中不是对称关系，因此请更改此模型，使用有向链接而不是无向链接。

5）你能同时模拟多个病毒吗？他们会如何互动？有时，如果一台电脑安装了恶意软件，它更容易受到更多恶意软件的感染。

6）试着做一个类似的模型，但是病毒有变异的能力。这种自修改病毒对计算机安全构成了相当大的威胁，因为传统的病毒签名识别方法可能对它们不起作用。在你的模型中，如果病毒发生突变，与最初感染该节点的变体显著不同，那么具有免疫功能的节点可能会重新感染。

3. 在无标度网络中，尝试以下操作：

1）让模型运行一会儿。有多少节点是"枢纽"，也就是说，有许多连接？有多少人只有几个连接？某个低度节点会成为枢纽吗？需要多长时间？

2）关掉 LAYOUT？切换并冻结视图以加速模型，然后允许形成一个大型网络。模型左侧上面的直方图的形状是什么？

3）你在 log – log 图中看到了什么？对于有限的值范围，log – log 图只是一条直线。这是为什么呢？当您向网络中添加更多节点时，log – log 图是否还类似直线？

4）为每个节点分配一个附加属性。使附着的概率依赖于这个新属性以及程度（偏置滑块可以控制属性对决策的影响程度）。

5）布局算法可以改进吗？来自不同枢纽的节点可能比来自相同枢纽的节点相互排斥更强，以鼓励枢纽在布局中物理分离。

4. 将谣言传播模型应用到无标度网络中。

5. 将谢林模型应用到社交网络中。例如：让不满意的代理根据其网络中的其他代理提供的关于邻域的信息来决定新位置。

参 考 文 献

[1] TOOFANI S, HAGHIGHAT A T. Energy Efficient Static Clustering Algorithm for Maximizing Continues Working Time of Wireless Sensor Networks [J]. Advances in Computer Science An International Journal, 2015, 4 (1).

[2] SADOUQ Z A, MABROUK M E, ESSAAIDI M. Conserving energy in WSN through clustering and power control [C]. IEEE, 2015.

[3] VINAYAK S, APTE M. Real Time Monitoring of Agri – Parameters using WSN for Precision Agriculture [J]. International Journal of Advanced Research in Computer Science and Software Engineering, 2013, 3 (9): 1045 – 1048.

[4] HUSSAIN R. Application of WSN in Rural Development, Agriculture Water Management [J]. International Journal of Soft Computing & Engineering, 2012, 2 (5).

[5] MAT I, KASSIM M, HARUN A N. Precision irrigation performance measurement using wireless sensor network [C]. Shanghai International Conf on Ubiquitous & Future Networks, IEEE, 2014.

[6] JAGTAP S P, SHELKE S D. Wireless Automatic Irrigation System Based On WSN and GSM [J]. IOSR Journal of Electronics and Communication Engineering, 2014, 9 (6): 13 – 17.

[7] BABIS M, MAGULA P. NetLogo — An alternative way of simulating mobile ad hoc networks [C]. Bratislava (SK): Wireless & Mobile Networking Conference, 2013.

[8] BATOOL K, NIAZI M A, SADIK S, et al. Towards modeling complex wireless sensor networks using agents and networks: A systematic approach [C]. Bangkok: Tencon IEEE Region 10 Conference, 2015.

[9] BARABASI A L, ALBERT A L. Emergence of scaling in random networks [J]. Science, 1999, 286: 509 – 512.

[10] 赵春晓, 王丽君, 马靖善, 等. 自组网的不确定性建模与仿真 [J]. 计算机工程, 2007, 33 (8): 121 – 123.

[11] BESSIERE C, MAESTRE A, BRITO I, et al. Asynchronous Backtracking Without Adding Links: A New Member in the ABT Family [J]. Artificial Intelligence, 2005, 161: 7 – 24.

[12] DONIEC A, BOURAQADI N, DEFOORT M, et al. Multi – robot exploration under communication constraint: a disCSP approach [C]. http: //citeseerx. ist. psu. edu/viewdoc/summary? doi = 10. 1. 1. 230. 3399: In 5th National Conference on Control Architecture of Robots, 2010.

[13] GRUBSHTEIN A, HERSCHHORN N, NETZER A, et al. The distributed constraints (DisCo) simulation tool [C]. https: //www. cs. bgu. ac. il/ ~ alongrub/files/DCR11 – DisCo. pdf: Proceedings of the IJCAI11 Workshop on Distributed Constraint Reasoning (DCR11), 2011.

[14] 丁宁, 赵春晓, 高路, 等. 校园无线移动模型的研究 [J]. 计算机应用与软件, 2009, 26 (4): 37 – 39, 64.

第10章

智能算法与问题求解

Chapter **10**

人工智能主要研究用人工的方法和技术，模仿、延伸和扩展人的智能，实现机器智能。智能计算的算法都有一个共同的特点，就是通过模仿人类智能或生物智能的某一个或某一些方面而达到模拟人类智能，实现将生物智慧、自然界的规律等设计出最优算法，进行计算机程序化，用于解决很广泛的一些实际问题。计算智能是以数据为基础，通过训练建立联系，进行问题求解。人工神经网络、遗传算法、模糊系统、进化程序设计、人工生命等都可以包括在计算智能中。

本章阐述了智能计算的基础知识，结合求解智能问题的数据结构以及实现算法，把人工智能的应用程序应用于实际环境中。讨论了鸟群觅食算法、蚁群算法求解 TSP 问题、遗传算法进化机器人、神经网络图像识别、强化学习走迷宫等案例模型。

10.1 智能算法

1. 智能计算

生命在长期进化过程中，积累了很多新奇的功能，人类从自然界得到启迪，模仿其结构进行发明创造，这就是仿生学，这是我们向自然界学习的一个方面。另一方面，我们还可以从自然的规律中得到启迪，利用其原理进行设计（包括设计算法），这就是智能计算的思想。

定义 10.1 智能计算（Intellectual Computing，IC），也称计算智能（Computational Intelligence，CI）或软计算（Soft Computing，SC），是受人类组织、生物界及其功能和有关学科内部规律的启迪，根据其原理模仿设计出来的求解问题的一类算法。

数学、物理学、化学、生物学、心理学、生理学、神经科学和计算机科学等诸多学科的现象与规律都可能成为智能计算算法的基础和思想来源。从相互关系上来看，智能计算属于人工智能的一个分支。

智能计算所含算法的范围很广，主要包括：

1）遗传算法：模拟自然界生物进化机制；

2）差分进化算法：通过群体个体间的合作与竞争来优化搜索；

3）免疫算法：模拟生物免疫系统学习和认知功能；

4）蚁群算法：模拟蚂蚁集体寻径行为；

5）粒子群算法：模拟鸟群和鱼群群体行为；

6）模拟退火算法：源于固体物质退火过程；

7）禁忌搜索算法：模拟人类智力记忆过程；

8）神经网络算法：模拟动物神经网络行为特征；

9）强化学习：智能体（Agent）以"试错"的方式进行学习。

2. 特点

智能计算有着传统计算无法比拟的优越性，它的最大特点就是不需要对问题自身建立精确的数学模型，非常适合于解决那些因为难以建立有效的形式化模型而用传统的数值计算方法难以有效解决、甚至无法解决的问题。

随着计算机系统智能性的不断增强，由计算机自动和委托完成任务的复杂性和难度也在不断增加。所以，智能计算也可以看作是一种经验化的计算机思考性的算法，是人工智能体系的一个分支，是辅助人类去处理各式问题的具有独立思考能力的系统。

3. "软计算"与"硬计算"

这里所说的"软计算"是相对于"硬计算"而言的。所谓"硬计算"是指传统的数值计算，具有可用的完善数学模型，坚实的数学理论基础，主要特征是严格、确定和精准。

"硬计算"并不适合处理现实生活中如汽车驾驶、人脸识别、信息检索等许多问题。软计算通过对不确定、不精确及不完全取值的容错以取得低代价的解决方案和稳定性，模拟自然界中智能系统的生化过程（人的感知、脑结构、生物进化和免疫等）来有效的处理日常工作、科研和生产中遇到的诸多问题。当然，软、硬计算的说法只是相对而言的，很难进行严格的定义和区分。

4. 智能计算的目的

一般情况下，很多问题是没有解析解的，这时可以通过数学建模、用计算方法来求数值解；随着技术的进步，在科学研究和工程实践中遇到的问题变得越来越复杂，采用传统的计算方法来解决这些问题面临着计算复杂度高、计算时间长等问题，特别是对于一类高难度问题，传统算法根本无法在可以接受的时间内求出精确解。

当遇到问题特别复杂，用传统计算方法计算量太大或很难在计算机上实现时，可以考虑采用智能算法。智能计算的目的是通过计算得到令人满意的接近真解的近似解，再拿这个近似解代替真解来说明和解决问题。

因此，为了在求解时间和求解精度上取得平衡，提出了很多具有启发性特征的智能算法。这些算法或模仿生物界的进化过程，或模仿生物的生理构造和身体机能，或模仿动物的群体行为，或模仿人类的思维、语言和记忆过程的特性，或模仿自然界的物理现象，希望通过模拟大自然和人类的智慧实现对问题的优化求解，在可接受的时间内求解出可以接受的解。这些算法共同组成了计算智能算法。

5. 智能计算与最优化问题

最优化算法解决的是一般的最优化问题。最优化问题可以分为求解一个或一组函数中，使得函数取值最小的自变量的函数优化问题和在一个解空间里面，寻找最优解，使目标函数值最小的组合优化问题等。最优化算法或者精确算法（比如分支定界法、动态规划法等）虽然可以求得问题的最优解，但在有限的时间内求解的规模不大，难以满足对大规模问题的解决，需要引入启发式算法。

启发式算法（heuristic algorithm）是相对于最优化算法提出的。一个问题的最优算法求得该问题每个实例的最优解。

定义 10.2　启发式算法定义为一个基于直观或经验构造的算法，在可接受的花费（指计算时间和空间）下给出待解决组合优化问题每一个实例的一个可行解，该可行解与最优解的偏离程度一般不能被预计。

启发式算法有很多，经典算法包括线性规划、动态规划等，改进型局部搜索算法包括爬山法、最速下降法等。智能计算中的模拟退火、遗传算法以及禁忌搜索称作指导性搜索法，而神经网络、混沌搜索则属于系统动态演化方法，从不同的角度和策略实现改进，取得较好的"全局最小解"。二者之间既有区别，而又一定的关系，形成互补去解决常见的一些优化问题。

6. 群体智能（Swarm Intelligence）

群智能计算（Swarm Intelligence Computing），又称群体智能计算或群集智能计算，是指一类受昆虫、兽群、鸟群和鱼群等群体行为启发而设计出来的具有分布式智能行为特征的一些智能算法。群智能中的"群"指的是一组相互之间可以进行直接或间接通信的群体，"群智能"指的是无智能的群体通过合作表现出智能行为的特性。

智能计算作为一种新兴的计算技术，受到越来越多研究者的关注，并和人工生命、进化策略以及遗传算法等有着极为特殊的联系，已经得到广泛的应用。群智能计算在没有集中控制并且不提供全局模型的前提下，为寻找复杂的分布式问题的解决方案提供了基础。

群智能计算现含蚁群算法、蜂群算法、鸡群算法、猫群算法、鱼群算法、象群算法、狼群算法、果蝇算法、飞蛾扑火算法、萤火虫算法、细菌觅食算法、混合蛙跳算法、粒子群算法等诸多智能算法。

7. 智能计算与 ABM

智能计算是仿生的、随机化的、经验性的，大自然也是随机性的、具有经验性的。抽取大自然的这一特性，自动调节形成经验，取得可用的结果。智能算法还具有以下共同的要素：自适应的结构、随机产生的或指定的初始状态、适应度的评测函数、修改结构的操作、系统状态存储结构、终止计算的条件、指示结果的方法、控制过程的参数等等。计算智能的这些方法具有自学习、自组织、自适应的特征和简单、通用、健壮性强，适于并行处理等优点。

显然，从智能计算定义以及上述特点可以看出，特别适合于基于智能体建模（ABM）。我们对自然智能体进行研究，从而设计出人工智能体。比如，蚁群、鸟群、鱼群等多智能体系统。人的神经网络也可以看成是多个神经元智能体联结的群体智能模型。将人类社会中的一些性能移植到群体智能中。利用多 Agent 系统的观点，来研究群体智能系统。

10.2 鸟群觅食算法

1. 问题背景

（1）粒子群优化算法

粒子群优化算法（Particle Swarm Optimization，PSO）是一种进化计算技术（Evolutionary Computation），由 Eberhart 博士和 Kennedy 博士发明。源于对鸟群捕食的行为研究。

PSO 也是起源对简单社会系统的模拟，最初设想是模拟鸟群觅食的过程，但后来发现 PSO 是一种很好的基于迭代的优化工具。系统初始化为一组随机解，通过迭代搜寻最优值。但是并没有遗传算法用的交叉（crossover）以及变异（mutation），而是粒子在解空间追随最优的粒子进行搜索。

（2）基本思想

PSO 模拟鸟群的捕食行为。一群鸟在随机搜索食物，在这个区域里只有一块食物。所有的鸟都不知道食物在那里。但是他们知道当前的位置离食物还有多远。那么找到食物的最简单有效的就是搜寻目前离食物最近的鸟的周围区域。

PSO 从这种模型中得到启示，并用于解决优化问题。PSO 中，每个优化问题的解都是搜索空间中的一只鸟。我们称之为"粒子"。所有的粒子都有一个由被优化的函数决定的适应值（fitness value），每个粒子还有一个速度决定他们飞翔的方向和距离。然后粒子们就追随当前的最优粒子在解空间中搜索。

PSO 初始化为一群随机粒子（随机解），然后通过迭代找到最优解，在每一次迭代中，粒子通过跟踪两个"极值"来更新自己。第一个就是粒子本身所找到的最优解，这个解称为个体极值 pBest，另一个极值是整个种群目前找到的最优解，这个极值是全局极值 gBest。另外也可以不用整个种群而只是用其中一部分最优粒子的邻居，那么在所有邻居中的极值就是局部极值。

（3）鸟类捕食问题

假设区域里就只有一块食物（即通常优化问题中所讲的最优解），鸟群的任务是找到这个食物源。鸟群在整个搜寻的过程中，通过相互传递各自的信息，让其他的鸟知道自己的位置，通过这样的协作，来判断自己找到的是不是最优解，同时也将最优解的信息传递给整个鸟群。最终，整个鸟群都能聚集在食物源周围，即我们所说的找到了最优解，即问题收敛。该模型一直运行，直到群体中的某个粒子找到"真正的"最优值，如图 10-1 所示。

（4）问题抽象

在二维空间中，有一个未知函数 $f(x, y)$ 我们试着找出 x 和 y 的值，使 $f(x, y)$ 最大化。$f(x, y)$ 有时被称为适应度函数，因为它决定了每个粒子在空间中的当前位置有多好。适应度函数有时也被称为"适应度函数景观"，因为它可能由许多山谷和丘陵组成。

一种方法（随机搜索）是不断随机选择 x 和 y 的值，并记录找到的最大结果。对于许多搜索空间，这是无效的，因此使用了其他更"智能"的搜索技术。粒子群优化就是这样一种技术。粒子被放置在搜索空间中，并根据考虑到每个粒子的个人知识和全球"群"知识的规则在空间中移动。通过它们的运动，粒子发现了特别高的 f（x，y）值。

鸟被抽象为没有质量和体积的微粒（点），并延伸到 N 维空间，粒子 i 在 N 维空间的位置表示为向量 X_i =（x_1，x_2，…，x_N），飞行速度表示为向量 V_i =（v_1，v_2，…，v_N）。每个粒子都有一个

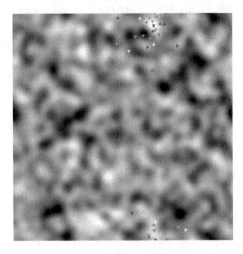

图 10-1　鸟群觅食算法

由目标函数决定的适应值（fitness value），并且知道自己到目前为止发现的最好位置（pbest）和现在的位置 X_i。这个可以看作是粒子自己的飞行经验。除此之外，每个粒子还知道到目前为止整个群体中所有粒子发现的最好位置（gbest）（gbest 是 pbest 中的最好值），这个可以看作是粒子同伴的经验。粒子就是通过自己的经验和同伴中最好的经验来决定下一步的运动。

（5）更新规则

PSO 初始化为一群随机粒子（随机解）。然后通过迭代找到最优解。在每一次的迭代中，粒子通过跟踪两个"极值"（pbest，gbest）来更新自己。在找到这两个最优值后，粒子更新自己的速度和位置。

鸟群觅食算法，也称为粒子群优化（PSO）是机器学习领域的一种搜索/优化技术。虽然 PSO 通常用于具有多个维度的搜索空间，但是为了便于可视化，该模型演示了它在二维空间中的使用。

在这个模型中，粒子群试图优化一个由视图中所示的离散网格中的值决定的函数。景观是通过为每个网格单元随机分配值来创建的，然后执行扩散来平滑这些值，从而产生大量的局部极小值（山谷）和极大值（山丘）。选择这个函数仅仅是为了说明。作为 PSO 实际应用的一个更可信的例子，变量（x，y，z，…）可能对应于股票市场预测模型的参数，函数 f（x，y，z，…）可以在历史数据上评估模型的性能。

每个粒子在搜索空间中都有一个位置（x_{cor}，y_{cor}）和一个速度（v_x，v_y），在这个空间中运动。粒子有一定的惯量，这使得它们沿着它们之前运动的方向运动。

它们也有加速度（速度变化量），这取决于两个主要因素：

1）每个粒子都被吸引到它个人先前在其历史上找到的最佳位置（个人最佳位置）。

2）每个粒子都被吸引到搜索空间中任何粒子所找到的（全局最佳）的最佳位置。

粒子被拉向这些方向的强度取决于 ATTRACTION – TO – PERSONAL – BEST（个人最佳）和全局最佳（ATTRACTION – TO – GLOBAL – BEST）的参数。当粒子远离这些"best 最佳"

位置时，引力会变得更强。还有一个随机因素关于粒子被拉向这些位置的程度。

2. 模型界面

界面的几个滑块和选择器如下：

landscape－smoothness（景观平滑）滑块决定了在按下（SETUP）设置按钮时创建景观的平滑程度。

population－size（人口大小）滑块控制使用的粒子数量。

attraction－to－personal－best（个人最佳吸引力）滑块决定了每个粒子对其先前发现的最高值（在它自己的历史上）的吸引力的强度。

attraction－to－global－best（全局最佳吸引力）滑块决定了每个粒子对群体中任何成员所发现的最佳位置的吸引力强度。

particle－inertia（粒子惯性）滑块控制着粒子在同一方向运动的数量（而不是被吸引力所吸引）。

particle－speed－limit（粒子限速）滑块控制每个粒子的最大移动速度（在 x 或 y 方向）。尽管这个特性并不总是其中的一部分。

trails－mode（轨迹模式）选择器允许你为粒子的路径（轨迹）选择想要的可视化类型。Traces（痕迹）意味着粒子将在视图上无限期地留下它们的路径。Tails（尾部）表示只显示它们所采取的最后一步。None 表示不显示粒子路径。注意，直到 GO（或 STEP）再次运行时，显示才会更新。

highlight－mode（高光模式）选择器允许你在搜索空间的任何位置看到最佳位置（"True best"），或者集群找到的最佳位置（"best found"）。注意，直到 GO（或 STEP）再次运行时，显示才会更新。

best－value－found（global－best－val）监控器显示集群到目前为止的"全局最佳"值。也就是说，任何粒子的最佳值是多少。它可以达到的最大值是 1.0，此时模拟将停止。

PSO 模型的参数见表 10-1。

表 10-1　PSO 模型的参数

参数名	最小值	最大值	初始值
landscape－smoothness	0	100	20
population－size	1	100	50
particle－inertia	0	1	0.98
particle－speed－limit	1	20	10
attraction－to－personal－best	0	2	2
attraction－to－global－best	0	2	1

3. 程序代码说明

（1）定义变量

每个 patch 都有一个"适应度"值，粒子群的目标是找到适应度值最好的 patch。

patches－own [

　　val　；适应度值

```
]
```

定义粒子属性，用于鸟的记忆功能。

```
turtles – own [                  ; 鸟 = 粒子
  vx                             ; x 方向上的速度
  vy                             ; y 方向上的速度
  personal – best – val          ; 鸟记忆功能，能记住所搜寻到的最好值
  personal – best – x            ; 鸟遇到的这个最好值的 x 坐标
  personal – best – y            ; 鸟遇到的这个最好值的 y 坐标
]
```

定义全局变量，用于鸟群总体的记忆。

```
globals [                  ; 鸟群总体的记忆功能
  global – best – x        ; 群体找到的最优值的 x 坐标
  global – best – y        ; 群体找到的最优值的 y 坐标
  global – best – val      ; 群体发现的最优值
  true – best – patch      ; 最优值的地块
]
```

（2）初始化 setup

初始化适应度景观，并将粒子随机放置在空间中。每次按 SETUP，都会创建一个不同的随机景观。在初始化范围内，对粒子群进行随机初始化，包括随机位置和速度。

```
to setup
  clear – all
  setup – search – landscape        ; 设置搜索景观
  setup – particles                 ; 初始化粒子
  update – highlight                ; 更新高亮显示
  reset – ticks
end
```

1）设置搜索景观。用山丘和山谷构成风景，即 patches 适应度值，并将值规范化为 0 到 1 之间。

```
to setup – search – landscape
  ask patches [set val random – float 1.0]        ; 用山丘和山谷构成风景
  repeat landscape – smoothness [diffuse val 1]    ; 稍微平整一下风景
  let min – val min [val] of patches               ; patches 适应度值最小者
  let max – val max [val] of patches               ; patches 适应度值最大者
  ask patches [set val 0.99999 * (val – min – val)/(max – val – min – val)]
  ask max – one – of patches [val] [; 将其设置为只有一个全局最优，其值为 1.0
    set val 1.0      set true – best – patch self
  ]
  ask patches [set pcolor scale – color gray val 0.0 1.0]
end
```

2）初始化粒子

```
to setup – particles
    create – turtles population – size [ ;创造粒子并将它们随机放置在世界上
        setxy random – xcor random – ycor
        set vx random – normal 0 1          ;给出粒子在 x 方向上的正态分布随机初速度
        set vy random – normal 0 1          ;给出粒子在 y 方向上的正态分布随机初速度
        set personal – best – val val          ;起始点是粒子当前的最佳位置
        set personal – best – x xcor
        set personal – best – y ycor
        set color one – of ( remove – item 0 base – colors )    ;选择一个随机的基本颜色，但不是灰色
        set size 4                              ;让粒子更明显一些
    ]
end
```

3）更新高亮显示

```
to update – highlight
    ifelse highlight – mode = " Best found" [
        watch patch global – best – x global – best – y] [
        ifelse highlight – mode = " True best" [
            watch true – best – patch] [
            reset – perspective]
    ]
end
```

（3）运行 go

按下 STEP（for one STEP）或 GO 运行粒子群优化算法。

PSO 算法过程如下：

1）种群随机初始化。

2）对种群内的每一个个体计算适应值（fitness value）。适应值与最优解的距离直接有关。

3）种群根据适应值进行复制 。

4）如果终止条件满足的话，就停止，否则转步骤 2）。

```
to go
    ask turtles [            ;对于每个粒子
    ifelse trails – mode = " None" [pen – up] [pen – down];粒子应该画轨迹吗?
        if val > personal – best – val [;如果粒子发现了比以前"个人最好"更好的值
        set personal – best – val val      ;更新每个粒子的"个人最佳"值和位置
        set personal – best – x xcor
        set personal – best – y ycor
        ]
```

```
    ]
  ask max – one – of turtles [personal – best – val] [      ; 个人最佳粒子
    if global – best – val ＜ personal – best – val [          ; 为粒子群更新"全球最佳"位置
      set global – best – val personal – best – val          ; 更新群体找到的最优值及位置
      set global – best – x personal – best – x
      set global – best – y personal – best – y
    ]
  ]
  if global – best – val ＝ [val] of true – best – patch [; 如果全局最优值和目标值相同，停止
    stop]
  if (trails – mode ！ ＝ "Traces") [
    clear – drawing]
  ask turtles [        ; 对于每个粒子
    set vx particle – inertia ＊ vx                ; 速度更新的惯性部分
    set vy particle – inertia ＊ vy
    facexy personal – best – x personal – best – y      ; 吸引当前粒子发现的个人最佳值改变其速度
    let dist distancexy personal – best – x personal – best – y
    set vx vx ＋ (1 － particle – inertia) ＊ attraction – to – personal – best
                    ＊ (random – float 1.0) ＊ dist ＊ dx      ; 速度更新的自我认知部分
    set vy vy ＋ (1 － particle – inertia) ＊ attraction – to – personal – best
                    ＊ (random – float 1.0) ＊ dist ＊ dy
    facexy global – best – x global – best – y    ; 被全球最佳值所吸引改变当前粒子速度
    set dist distancexy global – best – x global – best – y
    set vx vx ＋ (1 － particle – inertia) ＊ attraction – to – global – best
          ＊ (random – float 1.0) ＊ dist ＊ dx                    ; 速度更新的自我认知部分
    set vy vy ＋ (1 － particle – inertia) ＊ attraction – to – global – best
          ＊ (random – float 1.0) ＊ dist ＊ dy
    if (vx ＞ particle – speed – limit) [set vx particle – speed – limit]      ; 速度限制
    if (vx ＜ 0 － particle – speed – limit) [set vx 0 － particle – speed – limit]
    if (vy ＞ particle – speed – limit) [set vy particle – speed – limit]
    if (vy ＜ 0 － particle – speed – limit) [set vy 0 － particle – speed – limit]
    facexy (xcor ＋ vx) (ycor ＋ vy)      ; 面向着速度的方向
    forward sqrt (vx ＊ vx ＋ vy ＊ vy)      ; 然后根据速度的大小向前移动
  ]
  update – highlight
  tick
end
```

粒子速度更新公式包含三部分：第一部分为"惯性部分"，即对粒子先前速度的记忆；第二部分为"自我认知"部分，可理解为粒子 i 当前位置与自己最好位置之间的距离；第三

部分为"社会经验"部分，表示粒子间的信息共享与合作，可理解为粒子 i 当前位置与群体最好位置之间的距离。particle – inertia　粒子惯性，值越大，全局寻优能力越强，局部寻优能力弱。

10.3 蚁群算法求解旅行商问题

1. 问题背景

（1）蚁群优化算法

蚁群算法（Ant Colony Optimization，ACO），又称蚂蚁算法，是一种用来在图中寻找优化路径的概率型算法。它由 Marco Dorigo 于 1992 年在他的博士论文中提出，其灵感来源于蚂蚁在寻找食物过程中发现路径的行为。蚁群算法是一种模拟进化算法，算法具有许多优良的性质，并且现在已用于我们生活的方方面面。

（2）基本思想

蚂蚁在运动过程中，会留下一种称为信息素（pheromone）的东西，并且会随着移动的距离，播散的信息素越来越少，所以往往在家或者食物的周围，信息素的浓度是最强的，而蚂蚁自身会根据信息素去选择方向。信息素越浓，被选择的概率也就越大，并且信息素本身具有一定的挥发作用。

蚂蚁的运动过程可以简单归纳如下：

1）当周围没有信息素指引时，蚂蚁的运动具有一定的惯性，并有一定的概率选择其他方向；

2）当周围有信息素的指引时，按照信息素的浓度强度概率性的选择运动方向；

3）找食物时，蚂蚁留下家相关的 A 信息素，找家时，蚂蚁留下食物相关的 B 信息素，并随着移动距离的增加，散播的信息素越来越少，随着时间推移，信息素会自行挥发。

一个简单的例子，如果现在有两条通往食物的路径，一条较长路径 A，一条较短路径 B，虽然刚开始 A、B 路径上都有蚂蚁，又因为 B 比 A 短，蚂蚁通过 B 花费的时间较短，随着时间的推移和信息素的挥发，逐渐地 B 上的信息素浓度会强于 A，这时候因为 B 的浓度比 A 强，越来越多的蚂蚁会选择 B，而这时候 B 上的浓度只会越来越强。如果蚂蚁一开始只在 A 上呢，注意蚂蚁的移动具有一定小概率的随机性，所以当一部分蚂蚁找到 B 时，随着时间的推移，蚂蚁会收敛到 B 上，从而可以跳出局部最优。

（3）旅行推销员问题

受蚂蚁觅食时的通信机制的启发，ACO 来解决计算机算法学中经典的"货郎担问题"。如果有 n 个城市，需要对所有 n 个城市进行访问且只访问一次的最短距离。

该模型是蚁群系统算法的实现，算法用于解决旅行推销员问题。

利用蚁群觅食的分散机制，蚂蚁系统算法可以找到图中的最短路径。在模型中，每个 Agent（Ant）通过在每个节点上根据与每个节点相关的概率选择下一个访问哪个节点，在图中构造一个 tour。蚂蚁在任何时候选择特定节点的概率取决于信息素的数量和成本（即当前节点 i 到下一个节点 j 的距离，其中节点 j 尚未被访问）与每条边关联。

选择希望在模拟中拥有的节点和蚂蚁的数量（为了获得最佳结果，请将蚂蚁的数量设置为图中节点的数量）。

蚁群算法的核心有三条：

选择机制：信息素越多的路径，被选中的概率越大；

信息素更新机制：路径越短，信息素增加越快；

协作机制：个体之间通过这种信息素进行交流。

2. 模型界面

在这个模型中，有 6 个滑块作为模型的参数控制。

1） num – of – nodes 节点数量设置滑块。

2） num – of – ants 蚂蚁数量滑块。

3） mutation – rate 突变率滑块。

4） alpha 值和 beta 值用于确定转移概率，其中值用于调整每条边的信息素轨迹和路径成本对蚂蚁决策的相对影响。

5） rho 值也与算法相关，它被用作蒸发率，允许算法"忘记"已被证明不那么有价值的旅行。

各参数的取值见表 10-2。

表 10-2　蚂蚁系统算法的参数

参数名	最小值	最大值	初始值
num – of – nodes	0	50	46
num – of – ants	0	100	59
alpha	0	20	1
beta	0	20	5
rho	0	0.99	0.5

旅行推销员问题运行实例如图 10-2 所示。统计输出结果如图 10-3 所示。

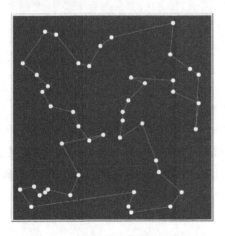

图 10-2　旅行推销员问题运行实例

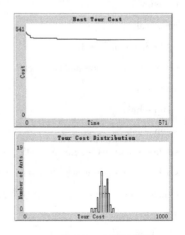

图 10-3　统计输出结果

3. 程序

（1）全局变量

定义全局最好旅行路径和旅行成本。

```
globals [
    best – tour              ；最好旅行
    best – tour – cost       ；最好旅行成本
    node – diameter          ；节点直径
]
```

定义网络节点和连接属性。

```
breed [nodes node]
links – own [
    node – a
    node – b
    cost                     ；两个城市距离表示连接成本
    pheromone]               ；连接信息素
```

定义蚂蚁及属性。

```
breed [ants ant]
ants – own [
    tour                     ；蚂蚁路径记忆变量（列表向量）
    tour – cost              ；记忆蚂蚁成本
]
```

（2）初始化设置 setup

SETUP 通过初始化设置节点和连接，创建一个随机的图，确定城市及道路。创建一个新的蚁群并初始化蚂蚁路径，选择随机路径做蚂蚁的最好路径，在图上绘制一个最好初始旅程。

```
to setup
    clear – all
    set node – diameter 1. 5
    set – default – shape nodes "circle"
    setup – nodes                    ；设置节点
    setup – links                    ；设置连接
    setup – ants                     ；设置蚂蚁
    set best – tour get – random – path ；报告随机路径做最好路径，show best – tour 可以看最初的路径
    set best – tour – cost get – tour – length best – tour   ；报告最好旅行的路径长度为最好旅行成本
    update – best – tour             ；刷新最好旅行
end
```

1）设置节点 setup – nodes

```
to setup – nodes    ;; 创建 x 和 y 范围不超出世界链接的节点。
```

```
    let x – range n – values（max – pxcor – node – diameter/2）［? + 1］
    let y – range n – values（max – pycor – node – diameter/2）［? + 1］
    create – nodes num – of – nodes［
      setxy one – of x – range one – of y – range
      set color yellow    set size node – diameter
    ］
  end
```

2）设置连接 setup – links

```
  to setup – links
  let remaining – nodes［self］of nodes        ; show［self］of nodes 可以看剩余节点
  while［not empty? remaining – nodes］［    ; 剩余节点不空
    let a first remaining – nodes            ; 剩余节点的第一个
    set remaining – nodes but – first remaining – nodes   ; 除第一个之外的剩余节点
    ask a［
      without – interruption［
        foreach remaining – nodes［
          create – link – with ?［
            hide – link                  ; 链使自己不可见
            set color red      set thickness 0.3
            set node – a a        set node – b ?
            set cost ceiling calculate – distance a ?    ; 计算成本
            set pheromone random – float 0.1          ; 初始化随机信息素
          ］
        ］
      ］
    ］
  ］
  end
```

3）设置蚂蚁 setup – ants

```
  to setup – ants
    create – ants num – of – ants［
    hide – turtle
    set tour［］    set tour – cost 0   ; 初始化蚂蚁路径及成本
    ］
  end
```

4）报告获取随机路径 to – report get – random – path

```
to – report get – random – path      ; 随机获取一个旅行路径
  let origin one – of nodes      ; 任何一个节点为源节点
  report fput origin lput origin［self］of nodes with［self ! = origin］
```

end

5）报告获得的旅行长度 get – tour – length ［tour – nodes］

to – report get – tour – length ［tour – nodes］

report reduce ［? 1 + ? 2］map ［［cost］of ?］get – tour – links tour – nodes

end

6）报告获得旅游链接

to – report get – tour – links ［tour – nodes］

let xs but – last tour – nodes

let ys but – first tour – nodes

let tour – links ［］

（foreach xs ys ［

ask ? 1 ［set tour – links lput link – with ? 2 tour – links］

］）

report tour – links

end

7）报告计算的距离 calculate – distance

to – report calculate – distance ［a b］

let diff – x ［xcor］of a – ［xcor］of b

let diff – y ［ycor］of a – ［ycor］of b

report sqrt（diff – x ^ 2 + diff – y ^ 2）

end

8）更新最好的旅游

to update – best – tour

ask links ［hide – link］

foreach get – tour – links best – tour ［

ask ? ［show – link］

］

end

（3）模型运行 to go

蚁群算法求解流程的两大步骤：路径构建和信息素更新。蚁群算法的基本过程：

1）蚂蚁在路径上释放信息素。

2）碰到还没走过的路口，就随机挑选一条路走。同时，释放与路径长度有关的信息素。

3）信息素浓度与路径长度成反比。后来的蚂蚁再次碰到该路口时，就选择信息素浓度较高路径。

4）最优路径上的信息素浓度越来越大。

5）最终蚁群找到最优寻食路径。

to go

```
ask ants [
    set tour get – as – path                    ; 蚂蚁路径创建
    set tour – cost get – tour – length tour     ; 蚂蚁路径成本
    if tour – cost  <  best – tour – cost [      ; 蚂蚁寻找最优路径
        set best – tour tour     set best – tour – cost tour – cost
        update – best – tour                     ; 刷新最好路径
    ]
]
update – pheromone                               ; 刷新信息素
do – plots
display
end
```

1）报告获取路径 get – as – path。每只蚂蚁都随机选择一个城市作为其出发城市，并维护一个路径记忆向量，用来存放该蚂蚁依次经过的城市。蚂蚁在构建路径的每一步中，按照一个随机比例规则选择下一个要到达的城市。

```
to – report get – as – path
    let origin one – of nodes
    let new – tour (list origin)
    let remaining – nodes [self] of nodes with [self ! = origin]
    let current – node origin
    while [not empty? remaining – nodes] [; ; 为 ant 创建新路径
        let next – node choose – next – node current – node remaining – nodes
        set new – tour lput next – node new – tour
        set remaining – nodes remove next – node remaining – nodes
        set current – node next – node
    ]
    set new – tour lput origin new – tour    ; ; 把蚂蚁移回原点
    report new – tour
end
```

2）选择下一个节点

```
to – report choose – next – node [current – node remaining – nodes]
    let probabilities calculate – probabilities current – node remaining – nodes
    let rand – num random – float 1
    report last first filter [first ? > = rand – num] probabilities
end
```

3）计算概率 calculate – probabilities。AS 中的随机比例规则：第 k 个蚂蚁在第 i 个城市选择第 j 个城市概率见式（10-1）：

$$P_k(i,j) = \begin{cases} \dfrac{[\tau(i,j)]^{\alpha}[\eta(i,j)^{\beta}}{\sum\limits_{j \in J_k^{(i)}} [\tau(i,u)]^{\alpha}[\eta(i,u)^{\beta}}, j \in J_k^{(i)} \\ \\ 0, 其他 \end{cases} \tag{10-1}$$

其中：

① τ (i, j)（pheromone）：第 i 个城市与第 j 个城市之间信息素的含量；

② η (i, j)（1/ [cost]）：第 i 个城市与第 j 个城市距离的倒数；

③ α（alpha）= 0，P 只和距离（问题）相关；

④ β（beta）= 0，P 只和信息素相关。

计算概率的累加和，然后产生随机数，看随机数落在哪个区间（轮转法）= = =》选择城市

```
to – report calculate – probabilities [current – node remaining – nodes]
    let transition – probabilities [ ]
    let denominator 0
    foreach remaining – nodes [
        ask current – node [
            let next – link link – with ?
            let transition – probability
                ( [pheromone] of next – link ^ alpha) * ( (1/ [cost] of next – link) ^ beta)
            set transition – probabilities
                lput (list transition – probability ?) transition – probabilities
            set denominator (denominator + transition – probability)
        ]
    ]
    let probabilities [ ]
    foreach transition – probabilities [
        let transition – probability first ?
        let destination – node last ?
        set probabilities lput
            (list (transition – probability/denominator) destination – node) probabilities
    ]
    set probabilities sort – by [first ? 1 < first ? 2] probabilities; 对概率排序
    let normalized – probabilities [ ]      ; 使概率标准化
    let total 0
    foreach probabilities [
        set total (total + first ?)
        set normalized – probabilities lput (list total last ?) normalized – probabilities
    ]
    report normalized – probabilities
```

```
end
```

4）刷新最好路径 update – best – tour

```
to update – best – tour
  ask links [hide – link]
  foreach get – tour – links best – tour [
    ask ? [show – link]
  ]
end
```

5）更新信息素 update – pheromone。信息素更新的 2 个步骤：信息素的蒸发和每个蚂蚁根据自己构建的路径长度在本轮经过的边上释放信息素。第 i 个城市与第 j 个城市之间信息素的含量：

```
to update – pheromone
  ask links [      ;在图中蒸发信息素
    set pheromone (pheromone * (1 – rho))
  ]
  ask ants [       ;在蚂蚁找到的路径上添加信息素
    without – interruption [
      let pheromone – increment (100/tour – cost)
      foreach get – tour – links tour [
        ask ? [set pheromone (pheromone + pheromone – increment)]
      ]
    ]
  ]
end
```

10.4 遗传算法进化机器人

1. 问题背景

（1）遗传算法

遗传算法（Genetic Algorithms，GA），也有人把它叫作进化算法（Evolutionary Algorithms），是基于生物进化的"物竞天择，适者生存"理论发展起来的一种应用广泛且高效随机搜索与优化并举的智能算法，其主要特点是群体搜索策略和群体中个体之间的信息交换，不依赖于问题的梯度信息。遗传算法最初被研究的出发点不是为专门解决最优化问题而设计的，它与进化策略、进化规划共同构成了遗传算法的主要框架，都是为当时人工智能的发展服务的。迄今为止，遗传算法是智能计算中最广为人知的一种算法。

（2）基本思想

达尔文进化论的主要观点是：物竞天择，适者生存。GA 的基本思想就是模仿自然进化过程，通过对群体中具有某种结构形式的个体进行遗传操作，从而生成新的群体，逐渐逼近最优解。在求解过程中设定一个固定规模的种群，种群中的每个个体都表示问题的一个可能解，个体适应环境的程度用适应度函数判断，适应度差的个体被淘汰，适应度好的个体得以继续繁衍，繁衍的过程中可能要经过选择、交叉、变异，形成新的族群，如此往复，最后得到更多更好的解。

（3）遗传算法特点

1）遗传算法从问题解的串集开始搜索，而不是从单个解开始。这是遗传算法与传统优化算法的极大区别。传统优化算法是从单个初始值迭代求最优解的，容易误入局部最优解。遗传算法从串集开始搜索，覆盖面大，利于全局择优。

2）遗传算法同时处理群体中的多个个体，即对搜索空间中的多个解进行评估，减少了陷入局部最优解的风险，同时算法本身易于实现并行化。

3）遗传算法基本上不用搜索空间的知识或其他辅助信息，而仅用适应度函数值来评估个体，在此基础上进行遗传操作。适应度函数不仅不受连续可微的约束，而且其定义域可以任意设定。这一特点使得遗传算法的应用范围大大扩展。

4）遗传算法不是采用确定性规则，而是采用概率的变迁规则来指导搜索方向。

5）具有自组织、自适应和自学习性。遗传算法利用进化过程获得的信息自行组织搜索时，适应度大的个体具有较高的生存概率，并获得更适应环境的基因结构。

6）此外，算法本身也可以采用动态自适应技术，在进化过程中自动调整算法控制参数和编码精度，比如使用模糊自适应法。

（4）罗比机器人模型

在一个虚拟的 10×10 棋盘上随机放着一些罐子。机器人罗比是一个虚拟机器人，它在房间里走来走去，捡起罐子。他的体内有一串由 243 个 $0 \sim 6$ 数字组成的序列（基因）。机器人能够探知自己所在格子以及东西南北 4 个方向格子的状态（空/罐子/墙壁）。机器人根据观察到的布局在基因序列中找到对应的行动方式——向北、向南、向东、向西、静止、捡拾、随机移动 7 种方式。最初机器人的基因序列是随机的，但是通过遗传进化数百代后机器人具有了一定的智能（至少是表现智能），能够完成拾罐子的任务。

该模型利用遗传算法对机器人的控制策略进行进化。遗传算法从随机生成的策略开始，然后使用进化来改进它们。

（5）罗比的工作原理

罗比的 10×10 平方世界包含随机分布的罐子。他的目标是尽可能多地学习。每个时间步，罗比可以执行以下 7 个动作之一：在 4 个基本方向中的一个上移动，随机移动，捡起一个罐子，或者原地不动。

当罗比拿起一个罐子时，他得到了一个奖励。如果他试图捡起一个不存在的罐子，或者撞到墙上，他就会被处罚。他在运行结束时的得分就是这些奖励和惩罚的总和。他的分数越高，他做得越好。

为了决定采取哪种行动，罗比感知周围的环境。他可以看到他所在的地块内容和 4 个相邻的地块内容。每个地块可以包含一面墙、一个罐子，或者两者都不包含。这意味着他的传

感器可能是 $3^5 = 243$ 种可能的组合之一。

罗比的"策略"为他所处的 243 种可能情况中的每一种都指定了 7 种可能的行动之一。

我们采用遗传算法解决此问题。

我们从一组随机生成的策略开始。我们依次将每个策略加载到 Robby 中，然后在一系列随机生成的罐子排列中运行该策略（"environment"）。我们根据罗比在每个环境中的表现给他打分。如果罗比撞到墙上，他会失去 5 分。如果他成功捡到一个罐子，他会得到 10 分。如果他试着拿起一个罐子，但是没有，他会失去 1 分。罗比在所有这些环境中的平均得分被视为该策略的"适应度"。

一旦测量了当前策略池的适应度，我们就构建了下一代策略。每个新策略都有两个父策略。我们通过随机选择 15 个候选双亲来选择第一个双亲，然后选择适应度最高的一个。重复这个来选择第二个父节点。每对父母通过交叉和变异创造两个新的孩子（见下文）。不断重复这个过程，直到有足够多的新子元素填充（可通过填充大小滑块设置）。新一代的孩子取代了上一代。然后，以类似的方式计算当前代的适应度，选择父代，并创建一个新代。只要按下 GO 按钮，或者按下 GO - n - generation 按钮时由生成数量滑块控制，这个过程就会继续。

为了结合父母双方的策略，使用了"交叉"算子。随机选择一个交点，将第一个父策略的第一部分与另一个父策略的第二部分结合起来。例如：如果选择的交点是 50，则使用第一个父策略的前 50 个条目和第二个父策略的后 193 个条目（每种策略都有固定的顺序）。

除了交叉，孩子们的策略还会受到偶然的随机突变（可由突变率滑块设置）的影响，其中一个动作被随机选择的动作替代（见图 10-4 ~ 图 10-6）。

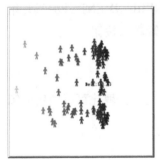 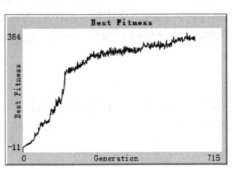 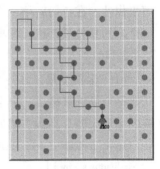

图 10-4　进化过程　　　　图 10-5　适应度曲线　　　　图 10-6　进化结果

2. 模型界面

下面将解释每个滑块、按钮和开关的使用。

在这个模型中，有 3 个滑块作为模型的参数控制。

1）number - of - generations 遗传算法的运行代数设置滑块。

2）population - size 种群大小滑块。

3）mutation - rate 突变率滑块。

各参数的取值见表 10-3。

表 10-3 罗比模型的参数

参数名	最小值	最大值	初始值
number – of – generations	1	1000	100
population – size	20	500	100
mutation – rate	0	1	0.01

在视图中，策略池的策略由"person"图标表示。这些策略是异构的。它们的适应度的多样性可以通过 x 轴上的颜色和位置来显示。它们的颜色是一种暗红色，这是根据它们的适应度而定的。适应度低时最轻，适应度高时最暗。此外，策略的适应度决定了它在 x 轴上的位置，左边是最不适合的策略，右边是最适合的策略。

多样性的另一个方面是策略之间的差异。这种差异是通过计算策略中 7 个基本动作的频率（"等位基因多样性"），形成一个 7 维向量，然后计算两个这样的向量之间的欧氏距离来测量的。适应度最高的策略之一位于 y 轴的中心。其他的策略被放置在距离中心 y 轴的距离与他们的策略和获胜策略之间的差异成正比的位置。

所有这些都需要相当多的时间来显示，所以对于长时间运行的 GA，你希望将速度滑块移动到右边，或者取消选中"视图更新"复选框，以更快地获得结果。

每当你想暂停算法并查看当前最佳策略的行为时，请按 GO – FOREVER 并等待当前生成完成。如果你以前没有选中"视图更新"，请重新检查它。接下来，按 VIEW – ROBBY 看 Robby 的环境。这显示了 Robby 移动到的网格，以及一个新的随机分布的罐子。然后，按 STEP – THRU – BEST – STRATEGY。每次你按下这个按钮，Robby 都会使用上一代的最佳策略在当前环境中采取行动。继续按 step – push – best – strategy 按钮，看看这个策略是如何工作的。在任何时候，你都可以再次按下 VIEW – ROBBY'S – ENVIRONMENT 以重新开始一个新的易拉罐环境。如果你想回到"策略视图"，请按"视图 – 策略"按钮。

3. 程序

（1）全局变量

每个候选策略由一个个体表示。这些个体不会出现在视图中，它们是罗比可以使用的策略的无形来源。品种声明如下：

breed [individuals individual]

individuals – own [

  chromosome   ;动作名称列表

  fitness   ;平均最后得分

  scaled – fitness   ;用于显示功能

  allele – distribution ;等位基因分布

]

下面定义罗比，我们没有创建一个单独的变量来保存当前的分数，而是使用内置的变量"label"，这样我们就可以在他移动时看到他的分数。

breed [robots robot]

robots – own [strategy]

```
breed [cans can]
globals [
    can - density              ; 易拉罐密度
    can - reward               ; 易拉罐奖励
    wall - penalty             ; 墙处罚
    pick - up - penalty        ; 捡起处罚
    best - chromosome          ; 最好的染色体
    best - fitness             ; 最佳适应度
    step - counter             ; 用于记录罗比在试验中的活动
    visuals?                   ; 只有当设置环境按钮（SETUP - VISUALS 过程）。在常规的 GA 运行中，我们
节省了视觉效果，以获得更快的速度
    min - fit
    max - fit
    x - offset                 ; 把个体放在世界上
    tournament - size          ; "锦标赛"的大小用于选择每个双亲
    num - environments - for - fitness ; Robby 运行计算适应度的环境数
    num - actions - per - environment   ; 罗比在每个环境中计算适合度所采取的动作数
]
```

（2）初始化 to setup

SETUP 创建随机策略的初始池。

```
to setup
    clear - all
    reset - ticks
    ask patches [set pcolor white]
    set visuals? false
    initialize - globals
    set - default - shape robots "person"
    set - default - shape cans "dot"
    set - default - shape individuals "person"
    create - individuals population - size [
        set color 19      set size .5
        ;; 情境由 5 个地点组成，每个地点可包含 3 种可能性（空、罐、墙）。243（3^5）是染色体长度
允许任何可能的情况出现
        set chromosome n - values 243 [random - action]
        ;; 计算每个染色体中 7 个基本动作（或"等位基因 alleles"）的频率
        set allele - distribution map [action - > occurrences action chromosome] ["move - north" "move -
east" "move - south" "move - west" "move - random" "stay - put" "pick - up - can"]
    ]
    calculate - population - fitnesses
```

```
    let best – individual max – one – of individuals〔fitness〕
    ask best – individual〔

        set best – chromosome chromosome

        set best – fitness fitness

        output – print（word "generation " ticks "："）

        output – print（word "    best fitness = " fitness）

        output – print（word "    best strategy："map action – symbol chromosome）

    〕

    display – fitness best – individual

    plot – pen – up
```

    ;; 绘图初始化为从 x 值 0 开始，这将把绘图笔移动到点（－1，0），以便在 x = 0 处绘制第 0 代的
最佳适应度

```
    plotxy  －1 0

        set – plot – y – range（precision best – fitness 0）（precision best – fitness 0）＋ 3

        plot best – fitness

        plot – pen – down

end
```

1）初始化全局变量 initialize – globals

```
to initialize – globals

    set can – density 0. 5        set wall – penalty 5

    set can – reward 10          set pick – up – penalty 1

    set min – fit    －100      ；为显示。任何小于 minfit 的适应度都显示在 minfit 的相同位置

    set max – fit 500   ；（近似的）假设一个人能获得的最大可能适应度。每个环境 50 罐

    set x – offset 0        set tournament – size 15

    set num – environments – for – fitness 20

    set num – actions – per – environment 100

end
```

2）计算群体适应度 calculate – population – fitnesses

```
to calculate – population – fitnesses

    foreach sort individuals〔current – individual － ＞

    let score – sum 0

    repeat num – environments – for – fitness〔

    initialize – robot〔chromosome〕of current – individual

    distribute – cans

    repeat num – actions – per – environment〔

    ask robots〔run item state strategy〕

    〕

    set score – sum score – sum ＋ sum〔label〕of robots

    〕
```

```
ask current – individual [
set fitness score – sum/num – environments – for – fitness
ifelse fitness  <  min – fit [
set scaled – fitness 0] [
set scaled – fitness (fitness  +  (abs min – fit))/(max – fit  +  (abs min – fit))]
]
]
end
```

3）分布易拉罐 distribute – cans

```
to distribute – cans
  ask cans [die]
  ask patches with [random – float 1  <  can – density] [
    sprout – cans 1 [
      set color orange
      if not visuals? [hide – turtle]
    ]
  ]
end
```

4）显示最好个体适应度 display – fitness。根据个体的适应度对颜色进行缩放：适应度越高，颜色就越深，也会将个体移动到一个 x 坐标，这是适应度的函数，y 坐标是到最佳个体等位基因距离的函数。

```
to display – fitness [best – individual]
  ask individuals [set label "" set color scale – color red scaled – fitness 1  –.1]
  let mid – x max – pxcor/2      let mid – y max – pycor/2
  ask best – individual [
    setxy ((precision scaled – fitness 2)  *  max – pxcor  +  x – offset) mid – y
    setxy (scaled – fitness  *  max – pxcor  +  x – offset) mid – y
    ;; 根据个体的染色体与最佳染色体的相似性，将个体放置在远离中心的位置
    ask other individuals [
      setxy ((precision scaled – fitness 2)  *  max – pxcor  +  x – offset) mid – y
      setxy (scaled – fitness  *  max – pxcor  +  x – offset) mid – y
      set heading one – of [0 180]
      fd chromosome – distance self myself
    ]
  ]
  ask best – individual [
  set heading 90
  set label – color black
  set label (word "Best:" (precision fitness  2))
```

]

end

（3）运行 to go

遗传算法的基本运算过程如下：

1）初始化：设置进化代数计数器 t = 0，设置最大进化代数 T，随机生成 M 个个体作为初始群体 P（0）。

2）个体评价：计算群体 P（t）中各个个体的适应度。

3）选择运算：将选择算子作用于群体。选择的目的是把优化的个体直接遗传到下一代或通过配对交叉产生新的个体再遗传到下一代。选择操作是建立在群体中个体的适应度评估基础上的。

4）交叉运算：将交叉算子作用于群体。遗传算法中起核心作用的就是交叉算子。

5）变异运算：将变异算子作用于群体。即对群体中的个体串的某些基因座上的基因值作变动。群体 P（t）经过选择、交叉、变异运算之后得到下一代群体 P（t+1）。

6）终止条件判断：若 t = T，则以进化过程中所得到的具有最大适应度个体作为最优解输出，终止计算。

Go 函数启动遗传算法运行。

```
to go
    create - next - generation                ；构建下一代种群
    calculate - population - fitnesses        ；计算种群适应度
    let best - individual max - one - of individuals [fitness]   ；选出最好适应值个体
    display - fitness best - individual       ；显示最好个体适应度
    ask best - individual [    ；最好个体
        set best - chromosome chromosome   ；将当前最好个体染色体记入 best - chromosome
        set best - fitness fitness          ；将当前最好个体适应度记入 best - fitness
        output - print (word "generation " (ticks + 1) ":")
        output - print (word "    best fitness = " fitness)
        output - print (word "    best strategy:" map action - symbol chromosome)
    ]
    tick
end
```

1）构建下一代种群 create - next - generation。首先设置 old - generation 为"（turtle - set individuals）"，这使得老一代成为一个新的代理集，当创建新个体时，这个代理集不会得到更新。

其次，交叉创建新种群。每个交叉产生两个子节点，种群大小/2 交叉。种群大小被限制为偶数。

使用"锦标赛选择"。例如：如果锦标赛规模是 15，那么我们从上一代种群中随机挑选 15 个个体，让最好的个体繁殖。获取包含两个新染色体的双元素列表，用他们新的遗传物质创造两个孩子。

变异个体。

```
to create – next – generation        ;[最好个体]
    let old – generation (turtle – set individuals)
    let crossover – count population – size/2
    repeat crossover – count [    ;循环交叉
        let parent1 max – one – of (n – of tournament – size old – generation) [fitness]
        let parent2 max – one – of (n – of tournament – size old – generation) [fitness]
        let child – chromosomes
            crossover ([chromosome] of parent1) ([chromosome] of parent2)
        let actions ["move – north" "move – east" "move – south" "move – west"
            "move – random" "stay – put" "pick – up – can"]
        ask parent1 [
            hatch 1 [
            rt random 360 fd random – float 3. 0
            set chromosome item 0 child – chromosomes
            ;; 记录每个个体的基本动作 (或 "等位基因") 的分布
            set allele – distribution map [
                action – > occurrences action chromosome] actions
            ]
        ]
        ask parent2 [
            hatch 1 [
            rt random 360 fd random – float 3. 0
            set chromosome item 1 child – chromosomes
            ;; 记录每个个体的基本动作 (或 "等位基因") 的分布
            set allele – distribution map [
                action – > occurrences action chromosome] actions
            ]
        ]
    ]
    ask old – generation [die]
    ask individuals [mutate]            ;要求个体变异
end
```

2) 报告交叉染色体 1 和染色体 2。本报告对两条染色体进行单点交叉。也就是说，它为一个分裂点选择了一个随机的位置。然后它报告了两个新的列表，使用那个分裂点，通过结合染色体 1 的第一部分和染色体 2 的第二部分以及染色体 2 的第一部分和染色体 1 的第二部分，它把一个列表的第一部分和另一个列表的第二部分放在一起。

```
to – report crossover [chromosome1 chromosome2]
```

```
        let split – point 1 + random (length chromosome1 – 1)
        report list (sentence (sublist chromosome1 0 split – point)
                        (sublist chromosome2 split – point length chromosome2))
                (sentence (sublist chromosome2 0 split – point)
                        (sublist chromosome1 split – point length chromosome1))
    end
```

3）计算种群总体适应度 calculate – population – fitnesses。每个个体根据其针对适合度随机环境的 num – environment – for – fitness（初值 20）个策略，对每个环境执行 num – actions – per – environment（初值 100）个动作。

```
    to calculate – population – fitnesses
        foreach sort individuals [current – individual – >      ;每个个体
            let score – sum 0
            repeat num – environments – for – fitness [  ；20 个清洁环境
                initialize – robot [chromosome] of current – individual   ；初始化策略为当前个体染色体
                distribute – cans        ；分布易拉罐
                repeat num – actions – per – environment [   ；重复 100 次动作
                    ask robots [run item state strategy]
                ]
                set score – sum score – sum + sum [label] of robots   ；计算奖励和
            ]
            ask current – individual [    当前个体计算适应度为 20 次的平均奖励
                set fitness score – sum/num – environments – for – fitness
            ifelse fitness < min – fit [
                set scaled – fitness 0] [
                set scaled – fitness (fitness + (abs min – fit))/(max – fit + (abs min – fit))]
            ]
        ]
    end
```

4）初始化机器人 initialize – robot

```
to initialize – robot [s]
    ask robots [die]
    create – robots 1 [
        set label 0
        ifelse visuals? [；显示 robot，如果这是在 Robby 的试用期间，则会显示在视图中
            set color blue      pen – down      set label – color black
        ] [
            set hidden? true]     ；如果这是在遗传算法运行，隐藏机器人
        set strategy s
    ]
```

end

5）报告状态 state。这些过程在 GA 运行时被调用的次数非常高，因此它们的速度非常重要。因此，它们的写作风格是将执行速度最大化，而不是将人类读者的清晰度最大化。

每种可能的状态都被编码为从 0 到 242 的整数，然后用作策略的索引（这是一个 243 个元素的列表）。下面是编码的工作原理。罗比能感觉到 5 个地块。每个地块可以处于三种状态之一，我们将其编码为 0（空）、1（罐）和 2（墙）。将这 5 个地块按任意顺序排列（N、E、S、W、这里），我们得到一个五位数，例如：10220（北面是 can，南面和西面是 walls，东面和这里是 nothing）。然后我们解释这个以 3 为底的数，第一个数字是 81 位，第二个数字是 27 位，第三个是 9 位，第四个是 3 位，第五个是 1 位。为了提高速度，我们使用一系列紧凑的嵌套式 IFELSE – VALUE 表达式来计算。

```
to – report state
    let north patch – at 0 1        let east patch – at 1 0
    let south patch – at 0 – 1        let west patch – at – 1 0
    report ifelse – value（is – patch? north）[
        ifelse – value（any? cans – on north）[81][0]][162] +
        ifelse – value（is – patch? east）[
        ifelse – value（any? cans – on east）[27][0]][54] +
        ifelse – value（is – patch? south）[
        ifelse – value（any? cans – on south）[9][0]][18] +
        ifelse – value（is – patch? west）[
        ifelse – value（any? cans – on west）[3][0][  6] +
        ifelse – value（any? cans – here）[1][0]
end
```

遗传算法模拟生物繁殖的突变、交换和达尔文的自然选择（适者生存）。它把问题可能的解编码为一个向量（个体），向量的每一个元素称为基因，并利用目标函数（选择标准）对群体（个体集合）中的每一个个体进行评价，根据评价值（适应度）对个体进行选择、交换、变异等遗传操作，从而得到新的群体。

遗传算法提供了一种求解复杂系统问题的通用框架，它不依赖于问题的具体领域，对问题的种类有很强的鲁棒性，适用于非常复杂和困难的环境。所以广泛应用于许多科学和领域。遗传算法特别在人工智能领域有突出表现，对推动人工智能发展具有重要意义！

10.5 神经网络图像识别

1. 问题背景

（1）人工神经网络算法

人工神经网络（Artificial Neural Networks，ANN）系统是 20 世纪 40 年代后出现的。它是由众多的神经元可调的连接权值连接而成，具有大规模并行处理、分布式信息存储、良好的自组织自学习能力等特点。BP（Back Propagation）算法又称为误差反向传播算法，是人工神经网络中的一种监督式的学习算法。BP 神经网络算法在理论上可以逼近任意函数，基本的结构由非线性变化单元组成，具有很强的非线性映射能力。而且网络的中间层数、各层的处理单元数及网络的学习系数等参数可根据具体情况设定，灵活性很大，在优化、信号处理与模式识别、智能控制、故障诊断等许多领域都有着广泛的应用前景。

（2）基本思想

人工神经元的研究起源于脑神经元学说。19 世纪末，在生物、生理学领域，Waldeger 等人创建了神经元学说。人们认识到复杂的神经系统是由数目繁多的神经元组合而成。大脑皮层包括有 100 亿个以上的神经元，每立方毫米约有数万个，它们互相联结形成神经网络，通过感觉器官和神经接受来自身体内外的各种信息，传递至中枢神经系统内，经过对信息的分析和综合，再通过运动神经发出控制信息，以此来实现机体与内外环境的联系，协调全身的各种机能活动。

神经元也和其他类型的细胞一样，包括有细胞膜、细胞质和细胞核。但是神经细胞的形态比较特殊，具有许多突起，因此又分为细胞体、轴突和树突三部分。细胞体内有细胞核，突起的作用是传递信息。树突是作为引入输入信号的突起，而轴突是作为输出端的突起，它只有一个。

树突是细胞体的延伸部分，它由细胞体发出后逐渐变细，全长各部位都可与其他神经元的轴突末梢相互联系，形成所谓"突触"。在突触处两神经元并未连通，它只是发生信息传递功能的结合部，联系界面之间间隙约为（15～50）×10m。突触可分为兴奋性与抑制性两种类型，它相应于神经元之间耦合的极性。每个神经元的突触数目正常，最高可达 10 个。各神经元之间的连接强度和极性有所不同，并且都可调整，基于这一特性，人脑具有存储信息的功能。利用大量神经元相互连接组成人工神经网络可显示出人的大脑的某些特征。

人工神经网络是由大量的简单基本元件——神经元相互连接而成的自适应非线性动态系统。每个神经元的结构和功能比较简单，但大量神经元组合产生的系统行为却非常复杂。

人工神经网络反映了人脑功能的若干基本特性，但并非生物系统的逼真描述，只是某种模仿、简化和抽象。

与数字计算机比较，人工神经网络在构成原理和功能特点等方面更加接近人脑，它不是按给定的程序一步一步地执行运算，而是能够自身适应环境，总结规律，完成某种运算、识别或过程控制。

（3）特点

首先，人类大脑有很强的自适应与自组织特性。

后天的学习与训练可以开发许多各具特色的活动功能。如盲人的听觉和触觉非常灵敏；聋哑人善于运用手势；训练有素的运动员可以表现出非凡的运动技巧等等。

普通计算机的功能取决于程序中给出的知识和能力。显然，对于智能活动要通过总结编制程序将十分困难。

人工神经网络也具有初步的自适应与自组织能力。在学习或训练过程中改变突触权重值，以适应周围环境的要求。同一网络因学习方式及内容不同可具有不同的功能。人工神经网络是一个具有学习能力的系统，可以发展知识，以致超过设计者原有的知识水平。通常，它的学习训练方式可分为两种，一种是有监督或称有导师的学习，这时利用给定的样本标准进行分类或模仿；另一种是无监督学习或称无为导师学习，这时，只规定学习方式或某些规则，则具体的学习内容随系统所处环境（即输入信号情况）而异，系统可以自动发现环境特征和规律性，具有更近似人脑的功能。

其次，泛化能力。泛化能力指对没有训练过的样本，有很好的预测能力和控制能力。特别是，当存在一些有噪声的样本，网络具备很好的预测能力。

第三，非线性映射能力。当对系统对于设计人员来说，很透彻或者很清楚时，则一般利用数值分析，偏微分方程等数学工具建立精确的数学模型，但当对系统很复杂，或者系统未知，系统信息量很少时，建立精确的数学模型很困难时，神经网络的非线性映射能力则表现出优势，因为它不需要对系统进行透彻的了解，但是同时能达到输入与输出的映射关系，这就大大简化设计的难度。

最后，高度并行性。并行性具有一定的争议性。承认具有并行性理由：神经网络是根据人的大脑而抽象出来的数学模型，由于人可以同时做一些事，所以从功能的模拟角度上看，神经网络也应具备很强的并行性。

神经网络图像识别是一门重要的机器学习技术。它是目前最为火热的研究方向——深度学习的基础。学习神经网络图像识别不仅可以让你掌握一门强大的机器学习方法，同时也可以更好地帮助你理解深度学习技术。

正如你可以在那里找到很多关于人工神经网络的基础知识的好资源（比我在这里写的要好），我们只会把重点放在一个或多或少灵活的多层感知器网络的 Netlogo 实现上，希望在模型中使用代理和链接可以帮助读者理解它如何工作的核心思想（见图 10-7）。

我们将训练网络从一组成对样本（输入输出）中计算一个函数，网络必须提供正确的返回（使用我们正在尝试学习的函数进行计算）。

学习模型如下：从权值的随机值开始，重复多次：

从样本数据集中抽取每个样本；

Propagate：计算样本的网络值；

计算得到的期望值和实际值之间的误差；

Back – Propagate：调整权重以减少误差。

2. 模型界面

下面将解释每个滑块、按钮和开关的使用。

在这个模型中，有 3 个滑块作为模型的参数控制。

1）Neurons – Hidden – Layer：隐藏层神经元数量；

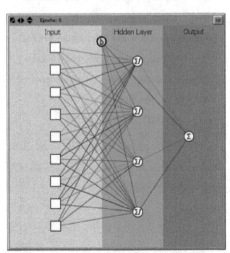

图 10-7　**Back – Propagate 神经网络**

2）Learning－rate：学习率；

3）Number－of－epochs：训练阶段数。

神经网络训练参数及取值见表10-4。

表10-4 神经网络训练参数

参数名	最小值	最大值	初始值
Neurons－Hidden－Layer	1	20	10
Learning－rate	0	1	0.2
Number－of－epochs	0	2000	1000

3. 程序

（1）变量定义

```
globals [
    data－list        ；用于训练网络的对［Input Output］［输入输出］列表
    inputs           ；训练中的二进制输入列表
    outputs          ；训练中的二进制输出列表
    epoch－error      ；训练期间每一阶段的错误
    data－counter     ；存储要用于训练的样本数量
    drawer           ；辅助 Agent 绘制待识别图案
]
```

为了简化模型，我们将定义几种代理：对于每种类型的层神经元（输入、隐藏和输出），通过这种方式，为它们提供不同行为更简单。而对于偏向神经元，我们只使用一个偏向神经元，因为每个其他神经元所需的信息存储在连接它与偏向的链接的权重中。它们都具有存储神经元（输出）激活（activation）值和反向传播梯度（gradient）值的属性，这些属性必须作用于到达神经元的链接。此外，我们还为链接添加了一个权重属性：

```
breed［input－neurons input－neuron］          ；输入神经元
input－neurons－own［activation grad p2］      ；
breed［output－neurons output－neuron］        ；输出神经元
output－neurons－own［activation grad p2］
breed［hidden－neurons hidden－neuron］        ；隐藏层神经元
hidden－neurons－own［activation grad p2］
links－own［weight］
```

（2）初始化设置 setup

在确定每层神经元的数量（通过接口控制）后，设置程序将准备网络的几何结构（注意不同层神经元的不同形状），初始化学习过程的全局变量，并根据我们想要学习的布尔函数创建一组成对样本集：

```
to setup
    clear－all
    ask patches [set pcolor 39]          ；建造前面板
    ask patches with [pxcor ＞ －2][set pcolor 38]
```

```
ask patches with [pxcor > 4] [set pcolor 37]
ask patch -6 10 [set plabel - color 32 set plabel "Input"]
ask patch 2 10 [set plabel - color 32 set plabel "Hidden Layer"]
ask patch 8 10 [set plabel - color 32 set plabel "Output"]
setup - neurons        ; 构建神经网络的神经元
setup - links          ; 构建神经网络的连接
Recolor                ; 神经元和链接的重新着色
set epoch - error 0    ; 初始化全局变量
set data - counter 0
set data - list []
crt 1 [; 建造 Building the drawer turtle
  set drawer self
  set size (1/8)
  set shape "drawer"
  set color 32
  ]
reset - ticks
end
```

1) 构建神经网络的神经元 setup - neurons

```
to setup - neurons
  set - default - shape input - neurons "square"
  set - default - shape output - neurons "neuron - node"
  set - default - shape hidden - neurons "neuron - node"
  ;; 创建输入神经元。6 × 8 矩阵
  foreach sort patches with [pxcor > = -9 and pxcor < = -4 and pycor > = -3 and pycor < = 4] [
    p - >
    ask p [
      sprout - input - neurons 1 [                  ; 创建输入神经元
        set activation random - float 0.1]]         ; 设置激活值
  ]
  foreach (range Neurons - Hidden - Layer) [; 创建隐藏层神经元
    i - >
    create - hidden - neurons 1 [; 创建隐藏层神经元
      setxy 2 (- int (neurons - Hidden - Layer/2) + 1 + i)
      set activation random - float 0.1]
  ]
  foreach (reverse range 10) [; 创建输出神经元
    i - >
    ask patch 8 (- 4 + i) [set pcolor (5 + i/2)]
```

```
    create – output – neurons 1 [        ;创建输出神经元
        setxy 7 ( – 4 + i)
        set activation random – float 0. 1]]
end
```

2）创建神经元之间的连接 setup – links

```
to setup – links
        conect input – neurons hidden – neurons
        conect hidden – neurons output – neurons
end
```

3）连接函数

```
to conect [neurons1 neurons2]
    ask neurons1 [
    create – links – to neurons2 [
        set weight random – float 0. 2  – 0. 1
        ]
    ]
end
```

4）重新着色神经元和链接 recolor。为了在学习过程中显示网络的动态，我们有一个程序重新着色，该程序充分地重新着色神经元和链接（以及它们的厚度），以显示它们的值：

神经元：0 – 白色 1 – 黄色。它使用 setup 函数来离散值。

链接：负 – 红色，正 – 蓝色，值 – 粗细。

```
to recolor
    ask turtles with [self !  = drawer] [
        set color item (step activation) [white yellow]
    ]
    let MaxP max [abs weight] of links
    ask links [
        set thickness 0. 05  *  abs weight
        ifelse weight  > 0
            [set color lput (255  *  abs weight/MaxP) [0 0 255]]
            [set color lput (255  *  abs weight/MaxP) [255 0 0]]
    ]
end
```

（3）加载训练文件 load

```
to load [f]
    setup
    file – open f               ;打开文件 f
    set data – list read – from – string file – read – line
    file – close – all
```

```
set data – counter 0
foreach data – list [
  d  – >
  set inputs first d
  draw – datum inputs 7.7 (5.4 – data – counter)
  set data – counter data – counter  + 1
]
end
```

（4）训练 train

人工神经网络算法的训练过程，也即人工神经网络的学习过程。

人工神经网络首先要以一定的学习准则进行学习，然后才能工作。现以人工神经网络对于写"A"、"B"两个字母的识别为例进行说明，规定当"A"输入网络时，应该输出"1"，而当输入为"B"时，输出为"0"。

所以网络学习的准则应该是：如果网络做出错误的判决，则通过网络的学习，应使得网络减少下次犯同样错误的可能性。首先，给网络的各连接权值赋予（0，1）区间内的随机值，将"A"所对应的图像模式输入给网络，网络将输入模式加权求和，与门限比较，再进行非线性运算，得到网络的输出。在此情况下，网络输出为"1"和"0"的概率各为50%，也就是说是完全随机的。这时如果输出为"1"（结果正确），则使连接权值增大，以便使网络再次遇到"A"模式输入时，仍然能做出正确的判断。

如果输出为"0"（即结果错误），则把网络连接权值朝着减小综合输入加权值的方向调整，其目的在于使网络下次再遇到"A"模式输入时，减小犯同样错误的可能性。如此操作调整，当给网络轮番输入若干个手写字母"A"、"B"，网络按以上学习方法进行若干次学习后，网络判断的正确率将大大提高。这说明网络对这两个模式的学习已经获得了成功，它已将这两个模式分布地记忆在网络的各个连接权值上。当网络再次遇到其中任何一个模式时，能够做出迅速、准确的判断和识别。一般说来，网络中所含的神经元个数越多，则它能记忆、识别的模式也就越多。

```
to train
  set epoch – error 0
  ask links [set weight random – float 0.2 – 0.1]
  repeat Number – of – epochs [   ；重复迭代的次数
    foreach (shuffle data – list) [   ；每一个训练数据
      datum  – >
      set inputs first datum        ；接受输入并纠正输出
      set outputs last datum
        (foreach (sort input – neurons) inputs [ [neur input] – > ；加载输入神经元的输入
          ask neur [set activation input]])
      Forward – Propagation        ；信号的正向传播
      back – propagation           ；从输出错误反向传播
```

```
    ]
    plotxy ticks epoch – error          ;; 画出错误
    set epoch – error ( epoch – error/Number – of – epochs )
    tick
  ]
end
```

1）传播过程 Forward – Propagation。使用代理时，传播过程非常简单。每个神经元计算它的激活值，将 sigmoid 函数应用于喂养它的神经元的激活量之和：

```
to Forward – Propagation
  ask hidden – neurons [ set activation compute – activation ]
  ask output – neurons [ set activation compute – activation ]
  recolor
end
```

2）Sigmoide 函数

```
to – report sigmoide [ x ]
  report 1/( 1 + e ^ ( – x ) )
end
```

3）反向传播过程 back – propagation。在前面所有的过程中，我们有一个使用 ANN 计算函数的函数模型。我们将提供反向传播（backpropagation）程序，允许从一组正确的采样值估计网络函数。在下一个过程中，你可以找到的计算是来自梯度下降法（Gradient Descent Method）的标准计算，该方法通过改变链接的权重来优化输出错误。

当然，错误仅仅是根据输出神经元的输出和我们知道它们必须提供的正确值之间的差异来计算的（这是一种监督学习算法）。

```
to back – propagation
  let error – sample 0
   ( foreach ( sort output – neurons ) outputs [    ;计算每个输出神经元的误差和梯度
     [ neur ouput ] – >
     ask neur [ set grad activation * ( 1 – activation ) * ( ouput – activation ) ]
     set error – sample error – sample + ( ( ouput – [ activation ] of neur ) ^ 2 )
  ])
  ;; 这一阶段输出神经元的平均误差
  set epoch – error epoch – error + ( error – sample/count output – neurons )
  ask hidden – neurons [    ;计算隐层神经元的梯度
    set grad activation * ( 1 – activation ) * sum [ weight * [ grad ] of end2 ] of my – out – links
  ]
  ask links [      ;更新链接权重
    set weight weight + Learning – rate * [ grad ] of end2 * [ activation ] of end1
  ]
```

```
    set epoch – error epoch – error/2
end
```

如果我们有更多的隐藏层（在这个模型中我们只有一个），我们需要从输出层返回到输入层，一个接一个地计算每个层的所有神经元的梯度值。之后，我们可以更新所有链接的权重。在这一点上，我们可以看到这种方法在处理大量层（深层）时的一个问题：离输出层越远，梯度对连接权重的影响越小，那么模型就无法在离输出层较远的层（在那里可以计算出要减少的正确错误）中学习正确的权重。

通过这个单独的学习过程，我们现在可以对将从集合中的所有样本中学习的训练过程进行编码。它只对所有样本进行一次尝试（一个 epoch，ANN 术语），因此可以从 Forever 按钮调用它，例如：为了随机化 epoch，而不记忆数据集的顺序，我们将在每个 epoch 中对该集进行无序处理。

在训练过程中，该程序将绘制当前时期达到的平均误差，以便评估网络是否以正确的方式学习。请注意，这将取决于函数的复杂性，以及网络的结构（对于函数来说可能太简单）和为训练过程生成的示例数据集。

（5）分类测试 test

```
to test
    let pattern map [ x – > [ color ] of x ] ( sort input – neurons )
    set inputs map [ x – > ifelse – value ( x = black ) [ 1 ] [ 0 ] ] pattern
    active – inputs
    Forward – Propagation
end
```

10.6　强化学习走迷宫

1. 问题背景

（1）强化学习

强化学习（Reinforcement Learning，RL），又称再励学习、评价学习，受到心理学和经典条件反射的启发，为智能体的积极动作给予正值反应。经典条件反射示例被称为"巴甫洛夫的狗"。该示例是 1890 年代俄国心理学家伊万·巴甫洛夫执行的研究，旨在观察狗对食物的唾液分泌。本质上，如果强化学习智能体执行了一个好的动作，即该动作有助于完成要求任务，则它会得到奖励。智能体将使用策略来学习在每一步中最大化奖励。将原始输入应用到算法中，使得智能体开发出自己对问题的感知，以及如何以最高效的方式解决问题。

RL 算法常常与其他机器学习技术（如神经网络）一同使用，通常称为深度强化学习。神经网络通常用于评估 RL 智能体做出某个决策后所获得的奖励。DeepMind 在这方面取得了很大成果，它使用深度 Q 学习方法解决更通用的问题（如利用算法的能力玩 Atari 游戏，战胜围棋世界冠军）。DeepMind 现在在研究更复杂的游戏，如星际争霸 2。

Q 学习是强化学习算法的无模型版本，可用于对任意有限马尔可夫决策过程寻找最优的动作选择策略。程序初始化时，每个动作－价值对的 Q 值由开发者定义，并由 RL 算法在每个时间步进行更新。

人工智能中的很多应用问题需要算法在每个时刻做出决策并执行动作。与有监督学习和无监督学习的目标不同。表达生物体以奖励为动机（Reward－motivated）的行为。

强化学习没有大量标注数据进行监督，所以也就不能由样本数据告诉系统什么是最可能的动作，训练主体只能从每一步动作得出奖励。因此系统是不能立即得到标记的，而只能得到一个反馈，也可以说强化学习走迷宫是一种标记延迟的监督学习。

强化学习和有监督学习类似，强化学习也有训练过程，需要不断地执行动作，观察执行动作后的效果，积累经验，形成一个模型。与有监督学习不同的是，这里每个动作一般没有直接标定的标签值作为监督信号，系统只给算法执行的动作一个反馈，这种反馈一般具有延迟性，当前的动作所产生的后果在未来才会完全体现，另外未来还具有随机性，例如：下一个时刻路面上有哪些行人、车辆在运动，算法下一个棋子之后对手会怎么下，都是随机的而不是确定的。当前下的棋产生的效果，在一局棋结束时才能体现出来。

强化学习应用广泛，被认为是通向强人工智能/通用人工智能的核心技术之一。所有需要做决策和控制的地方，都有它的身影。典型的包括游戏与博弈，如打星际争霸、Atari 游戏，围棋、象棋等棋类游戏。围棋算法需要根据当前的棋局决定当前该怎么走子。无人车算法需要根据当前的路况，无人车自身的状态（如速度、加速度）决定其行驶的行为，如控制方向盘、油门、刹车等。机器人要根据当前所处的环境、自身的状态，决定其要执行的动作。

所有这些问题总计起来都有一个特点，即智能体需要观察环境和自身的状态，然后决定要执行的动作，以达到想要的目标如图 10-8 所示。

（2）Agent 大脑

Q 学习算法是强化学习领域一个特别经典的算法，其具有系统行为无关和易于实现的特点。Q 学习算法主要指 Agent 学习，Agent 不知道整体的环境，仅仅知道当前状态

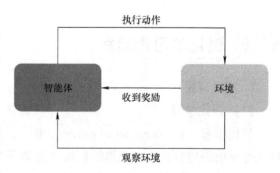

图 10-8　强化学习原理示意图

下可以选择哪些动作。Q 学习是一种自我修正和反馈的机器学习机制，让机器拥有自我学习和自我思考的能力。Q 学习主要解决的是延时反馈的问题。假设 CV（计算机视觉）和 NLP（自然语言处理）是教会计算机如何看和听这个世界的话，那 Q 学习则是教会计算机如何思考这个世界了。而这个思考世界的 Agent 大脑就是 Q 函数。

Q 函数是一个可以用表格形式描述的离散函数，表格的行数等于系统的状态数目，列数等于 Agent 在系统中可采取的动作总数，有时候我们也称其为 Q 矩阵（见表 10-5）。

表 10-5　Q 矩阵

Si	ai			
	a1	a2	a3	……
s1	Q（s1，a1）	Q（s1，a1）	Q（s1，a1）	……
s2	Q（s1，a1）	Q（s1，a1）	Q（s1，a1）	……
s3	Q（s1，a1）	Q（s1，a1）	Q（s1，a1）	……
……	……	……	……	……

其中的每个元素 Q（Si，ai）表示当 Agent 处于状态 Si 时，执行了动作 ai 以后能够获得的期望回报值。

Q（Si，ai）：if Si then ai

（3）Q 矩阵指导 Agent 行为

关于 Q 矩阵如何指导 Agent 行为的问题，该问题可以转化为 Agent 如何根据 Q 矩阵并结合自己当前所处的状态决策出自己将要采用的动作，这就引出了 ε-greedy 策略，在具体介绍该策略之前，我们先考虑贪心策略，即每次都选取期望回报值最大的动作，参考过去的经验是合理的，但适当的探索是必要的，如果拘泥于过去的经验，只会停滞不前，难以取得进步，Q 矩阵在这里就相当于 Agent 与系统交互迭代过程中所积累的丰富的历史经验。而 ε-greedy 策略可以说是"经验"与"探索"的平衡策略。

ε-greedy 策略：ε-greedy 策略可以说是"经验"与"探索"的平衡策略，其思想是先选取一个范围为（0，1）的 ε 值，如 $\varepsilon = 0.1$，在 Agent 动作决策时，产生一个（0，1）之间的随机数，如果该随机数小于 ε，则随机选取一个动作（探索），否则根据 Q 矩阵选取最大的回报值对应的动作（经验），即 10% 的概率进行探索型操作，90% 的概率进行经验型操作。

（4）Q 矩阵的迭代

Q 矩阵是在与系统交互的过程中，根据系统的回馈对 Q 矩阵进行修正，这个交互学习的过程，就称之为 Q - Learning 过程。

其中根据回报值更新 Q 矩阵的部分，具体按照式（10-2）更新：

$$Q(s,a) \leftarrow (1-\alpha)Q(\varepsilon,a) + \alpha[\text{reward} + \gamma\max_a Q(s',a)] \tag{10-2}$$

其中，s 为决策时所处的状态，a 为采取的动作，s′为执行动作后达到的新状态，γ 为衰减系数，α 为学习率，两者范围均为（0，1），reward 为系统给出的即时回报值。

对于状态 - 动作对（s，a），最优动作价值函数给出了在状态 s 时执行动作 a，后续状态时按照最优策略执行时的预期回报。

一个重要结论是，最优动作价值函数定义见式（10-3）：

$$Q'(s,a) = \max_z Q_z(s,a) \tag{10-3}$$

意义：要保证一个策略使得动作价值函数是最优的，则需要保证在执行完本动 a 之后，在下一个状态 s′所执行的动作 a′是最优的。

（5）强化学习走迷宫

　　强化学习算法要解决的问题是智能体（Agent，即运行强化学习算法的实体）在环境中怎样执行动作，以获得最大的累计奖励。因此，强化学习走迷宫实际上和我们人类与环境的交互方式类似，是一套非常通用的框架，可以用来解决各种各样的人工智能的问题。

　　强化学习走迷宫的输入是：

　　　　状态（States）= 环境，例如：迷宫的每一格就是一个状态

　　　　动作（Actions）= 在每个状态下，有什么行动是容许的

　　　　奖励（Rewards）= 进入每个状态时，能带来正面或负面的价值（utility）

　　　　输出：策略（Policy）= 在每个状态下，你会选择哪个行动？

　　强化学习走迷宫的过程：

　　　　先行动，再观察，再行动，再观测，……，（即走一步，看一步，……，）

2. 模型界面

num – episodes：试错回合数；

step – size：步大小；

Discount：折扣；

exploration – %：探索率。

各参数的取值见表 10-6。走迷宫运行结果和统计输出如图 10-9 和图 10-10 所示。

表 10-6　Q 学习模型的参数

参数名	最小值	最大值	初始值
num – episodes	0	1000	125
weight	0	1	0.6
gamma	0	1	0.9
exploration – %	0	1	0.02
base – reward	– 9	9	– 0.1
goal – reward	0	9	9
boundary – reward	– 9	9	– 9

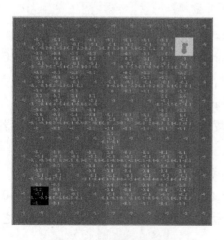

图 10-9　走迷宫运行结果

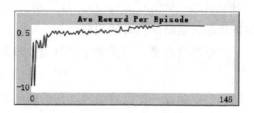

图 10-10　每个回合对应的平均奖励

3. 程序代码说明

（1）定义变量

每个地块包括一个奖励和 Q 函数，即下面的 Qlist，包括东、南、西、北 4 个方向的历史回报值。

```
patches – own [
    Qlist              ; Q 表，历史的奖励
    Reward             ; reward 奖励
    qa – elts
]
breed [walkers walker]        ; walkers 为一个机器人
breed [qa – labels qa – label]
globals [
    episode            ; 回合
    goal – color       ; 目标颜色
    goal – patch       ; 目标地块
    start – patch      ; 开始地块
    Hlist              ; Hlist（H 表）为 4 个方向动作
    north
    east
    south
    west
]
```

（2）初始化

创建一个迷宫，机器人必须学习走出去。需要设置 patch 的状态：设置颜色、奖励和初始 Q（s，a）值。

```
to setup
    ca
    set north 0     set east 90     set south 180     set west 270
    set Hlist (list west north east south)        ; 设置 H 表
    setup – maze                                  ; 设置迷宫 maze
    create – walkers 1 [    ; 创建机器人 walker
        set shape "bug"   set color red + 1   set size 0.8   move – to start – patch   set heading 45]
    set episode 1      ; 设置为 Q 学习的第一回合
    set – current – plot "Ave Reward Per Episode"
    show hlist
end
```

1）创建迷宫 setup – maze

```
to setup – maze
    ask patches [
```

```
            let qa – elts – commands (list (list west 0. 25)        (list north 0. 35)        (list east 0. 3)
                (list south 0. 40))    ; 设置
        set qa – elts [ ]
        ; show qa – elts – commands
        set Qlist [0 0 0 0]
        sprout 4 [    ; 这是四只 Agent，它们在地块边缘显示 qa 值
            set size 0
            set heading east        fd 0. 1        ; 向东前进 0. 1
            set heading south       fd 0. 1        ; 向南前进 0. 1
            let command first qa – elts – commands
            set qa – elts – commands but – first qa – elts – commands
            set heading first command
            fd second command
            set label 0
            set qa – elts lput self qa – elts
        ]
    ]
    ; show qa – elts
    set – maze – elements
end
```

2）设置迷宫元素 set – maze – elements

```
to set – maze – elements
    clear – drawing
    ask patches [
        set pcolor default – color self
    ]
    set start – patch patch  – 4  – 4          ; 设置起始地块位置
    ask start – patch [ set pcolor black ]      ; 设置起始地块颜色
    set goal – patch patch 4 4                  ; 设置目标地块位置
    set goal – color orange  + 3                ; 设置目标颜色
    ask goal – patch [ set pcolor goal – color] ; 设置目标地块颜色
    setup – blockades
    make – passage
    set – rewards
    ask patches [
        foreach qa – elts [
            qa – elt  – >  ask qa – elt [
                set hidden? pcolor  =  blue or pcolor  =  goal – color
            ]
```

```
    ]
  ]
end
```

3）设置障碍物

```
to setup – blockades
  ask patches with [ pxcor = max – pxcor or pxcor = ( – max – pxcor)      or pycor = max – pycor
    or pycor = ( – max – pycor) or pycor = – 1] [ set pcolor blue]
  foreach (list patch – 1 2 patch 1 1 patch – 2 – 3) [
    p – > ask p [
      set pcolor blue
      ask n – of (ifelse – value (p = patch – 2 – 3) [1] [2]) neighbors [ set pcolor blue]]]
end
```

4）创建通道

```
to make – passage
  ask one – of patches with [ pycor = – 1 and pxcor > ( – max – pxcor + 3 )
    and pxcor < max – pxcor – 3] [
    set pcolor default – color self
    ask patches with [ pxcor = [ pxcor] of myself and (pycor = [ pycor] of myself + 1
      or pycor = [ pycor] of myself – 1)] [
      set pcolor default – color self
    ]
    ask one – of patches with [  (pycor = [ pycor] of myself + 1 )
      and (pxcor = [ pxcor] of myself + 1 or pxcor = [ pxcor] of myself – 1)] [
      set pcolor default – color self
    ]
  ]
end
```

5）设置奖励

```
to set – rewards
  ask patches [ set reward ifelse – value (pcolor = blue)      [ boundary – reward] [ base – reward]]
  ask goal – patch [ set reward goal – reward]
  ask patches [ sprout 1 [
    set size 0
    set label – color ifelse – value (myself = goal – patch) [ black] [ yellow + 2]
    set label [ reward] of myself
    set heading east
    fd 0. 2
  ]
  foreach (list item 0 qa – elts item 2 qa – elts)
```

```
    [qa - elt - > ask qa - elt [set heading south fd 0.1]]
  ]
end
```

（3）运行

事先选取一个范围为（0，1）的 exploration - %（ε）值，如 ε = 0.1，在 Agent 动作决策时，产生一个（0，1）之间的随机数，如果该随机数小于 ε，则随机选取一个动作（探索），否则根据 Q 矩阵选取最大的回报值对应的动作（经验），即 10% 的概率进行探索型操作，90% 的概率进行经验型操作。

Qnew 是 Qlist 中的最大值，

```
to go
if (episode > num - episodes) [stop]
set trace? false
one - trip          ; 走一次迷宫
end
```

1）走一次迷宫

```
to one - trip
  clear - drawing
  ;; 当使用 trace - path 运行时，不要探索
  let path episode - path ifelse - value trace? [0] [exploration - %/100]    ; 报告回合路径
  let lng length path            ; 一个回合路径长
  let lngsum sum path            ; 一个回合路径上的奖励和
  let avg - reward lngsum/lng    ; 计算平均奖励
  plot avg - reward
  output - print (word "" episode "; path - length: "lng"; avg - reward: " precision avg - reward 2)
  set episode episode + 1        ; 回合加 1
end
```

2）报告回合路径

```
to - report episode - path [explore - %]
  let r - episode []         ; 一个回合中的所有奖励
  ask walkers [
    pen - up
    move - to start - patch          ; 初始化起始状态 s
    if trace? [pen - down set pen - size 3]
    while [[pcolor] of patch - here = default - color self or patch - here = start - patch] [
      let Qmax max Qlist          ; 从当前地块的 Qlist 值中获取最大值
      let dirp 0                  ; 根据状态 s 选择一个动作 a，探索或学习
      ifelse (random - float 1 < explore - %) [; 探索
        set heading one - of Hlist          ; 选择随机动作方向
        set dirp position heading Hlist          ; 在 Hlist 数组中找到动作方向的位置 dirp
```

］［；Qmax 可能在 Qlist 中出现多次。随机选择一个动作方向记入 dirp。

set dirp one - of all - positions Qmax Qlist

set heading item dirp Hlist　　　　；方向为 Hlist 表中 dirp 位的动作方向

］

let Qa item dirp Qlist　　　　　　；在 Qlist 中找到与 Hlist 中位置相同的历史奖励值

let r［reward］of patch - ahead 1　　；观察动作 a 的状态 s′的奖励 r

set r - episode lput r r - episode　　；奖励记入 r - episode

；Q 学习更新功能

let Qmax′max［Qlist］of patch - ahead 1　　　；动作 a 的状态 s′的期望奖励

set Qa precision（（1 - weight）* Qa + weight *（r + gamma * Qmax′））3；执行 Q 学习

set Qlist replace - item dirp Qlist Qa　　　　；更新 Qlist 表

ask patch - here［（foreach qa - elts Qlist［［t q］- > ask t［set label precision q 1］］）］

fd 1　　；执行动作，进入下一状态

］

］

；print（r - episode）

report r - episode

end

10.7 习题

1. 什么是问题的解析解？什么是数值计算的精确解、近似解、可行解？

2. 最优化算法或者精确算法和启发式算法有什么不同？

3. 在 PSO 模型中，尝试下列操作：

1）将 HIGHLIGHT - MODE（高光模式）改为"Best found"，并运行模拟几次。"最佳找到"的位置多久改变一次？是在模拟的开始更频繁地改变，还是在接近尾声时更频繁地改变？

2）尝试改变 PARTICLE - INERTIA（粒子惯性）滑块。当粒子惯性为 0.0 时，这些粒子的运动完全取决于它们"个人最佳"和"全球最佳"的位置，而不是它们的运动历史。当它是 1.0 时，粒子速度不会改变，导致直线运动。你能在这两个极端之间找到一个粒子惯量的最优值吗？你认为最佳值是否取决于其他因素，例如：人口规模、景观的平滑度或吸引力的参数？

3）在粒子之间增加一个斥力，以防止它们过早地聚集在搜索空间的一小块区域上。

4）在这个模型中探索的搜索空间是没有意义的——只是被平滑的值的随机景观。把它变成更有意义的真实场景。

5）如果被优化的函数随时间变化会发生什么？也就是说，修改模型，使粒子群在网格单元值不断变化的动态环境中寻找最佳解。如果改变的速度不是太快，鸟群在空间中移动时能跟随最大值吗？

6）PSO 还有许多其他变体。试着在网上搜索更多关于它们的信息，或者创造你自己的。

4. 在蚁群算法求解旅行商问题模型中，尝试下列操作：

1）用不同的蚂蚁种群大小和不同的参数设置进行实验。可以采用正交设计的实验技术，减少实验工作量，提出设计空间各参数之间的主要影响和相互作用的结论。

2）阅读蚁群算法启发式的先进文献，修改蚁群行为规则，比较各种方法的优缺点。

3）以垃圾分类收运问题为案例，验证模型得到的最优解。

4）创建一个非常大的问题来检查系统性能。它会随时间退化吗？

5. 在遗传算法进化机器人模型中，尝试下列操作：

1）更改种群大小和变异率滑块上的设置。这些因素如何影响种群的最佳适应性以及进化速度？

2）添加一个"交叉率"滑块，即双亲通过交叉产生后代的概率。如果他们不交叉，他们只是克隆自己，克隆的后代可能发生突变。

3）增加一个滑块的锦标赛规模。改变锦标赛规模如何影响罗比策略的演变？

4）尝试不同的规则来选择下一代的父母。什么导致了最快的进化？在开始的快速进化和最终的成功策略之间是否存在权衡？

5）尝试使用空间接近作为选择配偶的一个因素。

6）试着训练罗比完成一项更困难的任务。

6. 在神经网络图像识别模型中，尝试下列操作：

1）操作学习率参数，你能加快或放慢训练的速度吗？

2）原始图像越相似，训练网络正确识别它们就越困难。试着输入一个字母 P 和一个字母 F，看看哪个"像素"能让网络识别出测试示例。

3）使用梯度下降法进行反向传播被认为是真实神经元的一种不太现实的模型，因为在真实的神经元系统中，输出节点无法将其误差传递回去。你能否实现另一个更有效的权重更新规则？

7. 在强化学习走迷宫模型中，尝试下列操作：

1）更改不同的迷宫场景测试算法。

2）试着改变 exploration－% 参数对强化学习算法的影响。

3）将强化学习应用到 GIS 真实空间，讨论其适用性。

参 考 文 献

［1］PETCU A. A class of algorithms for distributed constraint optimization ［D］. Lausanne：Swiss Federal Institute of Technology（EPFL），2007.

［2］SULTANIK E A，LASS R N，REGLI W C . DCOPolis：A framework for simulating and deploying distributed constraint optimization algorithms ［C］. http：//citeseerx. ist. psu. edu/viewdoc/summary？ doi = 10. 1. 1. 86. 6632：Proceedings of the Distributed Constraint Reasoning Workshop，2008.

[3] 赵春晓, 王光兴. 使用模糊线性回归的自组网有效洪泛 [J]. 计算机学报, 29 (5): 2006.

[4] LEAUTE T, OTTENS B, SZYMANEK R, et al. FRODO 2.0: An open – source framework for distributed constraint optimization [C]. Pasadena: In Proceedings of the IJCAI' 09 Distributed Constraint Reasoning Workshop. 2009.

[5] KOEHLER M, TIVNAN B, UPTON S. Clustered computing with netlogo and repast J: beyond chewing gum and duct tape [C]. Budapest: Proceedings of the Agent 2005 conference, 2005.

[6] MEISELS A. Distributed search by constrained agents: algorithms, performance, communication [C], London: Springer Verlag, 2008.

[7] MODI P, SHEN W, TAMBE M, et al. Adopt: asynchronous distributed constraint optimization with quality guarantees [J]. Artificial Intelligence, 2005, 161 (1 – 2): 149 – 180.

[8] BROOKS R A, Intelligence without representation [J]. Foundations of Artificial Intelligence, 1992. 47: 139 – 159.

[9] LEWIS T G, DENNING P J. Learning machine learning [J]. Communications of the ACM, 2018, 61 (12): 24 – 27.

[10] PARK K H, KIM Y J, KIM J H. Modular Q – learning based multi – agent cooperation for robot soccer [J]. Robotics and Autonomous Systems, 2001, 35 (2): 109 – 122.

[11] 李少保, 赵春晓. 基于多 Agent 遗传算法求解迷宫游戏 [J]. 北京建筑工程学院学报, 2011 (3): 39 – 43.